ELEMENTE DER MATHEMATIK LÖSUNGEN

Band 11
BADEN-WÜRTTEMBERG

Herausgegeben von
Heinz Griesel, Andreas Gundlach, Helmut Postel, Friedrich Suhr

Schroedel

ELEMENTE DER MATHEMATIK
Band 11
Baden-Württemberg
LÖSUNGEN

Herausgegeben und bearbeitet von
Prof. Dr. Heinz Griesel, Dr. Andreas Gundlach, Prof. Helmut Postel, Friedrich Suhr

Günter Cöster, Dr. Arnold Hermans, Anke Horn, Angelika Müller, Dr. Lothar Profke, Heinz Klaus Strick

Für Baden-Württemberg wirkten mit
Roland Dinkel, Hermann Hammer, Hans Jürgen Morath, Dr. Rolf-Ingraban Riemer

© 2004 Bildungshaus Schulbuchverlage
Westermann Schroedel Diesterweg Schöningh Winklers GmbH, Braunschweig
www.schroedel.de

Das Werk und seine Teile sind urheberrechtlich geschützt. Jede Nutzung in anderen als den gesetzlich zugelassenen Fällen bedarf der vorherigen schriftlichen Einwilligung des Verlages.
Hinweis zu § 52 a UrhG: Weder das Werk noch seine Teile dürfen ohne eine solche Einwilligung gescannt und in ein Netzwerk eingestellt werden. Dies gilt auch für Intranets von Schulen und sonstigen Bildungseinrichtungen.
Auf verschiedenen Seiten dieses Buches befinden sich Verweise (Links) auf Internet-Adressen.
Haftungshinweis: Trotz sorgfältiger inhaltlicher Kontrolle wird die Haftung für die Inhalte der externen Seiten ausgeschlossen. Für den Inhalt dieser externen Seiten sind ausschließlich deren Betreiber verantwortlich. Sollten Sie bei dem angegebenen Inhalt des Anbieters dieser Seite auf kostenpflichtige, illegale oder anstößige Inhalte treffen, so bedauern wir dies ausdrücklich und bitten Sie, uns umgehend per E-Mail davon in Kenntnis zu setzen, damit beim Nachdruck der Verweis gelöscht wird.

Druck A^3 / Jahr 2007

Umschlagsentwurf: Loeper & Wulf, Hannover
Zeichnungen: Michael Wojczak
Satz: Christina Gundlach
Redaktion: dlw medien, Dr. Rüdiger Scholz
Druck: westermann druck GmbH, Braunschweig

ISBN 978-3-507-**83961**-8

INHALTSVERZEICHNIS

1.	**Funktionen**	4
1.1	Funktionen als eindeutige Zuordnungen	4
1.2	Darstellen von Funktionen mit dem grafikfähigen Taschenrechner	8
1.3	Lineare Funktionen – Geraden	13
1.3.1	Begriff der linearen Funktion	13
1.3.2	Koordinatengeometrie mit Geraden	15
1.3.3	Funktionenscharen am Beispiel von Geradenscharen	21
1.3.4	Vermischte Übungen	22
Blickpunkt: Ausgleichsgeraden durch Punktwolken		25
1.4	Quadratische Funktionen – Nullstellen	26
1.5	Potenzfunktionen	30
1.5.1	Begriff der Potenzfunktion – Symmetrie und Monotonie	30
1.6	Ganzrationale Funktionen	31
1.6.1	Begriff der ganzrationalen Funktion – Globalverlauf	31
1.6.2	Nullstellen einer ganzrationalen Funktion – Polynomdivision	32
1.7	Grenzverhalten von Funktionen	39
1.8	Stetigkeit	43
1.9	Überlagerung von Funktionsschaubildern	45
1.10	Vermischte Übungen	47
2.	**Differentialrechnung**	54
2.1	Änderungsrate und Tangentensteigung	54
2.1.1	Änderungsrate und Steigung des Schaubildes in einem Punkt	54
2.1.2	Möglichkeiten zur Bestimmung der Tangentensteigung	57
2.1.3	Analytisches Bestimmen von Tangentensteigungen für weitere Schaubilder	61
2.2	Definition der Ableitung einer Funktion – Ableitungsfunktion	63
2.2.1	Definition der Ableitung einer Funktion – Differenzierbarkeit	63
2.2.2	Ableitungen einer Funktion näherungsweise bestimmen	66
2.2.3	Ableitungsfunktion – erste, zweite, dritte, ... Ableitung	69
2.2.4	Sinus- und Kosinusfunktion und ihre Ableitung	73
2.3	Ableitungsregeln	78
2.3.1	Potenzregel für natürliche Zahlen als Exponenten	78
2.3.2	Faktorregel	78
2.3.3	Summen- und Differenzregel	79
2.4	Vermischte Übungen	81
Blickpunkt: Steuerfunktion		92
3.	**Funktionsuntersuchungen**	98
3.1	Extremstellen	98
3.1.1	Lokale und globale Extrema	98
3.1.2	Notwendiges Kriterium für Extremstellen	100
3.2	Hinreichendes Kriterium für Extremstellen – Monotoniesatz	106
3.2.1	Vorzeichenwechsel der 1. Ableitung als hinreichende Bedingungen für Extremstellen	106
3.2.2	Monotonie und Vorzeichen der Ableitung	112
3.2.3	Hinreichendes Kriterium für lokale Extremstellen mittels der 2. Ableitung	116
3.3	Links-, Rechtskurve – Wendepunkte	122
3.4	Ausführliche Untersuchung ganzrationaler Funktionen	133
3.5	Funktionenscharen	146
3.6	Bestimmen ganzrationaler Funktionen mit vorgegebenen Eigenschaften	155
3.7	Extremwertprobleme	164
4.	**Stochastik**	173
4.1	Wiederholungen zur Stochastik	173
4.1.1	Grundbegriffe der Wahrscheinlichkeitsrechnung	173
4.1.2	Zufallsversuche mit dem GTR durchführen	173
4.1.3	Rechenregeln für Wahrscheinlichkeiten	173
4.1.4	Rechenregeln für mehrstufige Zufallsversuche	175
4.1.5	Lottoproblem – Binomialkoeffizient	178
4.2	Bernoulli-Ketten und Binomialverteilung	180
4.2.1	Bernoulli-Ketten	180
4.2.2	Bernoulli-Ketten mit einem GTR durchführen	182
4.2.3	Anwendung der Binomialverteilung	183
4.3	Testen von Hypothesen	185
4.3.1	Das Entscheidungsverfahren – Möglichkeiten und Fehler	185
4.3.2	Entscheidungsregeln bei vorgegebener Irrtumswahrscheinlichkeit	188
Blickpunkt: Zweiseitiger Hypothesentest		190

1. FUNKTIONEN

1.1 Funktionen als eindeutige Zuordnung

3. a) $f(0) = 0$, $f(4) = 0$, $f\left(\frac{2}{5}\right) = 1\frac{11}{25}$, $f(4,5) = -2,25$, $f(-7) = -77$,
$f(-0,5) = -2,25$, $f\left(-\frac{3}{7}\right) = -1\frac{44}{49}$

b) $g(z) = \frac{z}{z-1}$
$g(2) = 2$, $g(-1) = \frac{1}{2}$, $g(0) = 0$, $g\left(\frac{1}{2}\right) = -1$, $g\left(-\frac{1}{2}\right) = \frac{1}{3}$, $g(1,1) = 11$,
$g(-99) = 0,99$

4. a) (1) und (2) sind Funktionsgleichungen, (3) ist keine Funktionsgleichung.

b)

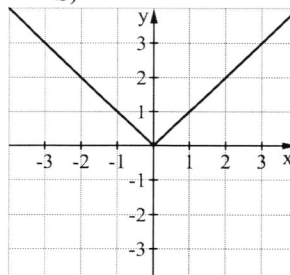 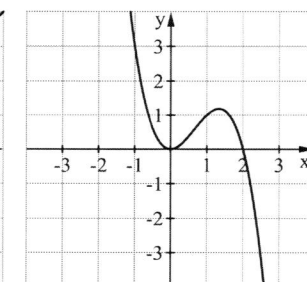 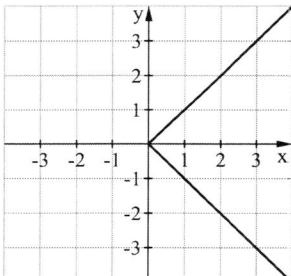

Die Zuordnung ist genau dann eindeutig, wenn im Schaubild keine Punkte übereinander liegen.

5. a) Die Punkte P_1, P_2, P_4, P_6 gehören zum Schaubild.

b) Die Punkte P_2, P_4 gehören zum Schaubild.

c) Die Punkte P_4, P_5 gehören zum Schaubild.

6. a)

0 Uhr	4 Uhr	8 Uhr	12 Uhr	16 Uhr	20 Uhr	24 Uhr
+ 4°	– 3°	– 3°	+ 3°	+ 3°	+ 2°	+ 1°

Die Zuordnung ist eindeutig.

b) Zu den Zeitpunkten 1.30 Uhr, 10.30 Uhr und 24 Uhr hatte die Lufttemperatur den Wert 1 °C.
Die Zuordnung *Lufttemperatur → Zeitpunkt* ist nicht eindeutig, da z. B. der Temperatur 1 °C mehrere Zeitpunkte zugeordnet sind.

12

7. a) Schaubild e) Schaubild
b) Schaubild f) Schaubild
c) kein Schaubild g) Schaubild
d) kein Schaubild h) kein Schaubild

Begründung bei a), b), e), f), g): Jedem x-Wert des Definitionsbereichs wird ein y-Wert zugeordnet. (Bei f) gehört] 0; 2 [nicht zum Definitionsbereich.)
Begründung bei c), d), h): Es gibt mindestens einen x-Wert, dem mindestens zwei y-Werte zugeordnet werden.

8. a)

Seitenlänge	Flächeninhalt
0,5 cm	0,25 cm^2
1 cm	1 cm^2
1,5 cm	2,25 cm^2
2 cm	4 cm^2
x cm	x^2 cm^2

Man erhält den rechten Ast der Normalparabel.

13

9.

x	x^3
3,0	9
2,5	6,25
2,0	4
1,5	2,25
1,0	1
0,5	0,25
0	0
−0,5	0,25
−1,0	1
−1,5	2,25
−2,0	4
−2,5	6,25
−3,0	9

Man erhält die Normalparabel.

10. a) Für ein beliebiges Rechteck gilt: A = ab mit der Länge a und der Breite b.

Damit gilt: $a = \frac{A}{b}$ bzw. $b = \frac{A}{a}$.

Die Zuordnungsvorschrift $b \mapsto \frac{A}{a}$ mit $D = \mathbb{R}^+$ ist eindeutig, sie gibt eine Funktion an.

b)

a	b
1	6
2	3
3	2
4	1,5
5	1,2
6	1

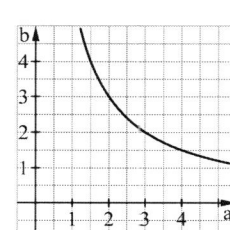

11. a)

Seitenlänge (in cm)	0,5	1	1,5	2	2,5	3
Umfang (in cm)	2	4	6	8	10	12

Zuordnungsvorschrift: $x \mapsto 4x$

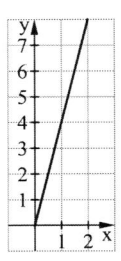

b)

x	4x
⋮	⋮
−1	−4
−0,5	−2
0	0
0,5	2
1	4
⋮	⋮

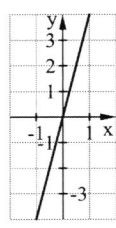

12. a) Funktion d) keine Funktion
  b) keine Funktion e) Funktion
  c) Funktion d) keine Funktion

13. a) 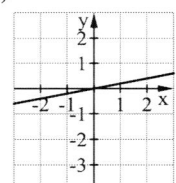 b) 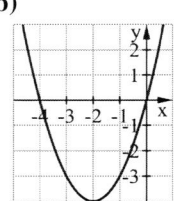 c) 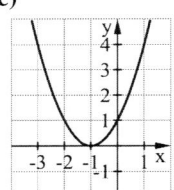 d)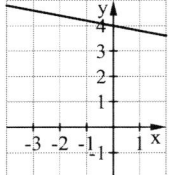

14. a) $x \mapsto -\frac{6}{x}$ b) $x \mapsto \frac{4}{x-2}$

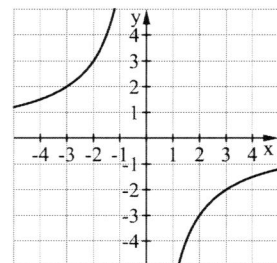 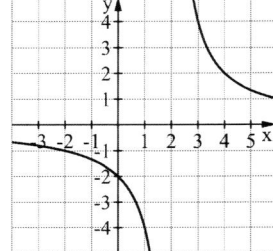

0 gehört nicht zur Definitionsmenge.   2 gehört nicht zur Definitionsmenge.

14. c) $x \mapsto 1+\frac{1}{x+1}$ **d)** $x \mapsto \frac{1}{x} - x$

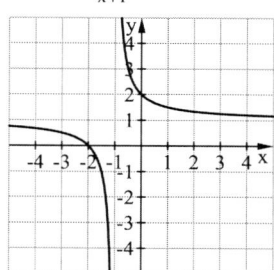
−1 gehört nicht zur Definitionsmenge.

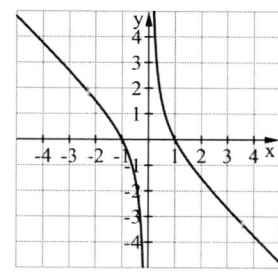
0 gehört nicht zur Definitionsmenge.

15. a) f(0,5) = 0,25; f(1,2) = 1,44; f(−1,2) = 1,44; f(3) = 9; f(−3) = 9; f(3,5) = 12,25; f(−3,5) = 12,25; f(2) = f(−2) = 4; f(1,5) = f(−1,5) = 2,25; f(0,8) = f(−0,8) = 0,64; f(1,4) = f(−1,4) = 1,96.

b) f(0,5) = 25; f(1,2) = 144; f(−1,2) = 144; f(3) = 900; f(−3) = 900; f(3,5) = 1 225; f(−3,5) = 1 225; f(0,2) = f(−0,2) = 4; f(0,15) = f(−0,15) = 2,25; f(0,08) = f(−0,08) = 0,64; f(0,14) = f(−0,14) = 1,96.

c) f(0,5) = 0,0625; f(1,2) = 0,36; f(−1,2) = 0,36; f(3) = 2,25; f(−3) = 2,25; f(3,5) = 3,0625; f(−3,5) = 3,0625; f(4) = f(−4) = 4; f(3) = f(−3) = 2,25; f(1,6) = f(−1,6) = 0,64; f(2,8) = f(−2,8) = 1,96.

d) f(0,5) = 0,25; f(1,2) = 0,04; f(−1,2) = 4,84; f(3) = 4; f(−3) = 16; f(3,5) = 6,25; f(−3,5) = 20,25; f(3) = f(−1) = 4; f(2,5) = f(−0,5) = 2,25; f(1,8) = f(0,2) = 0,64; f(2,4) = f(−0,4) = 1,96.

16. Schaubild (2) passt. Der Wasserstand erhöht sich um den Wert *Zufluss* (in m³)/*Grundfläche des aufnehmenden Beckens* (in m²). Dieser Wert ist im unteren Teil des Beckens größer als im oberen Teil. Daher erhöht sich der Wasserstand zunächst relativ schnell, und dann, wenn der untere Teil des Beckens gefüllt ist, langsamer.

17. (a) zu (2); (b) zu (1); (d) zu (3); (e) zu (4)
Die Schaubilder geben nur angenähert den Verlauf wieder.

18.
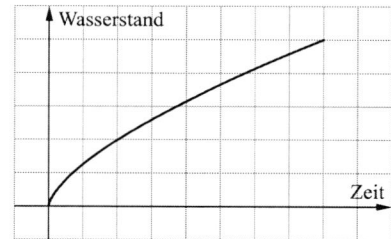 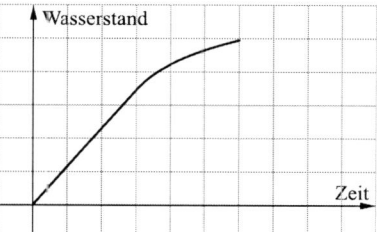

14 18.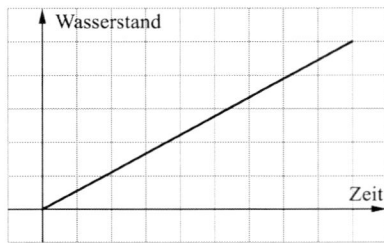

19. Die mittlere Rennstrecke.

1.2 Darstellen von Funktionen mit einem grafikfähigen Taschenrechner

16 2. -

3. -

17 4. a) Punkte in die Gleichung einsetzen:
$P_1(4 \mid 3) \Rightarrow 4^2 + 3^2 = 16 + 9 = 25$
$P_2(-5 \mid 0) \Rightarrow (-5)^2 + 0^2 = 25 + 0 = 25$
Die Gleichung ist also für beide Punkte erfüllt.
Weitere Punkte z. B.: $P_3(-3 \mid -4)$; $P_4(4 \mid -3)$; $P_5(0 \mid 5)$
b) Abstandsbestimmung mit dem Satz von Pythagoras.
Abstand von P_1 vom Ursprung ist $\sqrt{4^2 + 3^2} = 5$.
Nachweis entsprechend für die weiteren Punkte.
c) Nein, weil es x-Werte gibt, denen zwei y-Werte zugeordnet werden (z. B.: x = 0; y = 5 oder y = –5).
d) Eingabe von $y_1 = \sqrt{25 - x^2}$ und $y_2 = -y_1(x)$.
Window-Einstellungen: Xmin = –10, Xmax = 10, Ymin = –5, Ymax = 5

5. Funktionsterm: a) $2x - 1$ b) $x^2 - 2$ c) $x \cdot (2 + x)$
Zuordnungsvorschrift: a) $x \mapsto 2x - 1$ b) $x \mapsto x^2 - 2$ c) $x \mapsto x \cdot (2 + x)$

a) 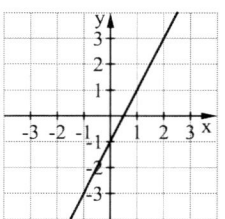 b) 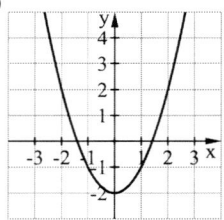 c)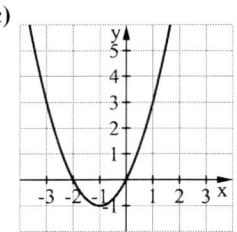

6. a)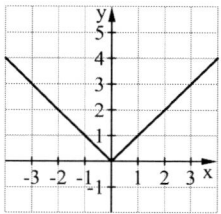
f(0) = 0

c)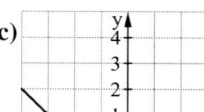
f(−2) = 0; f(2) = 0

e)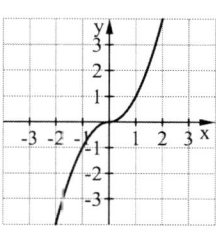
f(0) = 0

b)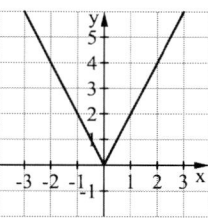
f(0) = 0

d)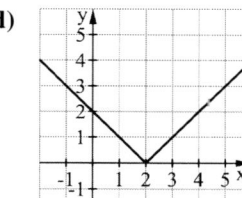
f(2) = 0

7. a) f(x) = 4x
f(6) = 24
f(−2) = −8
f(0) = 0
f(0,4) = 1,6
f(−0,8) = −3,2
f(1,5) = 6
f(−1,5) = −6

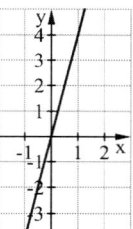

b) $f(x) = 1 + \frac{1}{2} \cdot x$
f(6) = 4
f(−2) = 0
f(0) = 1
f(0,4) = 1,2
f(−0,8) = 0,6
f(1,5) = 1,75
f(−1,5) = 0,25

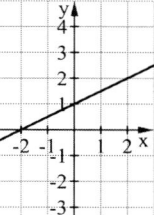

c) f(x) = −x²
f(6) = −36
f(−2) = −4
f(0) = 0
f(0,4) = −0,16
f(−0,8) = 0,64
f(1,5) = −2,25
f(−1,5) = −2,25

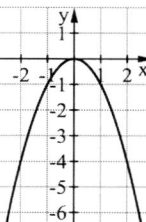

7. d) $f(x) = (1-x)^2$
$f(6) = 25$
$f(-2) = 9$
$f(0) = 1$
$f(0{,}4) = 0{,}36$
$f(-0{,}8) = 3{,}24$
$f(1{,}5) = 0{,}25$
$f(-1{,}5) = 6{,}25$

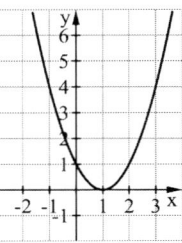

8. a) $D_f = \mathbb{R}$

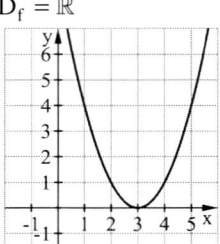

d) $D_f = \mathbb{R}$

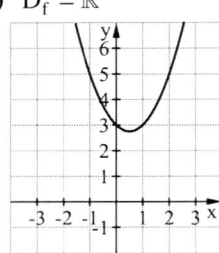

g) $D_f = \mathbb{R} \setminus \{0;\ 3\}$

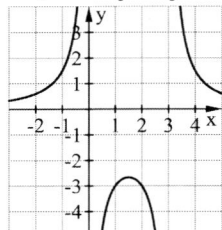

b) $D_f = \mathbb{R} \setminus \{0\}$

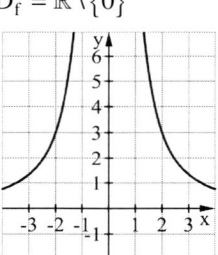

e) $D_f = \mathbb{R}$

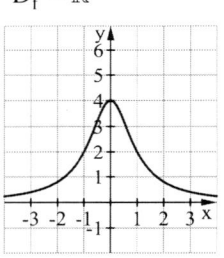

h) $D_f = \{z \in \mathbb{R} \mid z < 0\}$

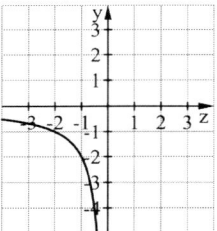

c) $D_f = \mathbb{R} \setminus \{1\}$

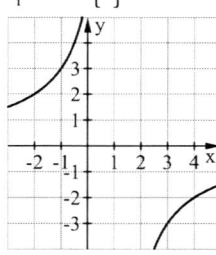

f) $D_f = \mathbb{R} \setminus \{-3;\ 3\}$

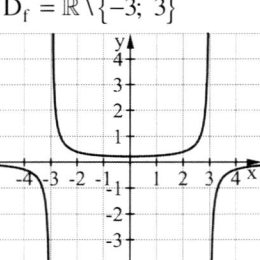

9. a) (1) -1 (2) 2 (3) 1
b) (1) -6 (2) -12 (3) -10
c) (1) $\frac{3}{8}$ (2) 0 (3) $\frac{1}{8}$

18

10. a) $y = 8x$

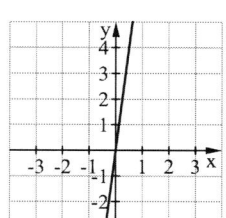

b) $y = x + 4$

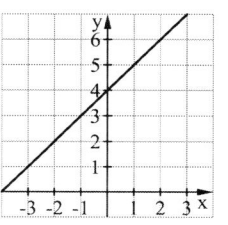

c) $y = 4x - \frac{1}{2}$

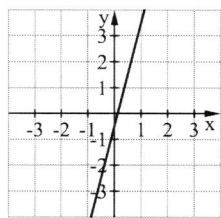

d) $y = 3 - 3x$

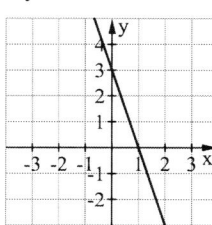

e) $y = -x$

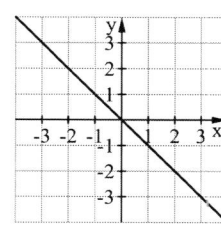

f) $y = \frac{2}{7}x - 2$

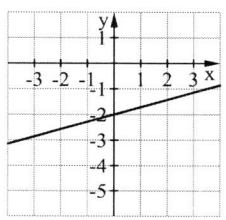

g) $y = -\frac{2}{3}x - 2$

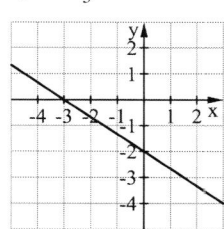

h) $y = \frac{3}{4}x - 3$

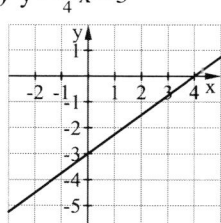

i) $y = -\frac{39}{19}x + \frac{91}{19}$

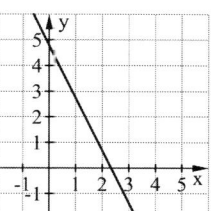

j) $y = \frac{6}{x} - 5$

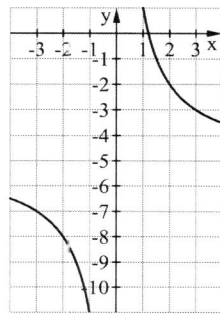

k) $y = -\frac{1}{2}|x| + 3$

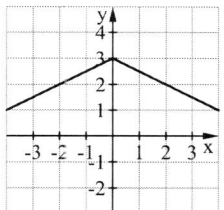

l) $y = \frac{1}{2}x^2 - \frac{5}{2}$

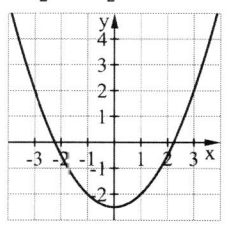

11. a) $y = -\frac{2}{5}x$

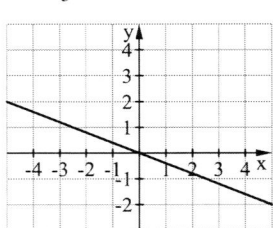

P_2, P_3 gehören zum Schaubild.

c) $y = t^2 + 1$

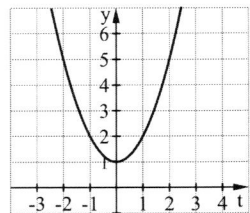

P_4 gehört zum Schaubild.

b) $y = 4 - \frac{x}{2}$

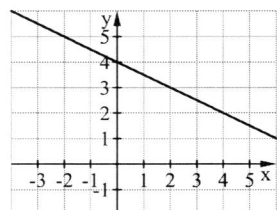

P_1, P_4, P_6 gehören zum Schaubild.

d) $v = 5 - u^2$

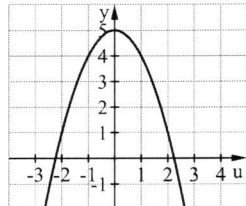

P_5, P_7 gehören zum Schaubild.

12. a) $W = \mathbb{R}$

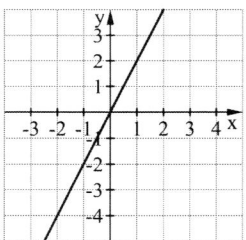

c) $W = \mathbb{R}^+$

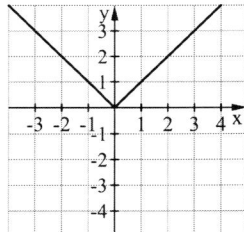

b) $W = \mathbb{R}^-$

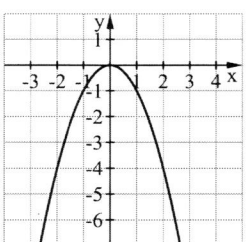

d) $W = \{x \in \mathbb{R} \mid x \geq -4\}$

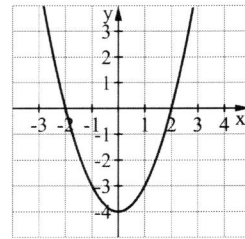

12. e) $W = \mathbb{R}$

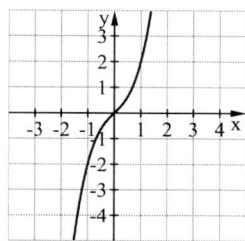

13. a) A liegt auf dem Kreis.
B liegt innerhalb des Kreises.
C liegt innerhalb des Kreises.
D liegt außerhalb des Kreises.
E liegt außerhalb des Kreises.

b) A außerhalb
B innerhalb
C auf
D außerhalb
E außerhalb

14. a) $x^2 + y^2 = 169$ **c)** $x^2 + y^2 = 16$
b) $x^2 + y^2 = 25$ **d)** $x^2 + y^2 = 36$

15. Günstige Einstellung: Xmin = 0, Xmax = 200, Ymin = 0, Ymax = 200.
Hier erkennt man, dass der Anhalteweg für hohe Geschwindigkeiten mit Antiblockiersystem kürzer ist als ohne Antiblockiersystem.

1.3 Lineare Funktionen – Geraden

1.3.1 Begriff der linearen Funktion

2. a) $y = 3$
Parallele zur x-Achse, Schaubild einer linearen Funktion
m = 0

b) $y = 0$
x-Achse, Schaubild einer linearen Funktion
m = 0

c) $x = -2$
Parallele zur y-Achse, kein Schaubild einer Funktion

d) $x = 0$
y-Achse, kein Schaubild einer Funktion

3. a)

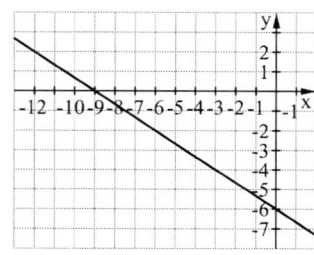

$\alpha = 146{,}31°$

b) Nach der Definition der Tangensfunktion am rechtwinkligen Dreieck gilt:
$\tan(\alpha) = \frac{m}{1} = m.$

4. a) 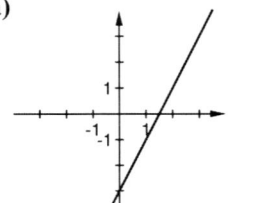 c) 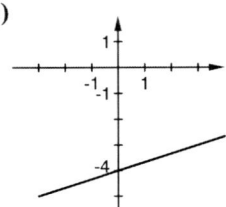 e)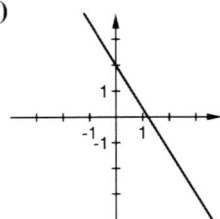

b) 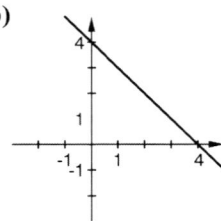 d) 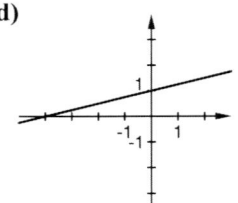 f)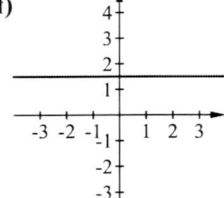

5. a) $f(x) = 0{,}2 \cdot x + 1$ c) $f(x) = -\frac{2}{3} \cdot x + 4$

b) $f(x) = \frac{1}{10} \cdot x + 2{,}4$ d) $f(x) = \frac{1}{4}x - 1$

6. a) g_1: $y = \frac{4}{5}x + 1$ (38,65°) b) g_1: $y = \frac{7}{2}x + \frac{17}{2}$ (74,06°)

g_2: $y = -x + 1{,}5$ (135°) g_2: $y = -\frac{1}{7}x + \frac{8}{7}$ (171,87°)

g_3: $y = \frac{1}{5}x - 2$ (11,31°) g_3: $y = 0 \cdot x - 1{,}5$ (0°)

7. a) $P_3, P_4, P_7 \in g$ d) $P_1, P_2 \in g$

$Q_1(2|-1)$, $Q_2(5{,}5|\,2{,}5)$ $Q_1(2|-2)$, $Q_2(-7|\,2{,}5)$

b) $P_4, P_6 \in g$ e) $Q_1(2|-4)$, $Q_2\left(-\frac{1}{6}|\,2{,}5\right)$

$Q_1(2|\,7{,}4)$, $Q_2\left(-\frac{1}{24}|\,2{,}5\right)$

c) $P_1, P_5 \in g$

$Q_1(2|\,5{,}5)$, $Q_2(-10|\,2{,}5)$

8. a)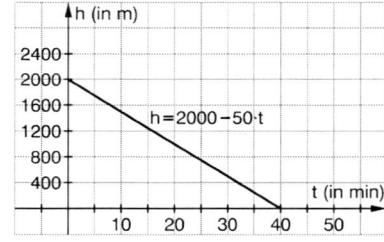

b) 1 250 m [1 100 m]

c) 40 min

d) Umkehrzuordnung ist eindeutig

22

9. a) $m = \frac{1}{2}$; $P_3(3 \mid 3)$, $P_4(-1 \mid 1)$; $\alpha = 26{,}56°$
   b) $m = 2$; $P_3(0 \mid -4)$, $P_4(1 \mid -2)$; $\alpha = 63{,}43°$
   c) $m = 0$; $P_3(0 \mid -1)$, $P_4(1 \mid -1)$; $\alpha = 0°$
   d) $m = 4$; $P_3(-1 \mid 4)$, $P_4(1 \mid 12)$; $\alpha = 75{,}96°$
   e) $m = \frac{34}{15}$; $P_3\left(-\frac{3}{4} \mid -\frac{28}{15}\right)$, $P_4\left(\frac{9}{4} \mid \frac{74}{15}\right)$; $\alpha = 66{,}19°$
   f) $m = -2$; $P_3\left(0 \mid \sqrt{50}\right)$, $P_4\left(\sqrt{18} \mid -\sqrt{2}\right)$; $\alpha = 116{,}56°$

10. A: $0{,}87 \frac{\text{mm}}{\text{Grad}}$;   B: $1{,}68 \frac{\text{mm}}{\text{Grad}}$;   C: $9 \frac{\text{mm}}{\text{Grad}}$

11. Am Term erkennt man, dass eine eindeutige Zuordnung vorliegt und $f(x) = 2x$ also auch eine Funktion ist. In der gewählten Skalierung im GTR-Bild liegen die Funktionswerte benachbarter x-Werte teilweise so nah beieinander, dass der GTR für diese Funktionswerte dieselbe Bildpunkt-Koordinate verwendet. Dies liegt an der relativ geringen Auflösung des GTR-Bildschirmes.

1.3.2 Koordinatengeometrie mit Geraden

28

3. a) $y = 2x - 5$,   ja   c) $y = \frac{1}{2}x - 1$,   ja
   b) $y = -2x + 11$,   nein   d) $y = x$,   nein

29

4. a) $y = -0{,}4 \cdot x + 3$ b) $y = 0{,}5 \cdot x - 1{,}4$
      $P_3(10 \mid -1)$ $P_3(10 \mid 4{,}6)$
      $P_4(-2{,}5 \mid 4)$ $P_4(9 \mid 4)$
      $P_5(0 \mid 3)$ $P_5(0 \mid -1{,}4)$
      $P_6(7{,}5 \mid 0)$ $P_6(2\frac{1}{3} \mid 0)$

5. | | a) | b) |
   |---|---|---|
   | Gerade durch A und C: | $y = x - 1$ | $y = 0{,}6x - 0{,}2$ |
   | Gerade durch B und D: | $y = -x + 9$ | $y = -2x + 5$ |
   | Schnittpunkt: | $S(5 \mid 4)$ | $S(2 \mid 1)$ |

6. a) $a = 4$; $b = 3$
      $y - 0 = \frac{3-0}{0-4}(x - 4) \Rightarrow y = -\frac{3}{4}x + 3$
   b) $a = -3{,}5$; $b = 2$
      $y - 0 = \frac{2-0}{0+3{,}5}(x + 3{,}5) \Rightarrow y = \frac{4}{7}x + 2$
   c) $a = -5$; $b = -2$
      $y - 0 = \frac{-2-0}{0+5}(x + 5) \Rightarrow y = -\frac{2}{5}x - 2$
   d) $a = 3{,}5$; $b = -4{,}9$
      $y - 0 = \frac{-4{,}9-0}{0-3{,}5}(x - 3{,}5) \Rightarrow y = -\frac{49}{35}x - 4{,}9$

7. **a)** $a = 12$; $b = 4$ **c)** $a = -2,5$; $b = 4,5$
   b) $a = -5$; $b = -8$ **d)** $a = 7,5$; $b = -2,5$

8. Es sei a der Abschnitt auf der x-Achse, b der Abschnitt auf der y-Achse.
   $a \cdot b = 30$ (Flächeninhalt)
   $\frac{2}{a} + \frac{3,6}{\frac{30}{a}} = 1$ (Punktprobe mit P)
   $a = 5$ oder $a = 3\frac{1}{3}$
   $b = 6$ $b = 9$

   1. Dreieck   2. Dreieck
   A (0 | 0)   A (0 | 0)
   B (5 | 0)   B $\left(3\frac{1}{3} \mid 0\right)$
   C (0 | 6)   C (0 | 9)
   $\frac{x}{5} + \frac{y}{6} = 1$ $\frac{x}{3\frac{1}{3}} + \frac{y}{9} = 1$
   bzw. $y = -\frac{6}{5}x + 6$ bzw. $y = -\frac{27}{10}x + 9$

9. **a)** $y = \frac{3}{4}x - 2$; $P_2(2 \mid -0,5)$ **e)** $y = \frac{1}{3}x + 2$; $P_2(6 \mid 4)$
   b) $y = -\frac{1}{2}x + 1,5$; $P_2(-4 \mid 3,5)$ **f)** $y = x + 7,5$; $P_2(2,5 \mid 10)$
   c) $y = \frac{4}{5}x + 8$; $P_2(0 \mid 8)$ **g)** $y = -1,5x$; $P_2(-1 \mid 1,5)$
   d) $y = -0,8x - 6,8$; $P_2(-14,75 \mid 5)$ **h)** $y = \sqrt{2} \cdot x - 1$; $P_2(-\sqrt{2} \mid -3)$

10. **a)** A (4 | 1), B (9 | 3), D (5 | 7)   **b)** A (-2 | -1), B (1 | -7), C (9 | -7)
    g (A, B): $y = 0,4x - 0,6$ g (A, B): $y = -2x - 5$
    g (A, D): $y = 6x - 23$ g (B, C): $y = -7$
    g (D, C): $y = 0,4x + 5$ g (D, C): $y = -2x + 11$
    g (B, C): $y = 6x - 51$ g (A, D): $y = -1$
    C (10 | 9)   D (6 | -1)

11. **a)** $y = 0,5 \cdot x - 3$ **c)** $y = \frac{1}{3}x + \frac{13}{3}$
    $y = -x + 3$ $y = -2,25x + 17,25$
    S (4 | -1)   S (5 | 6)

    b) $y = \frac{5}{8} \cdot x + 1$ **d)** $y = -\frac{1}{3}x - 1$
    $y = -0,75x + 6,5$ $y = 2,4$
    S (4 | 3,5)   S (-10,2 | 2,4)

12. a) $p_a: y = -0.5 \cdot x - 1.5$
$p_b: y = -2.5 \cdot x + 8.5$
$p_c: y = 1.5 \cdot x + 4.5$
$S_1(5 \mid -4)$
$S_2(1 \mid 6)$
$S_3(-3 \mid 0)$

b) $p_a: y = -5.75x - 14.55$
$p_b: y = -0.25x - 2.45$
$p_c: y = -\frac{31}{36}x + \frac{7}{60}$
$S_1(-2.2 \mid -1.9)$
$S_2(4.2 \mid -3.5)$
$S_3\left(-\frac{2\,640}{241} \mid \frac{46\,029}{4\,820}\right)$
$\approx S_3(-10.95 \mid 9.55)$

13. a) $y = \frac{3}{5}x - 4$

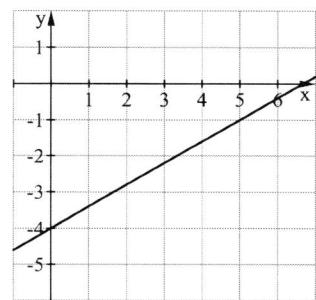

c) $y = -2.4$

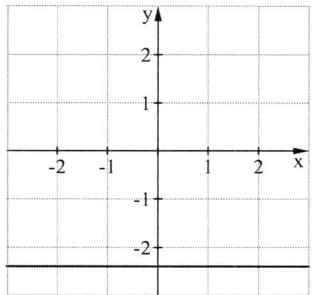

b) $x = 1.5$

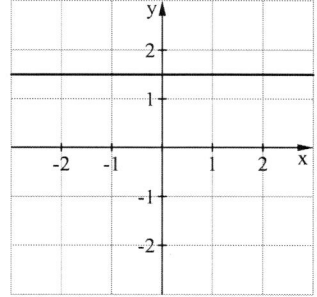

d) $x = 0.9$

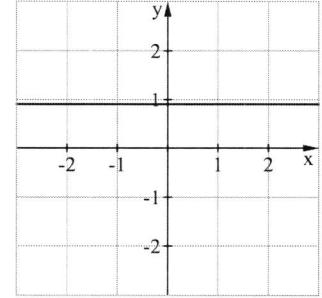

14. a) $x + 0 \cdot y = 3$, P_3
b) $x + 0 \cdot y = -2$, P_4
c) $x + 0 \cdot y = 0$, P_1, P_2, P_5
d) $0 \cdot x + y = 3$, P_0
e) $0 \cdot x + y = -2$, P_1
f) $0 \cdot x + y = 0$, P_4, P_5

30

14. zu a) zu c) zu e)

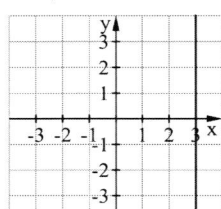 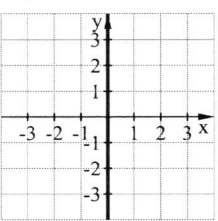 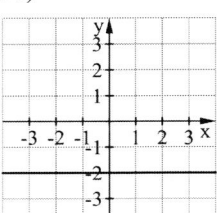

zu b) zu d) zu f)

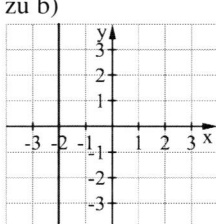 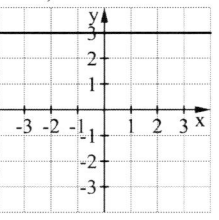 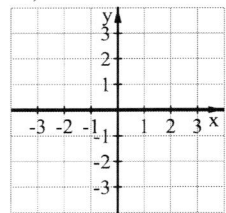

15. a) $y = 4;\ x = 3$ c) $y = 0;\ x = -\frac{4}{9}$ e) $y = -3;\ x = -2$
    b) $y = -\frac{5}{7};\ x = 0$ d) $y = 0;\ x = 0$

16. a) $S\,(3\mid 8{,}5)$ c) $S\left(0\mid -\frac{1}{3}\right)$ e) $(4{,}5\mid -3)$
    b) $S\,(5\mid -4)$ d) $S\,(7{,}5\mid 0)$ f) $(4\mid 0)$

17. g_1: $y = -1{,}8$ parallel zur x-Achse
    g_2: $x = 6$ parallel zur y-Achse
    g_3: $x = -1{,}6$ parallel zur y-Achse
    g_4: $y = 7{,}5$ parallel zur x-Achse
    g_5: $y = -\frac{12}{5}$ parallel zur x-Achse
    g_6: $x = 4{,}8$ parallel zur y-Achse

18. a) $3x + 2y = 12 \Rightarrow y = -\frac{3}{2}x + 6$
    $a = 4;\ b = 6;\ m = -\frac{3}{2}$
    b) $22x - 14y = -77 \Rightarrow y = \frac{11}{7}x + \frac{11}{2}$
    $a = -3{,}5;\ b = \frac{11}{2};\ m = \frac{11}{7}$
    c) $18x + 10y = -45 \Rightarrow y = -1{,}8x - 4{,}5$
    $a = -2{,}5;\ b = -4{,}5;\ m = -1{,}8$
    d) $5x - 12y = 30 \Rightarrow y = \frac{5}{12}x - 2{,}5$
    $a = 6;\ b = -2{,}5;\ m = \frac{5}{12}$

19. a) $L = \{\ \}$ b) $L = \mathbb{R} \triangle \mathbb{R}$

20. a) $g_1 \tau g_3$, $g_1 \perp g_2$, $g_2 \perp g_3$ b) $g_1 \perp g_4$, $g_2 \perp g_3$

21. a) $m_2 = -\frac{5}{3}$ c) $m_2 = -\frac{1}{2}$ e) $m_2 = \frac{4}{3}$
   b) $m_2 = -4$ d) $m_2 = \frac{1}{3}$ f) $m_2 = 10$

22. a) $y = 2x + 5$ $\left[y = -\frac{x}{2}\right]$ d) $y = -\frac{x}{3} - \frac{10}{3}$ $[y = 3x - 10]$
   b) $y = 4x + 6$ $\left[y = -\frac{x}{4} + 6\right]$ e) $y = 1{,}2x + 2{,}2$ $\left[y = -\frac{5}{6}x - 0{,}85\right]$
   c) $y = -5x + 5$ $\left[y = \frac{x}{5} + 5\right]$ f) $y = -x - 3$ $[y = x + 3]$

23. a) $y = -\frac{1}{3}x + \frac{2}{3}$ c) $y = 3$ e) $x = 0$
   $[y = 3x + 14]$ $[x = \sqrt{2}]$ $[y = 0]$
   b) $y = -x$ d) $x = -2$ f) $y = -2$
   $[y = x]$ $[y = 5]$ $[x = -1]$

24. a) a: $y = -x + 9$; h_a: $y = x - 33$
   b: $y = -2{,}5 \cdot x + 9$; h_b: $y = 0{,}4 \cdot x - 28{,}8$
   c: $y = 0{,}2 \cdot x - 23{,}4$; h_c: $y = -5x + 9$
   H $(7 \mid -26)$

   b) a: $y = 5 \cdot x - 34$; h_a: $y = -0{,}2 \cdot x + 3{,}4$
   b: $y = 0{,}5 \cdot x + 2$; h_b: $y = -2 \cdot x + 15$
   c: $y = -0{,}4 \cdot x + 3{,}8$; h_c: $y = 2{,}5 \cdot x - 14$
   H $\left(6\tfrac{4}{9} \mid 2\tfrac{1}{9}\right)$

25. c: $y = \frac{3}{4}x - 1{,}25$
   h_c: $y = -\frac{4}{3}x + \frac{40}{3}$
   h_a: $y = 7x - 20$
   a: $y = -\frac{1}{7}x + 10$
   C $(2{,}8 \mid 9{,}6)$

26. a) M $(3 \mid 1)$ d) A $(5 \mid -6)$
   b) M $(2{,}4 \mid -3{,}8)$ e) B $(-5 \mid -8)$
   c) B $(4 \mid 8)$ f) A $(7 \mid 1)$, B $(-7 \mid -1)$

27. a) M(0|2), D(−4|3) b) M(3,5|2,5), D(0|2)

28. a) |AB| = 5; |BC| = 13; |CD| = $\sqrt{80}$ ≈ 8,944; |DA| = $\sqrt{74}$ ≈ 8,602;
|AC| = $\sqrt{226}$ ≈ 15,033; |BD| = $\sqrt{97}$ ≈ 9,849

b) |AB| = 8; |BC| = 5; |CD| = 15; |DA| = 12; |AC| = $\sqrt{153}$ ≈ 12,369;
|BD| = $\sqrt{208}$ ≈ 14,422

29. a) ℓ: y = $-\frac{3}{4}$x + 8
S(4|5)
d = $\sqrt{(4-8)^2 + (5-2)^2}$ = 5

c) ℓ: y = 0,8x − 6,6
S(2|−5)
d = $\sqrt{(7-2)^2 + (-1+5)^2}$ = $\sqrt{41}$ ≈ 6,4

b) ℓ: y = $-\frac{5}{12}$x + $\frac{7}{2}$
S(6|1)
d = $\sqrt{(-6-6)^2 + (6-1)^2}$ = 13

d) Da P auf g liegt, gilt: d = 0.

30. a) M_a(9,5|3,5); a: y = 7x − 63; m_a: y = $-\frac{1}{7}$x + $\frac{34}{7}$
M_b(5,5|5,5); b: y = $\frac{1}{3}$x + $\frac{11}{3}$; m_b: y = −3x + 22
M_c(5|2); c: y = $-\frac{1}{2}$x + 4,5; m_c: y = 2x − 8
M(6|4); |AM| = |BM| = |CM| = 5

b) M_a(7|1,5); a: y = 5,5x − 37; m_a: y = $-\frac{2}{11}$x + $2\frac{17}{22}$
M_b(3|4,5); b: y = 0,5 · x + 3; m_b: y = −2x + 10,5
M_c(5|−1); c: y = −0,75x + 0,5; m_c: y = $\frac{4}{3}$x − $\frac{11}{3}$
M(4,25|2); |AM| = |BM| = |CM| = 6,25

31. Man verwendet, dass M$\left(\frac{x_1+x_2}{2} \middle| \frac{y_1+y_2}{2}\right)$ Mittelpunkt der Strecke $\overline{AB}$ mit A$(x_1|y_1)$ und B$(x_2|y_2)$ ist.

32. a) α = 98,14° b) α = 29,75° c) α = 101,31° d) α = 93,37°

1.3.3 Funktionenscharen am Beispiel von Geradenscharen

33

2. **a)** Alle Geraden gehen durch den Punkt S(4 | 0).

b) (1) m = 1,1
(2) m = −3
(3) m = 0,05
(4) m = 1

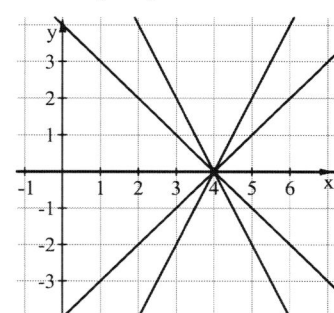

34

3. **a)** $r = -\frac{1}{2}$ **b)** $r = -1{,}4$

4. **a)** h: $y = -\frac{4}{3}x - \frac{32}{9}$; Abstand P von g: 5; Abstand P von h: $8\frac{1}{3}$

   b) h: $y = -x + 7$; Abstand P von g: $\frac{1}{2}\sqrt{2}$; Abstand P von h: $\frac{1}{2}\sqrt{2}$

   c) h: $y = 0$; Abstand P von g: 9,5; Abstand P von h: 1

   d) h: $y = 2x - 8$; Abstand P von g: $\sqrt{5}$; Abstand P von h: $\sqrt{5}$

5. **a)** $f_m(x) = m \cdot x - 2m + 4$
   $f_{-1}(x) = -x + 6$
   $f_{-0{,}5}(x) = -\frac{1}{2}x + 5$
   $f_0(x) = 4$
   $f_{0{,}5}(x) = \frac{1}{2}x + 3$
   $f_1(x) = x + 2$

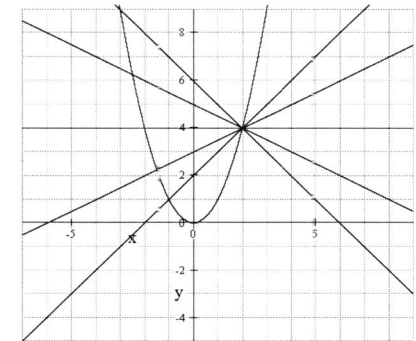

   b) $\left. \begin{array}{l} y = m \cdot x - 2m + 4 \\ y = x^2 \end{array} \right\}$ $x^2 = m \cdot x - 2m + 4$
   $x^2 - mx + 2m - 4 = 0$

   Lösung dieser Gleichung mit p-q-Formel: $x_{1/2} = \frac{m}{2} \pm \sqrt{\frac{m^2}{4} - 2m + 4}$

   Wenn diese Gleichung genau eine Lösung hat, hat die Parabel genau einen Punkt mit der Geraden gemeinsam.

   Die Gleichung hat genau dann eine Lösung, wenn $\frac{m^2}{4} - 2m + 4 = 0$ ist.

   $m^2 - 8m + 16 = 0$ $m = 4 \pm \sqrt{4^2 - 16} = 4$
   Gerade der Schar: $y = 4x - 8 + 4 = 4x - 4$
   gemeinsamer Punkt: P (2 | 4)

34

6. a) g: $y = -\frac{x}{2} + 3$; h: $y = 2x - 3$; S (2,4 | 1,8); $|\overline{OS}| = 3$

   b) für $m \neq 0$: g: $y = mx + 3$; h: $y = -\frac{1}{m}x - 3$; $S\left(\frac{-6m}{1+m^2} \Big| 3 \cdot \frac{1-m^2}{1+m^2}\right)$;

   $x_s^2 + y_s^2 = 9$; $|\overline{OS}| = 3$

   für $m = 0$: S (0 | 3); $|\overline{OS}| = 3$

   geometrischer Lehrsatz: Satz des Thales

7. a) $f_r(x) = \sqrt{r^2 - x^2}$; P (2 | 1,5)

   $1,5 = \sqrt{r^2 - 4} \Rightarrow r = 2,5$

   b) Geradengleichung: $y = -0,75x + 6,25$

   $f_r(x) = \sqrt{r^2 - x^2}$; $f_r'(x) = \frac{-x}{\sqrt{r^2 - x^2}}$; $y' = -0,75$

   $y' = f_r'(x) \Rightarrow x = 0,6r$, das in $f_r(x) = y$ einsetzen liefert $r = 5$

   $f_5(x) = \sqrt{25 - x^2}$

   gemeinsamer Punkt: P (3 | 4)

8. a) $k = -1$ [+1]

   b) Durch den Bereich zwischen -1 und 1 (einschließlich) geht keine Gerade der Schar.

   c) Es muss gelten: $k_1 = -k_2$.

   d) g_k: $y = 2x - \sqrt{5}$

   g_k': $y = -\frac{1}{2}x - \sqrt{\frac{5}{4}}$

   Eckpunkte des Dreiecks: $A\left(-2\sqrt{\frac{5}{4}} \Big| 0\right)$, $B\left(\sqrt{\frac{5}{4}} \Big| 0\right)$, $C\left(\frac{2}{5}\sqrt{\frac{5}{4}} \Big| -\frac{6}{5}\sqrt{\frac{5}{4}}\right)$

   $\overline{AB} = 3\sqrt{\frac{5}{4}}$; Höhe des Dreiecks: $\frac{6}{5}\sqrt{\frac{5}{4}}$.

   Flächeninhalt also gleich $\frac{9}{5}\sqrt{\frac{5}{4}} \approx 2,01$

1.3.4 Vermischte Übungen

35

1. a) $y = 2$ b) $y = \frac{1}{2}x$ c) $y = -\frac{2}{3}x + 2$ d) $y = x - 2$

2. Zur Geraden, die durch $x = 0$ beschrieben wird (y-Achse) gibt es keine lineare Funktion, deren Schaubild die Gerade ist.

3. $f(x) = mx + b$; $f(x_1) = mx_1 + b$; $f(x_2) = mx_2 + b$; $x_M = \frac{x_1 + x_2}{2}$

   $\frac{f(x_1) + f(x_2)}{2} = \frac{mx_1 + b + mx_2 + b}{2} = m \cdot \frac{x_1 + x_2}{2} + b = f\left(\frac{x_1 + x_2}{2}\right) = f(x_M)$

4. a) A, B und C liegen auf der Geraden mit y = 1,5x − 1,25.
   b) A, B und C liegen nicht auf derselben Geraden.
   Gerade durch A und B: $y = \frac{2}{3}x + 1{,}1$
   Punktprobe mit C: $0{,}9 = \frac{2}{3} \cdot (-0{,}1) + \frac{11}{10}$
   $0{,}9 = \frac{31}{30}$ falsch
   $\frac{27}{30} = \frac{31}{30}$

5. a) S (−4; −8), Abstand: $d = \sqrt{80} \approx 8{,}944$
   b) S (−24; −9), Abstand: $d = \sqrt{657} \approx 25{,}632$

6. a) g: y = 4   Funktionsgleichung
         y = 0   [x = 0]
   b) g: $y = -\frac{7}{2}$ Funktionsgleichung
         y = 0   [x = 0]
   c) g: x = 2   keine Funktionsgleichung
         y = 0   [x = 0]
   d) g: x = −1,5   keine Funktionsgleichung
         x = 0   [y = 0]
   e) g: y = 0   Funktionsgleichung
         x = 0   [y = 0]
   f) g: x = 0   keine Funktionsgleichung
         y = 0   [x = 0]

7. a) (1) $y = \frac{x}{2}$; $y = -\frac{5}{8}x + \frac{3}{4}$; $y = -\frac{7}{4}x + \frac{3}{2}$ Schnittpunkt: $S_1\left(\frac{2}{3} \mid \frac{1}{3}\right)$
   (2) y = x − 1; y = 2; y = 4x − 10   Schnittpunkt: $S_2(3 \mid 2)$
   (3) y = x + 1; y = −3; y = 4x + 13   Schnittpunkt: $S_3(-4 \mid -3)$
   b) Umfang: u = 25,56; Flächeninhalt: A = 24

8. a) C (9 | 8)   b) A (−7 | −2)   c) B (8 | −6)   d) C (0 | 0)
   Möglicher Lösungsweg am Beispiel a)
   Seitenhalbierende durch B und S: $y = -\frac{5}{3}x - \frac{34}{3}$
   Seitenhalbierende durch C und S: $y = \frac{5}{4}x - \frac{13}{4}$
   Punktprobe mit C (u | v): $v = \frac{5}{4} \cdot u - \frac{13}{4}$
   Punktprobe mit $M_b\left(\frac{u-2}{2} \mid \frac{v+3}{2}\right)$: $\frac{v+3}{2} = -\frac{5}{3} \cdot \frac{u-2}{2} + \frac{34}{3}$
   Lösung des Gleichungssystems: $v = -\frac{5}{3}u + 23$ u = 9   v = 8

9. Funktionsgleichung: y = −0,013 · x + 1 753 (m als Einheit)
   a) (1) 232 m über NN, (2) 284 m über NN, (3) 193 m über NN
   b) bei Kilometer 116 [114]
   c) 13 Promille

36

10. a)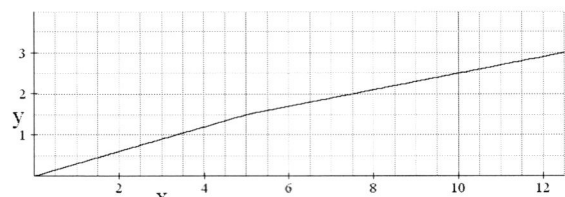

b) Es handelt sich um eine abschnittsweise definierte Funktion.
$$h(t) = \begin{cases} 0{,}3 \cdot t & \text{für } 0 \leq t \leq 5 \\ 0{,}2 \cdot t + 0{,}5 & \text{für } 5 \leq t \leq 12{,}5 \end{cases}$$

c) (1) 2 h   (2) 4 h 20 min   (3) 7 h   (4) 12 h

d) Die Umkehrzuordnung ist ebenfalls eindeutig.

11. *Höhengeraden und deren Schnittpunkt:*
durch A: $y = \frac{b}{c} \cdot x - \frac{2ab}{c}$
durch C: $x = 0$
durch B: $y = \frac{a}{c} \cdot x - \frac{2ab}{c}$
Schnittpunkt der beiden ersten Höhengeraden: $H\left(0 \mid -\frac{2ab}{c}\right)$.
H liegt auch auf der dritten Höhengeraden.
Punktprobe: $-\frac{2ab}{c} = \frac{a}{c} \cdot 0 - \frac{2ab}{c}$ wahr

Mittelsenkrechten und deren Schnittpunkt:
von $\overline{AB}$: $x = a + b$
von $\overline{CA}$: $y = \frac{a}{c} \cdot x + c - \frac{a^2}{c}$
von $\overline{BC}$: $y = \frac{b}{c} \cdot x + c - \frac{b^2}{c}$
Schnittpunkt der beiden ersten Mittelsenkrechten: $M\left(a+b \mid \frac{a \cdot b}{c} + c\right)$
M liegt auch auf der dritten Mittelsenkrechten.
Punktprobe: $\frac{a \cdot b}{c} = \frac{b}{c} \cdot (a+b) + c - \frac{b^2}{c}$ wahr

Seitenhalbierenden und deren Schnittpunkt:
Durch A: $y = -\frac{c}{2a-b} \cdot x + \frac{b \cdot c}{2a-b} + c$
Durch C: $y = -\frac{2c}{a+b} \cdot x + 2c$
Durch B: $y = \frac{c}{a-2b} \cdot x - \frac{2bc}{a-2b}$
Schnittpunkt der ersten beiden Seitenhalbierenden: $S\left(\frac{2(a+b)}{3} \mid \frac{2 \cdot c}{3}\right)$.
S liegt auch auf der dritten Seitenhalbierenden.
Punktprobe: $\frac{2c}{3} = \frac{c}{a-2b} \cdot \frac{2(a+b)}{3} - \frac{2bc}{a-2b}$ wahr

36 11. *Eulersche Gerade:*
Gleichung der Geraden durch H und M:
$y = \frac{3ab+c^2}{(a+b)\cdot c} \cdot x - \frac{2(a+b)a\cdot b}{(a+b)\cdot c}$
Punktprobe mit $S\left(\frac{2a+2b}{3}\bigg|\frac{2c}{3}\right)$:
$\frac{2c}{3} = \frac{3ab+c^2}{(a+b)\cdot c} \cdot \frac{2a+2b}{3} - \frac{2(a+b)a\cdot b}{(a+b)\cdot c}$ wahr
Ergebnis:
H, M und S liegen auf *einer* Geraden (der Euler'schen Geraden).

Blickpunkt

37 1. a) Als Beispiele eignen sich z. B. die jeweils 7 Punkte, die ganz links bzw. ganz rechts in der Abbildung zu finden sind.
b)
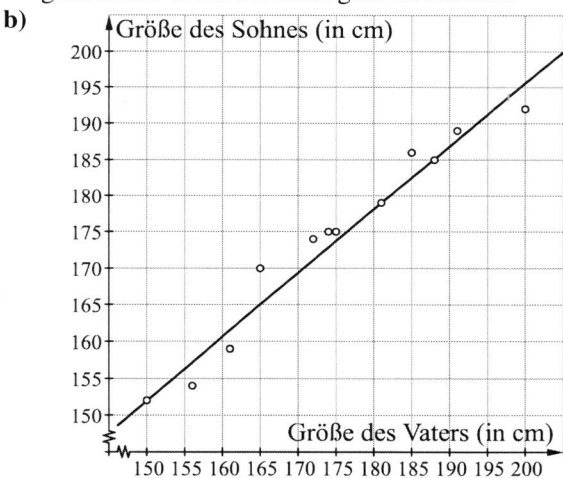
c) Man kann eine Körpergröße von etwa 170 cm erwarten.
d) -

38 2. a)
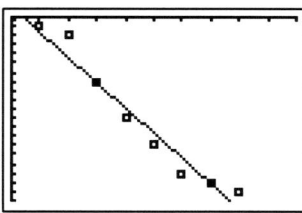
b) −26 °C

3. Zwischen den ersten Tag und dem neunten Tag können die Messwerte mit einer linearen Funktion beschrieben werden.
f(x) = 71,4x + 52,7 (in mm^2; Einheit von x: Tage).

1.4 Quadratische Funktionen – Nullstellen

40

2. a) 4; −2
f (x) > 0 für x < −2 oder x > 4
f (x) < 0 für −2 < x < 4
b) 3
f (x) > 0 für x ≠ 3
c) keine Nullstellen
f (x) > 0 für alle x ∈ IR
d) 3; −1
f (x) > 0 für −1 < x < 3
f (x) < 0 für x < −1 oder x > 3

41

3. a) a = 2; c = 5   b) a = −0,5; c = 2,5   c) a = 0,1; c = 2,2

42

4. a) Nullstellen: −2; 2
Wertebereich: {y ∈ IR| y ≥ −3}
S (0 | −3)
b) Nullstellen: −3; 3
Wertebereich: {y ∈ IR| y ≤ 1}
S (0 | 1)
c) Nullstelle: 0
Wertebereich: IR_0^+
S (0 | 0)
d) Nullstellen: 0; 4
Wertebereich: {y ∈ IR| y ≥ −4}
S (2 | −4)
e) Nullstellen: 2; −4
Wertebereich: {y ∈ IR| y ≤ 1,8}
S (−1| 1,8)
f) Nullstellen: 2; −1,5
Wertebereich:
{y ∈ IR| y ≥ −3,0625}
S (0,25 | −3,0625)

5. a) $f(x) = x^2 - 7x + 10$
Nullstellen: 2; 5
Vorzeichenwechsel bei 2 und 5
b) $f(x) = -x^2 - 4x - 3$
Nullstellen: −3; −1
Vorzeichenwechsel bei −3 und −1
c) $f(x) = x^2 + 8x + 16$
Nullstelle: −4
kein Vorzeichenwechsel
d) $f(x) = -3x^2 + 9x + 12$
Nullstellen: −1; 4
Vorzeichenwechsel bei −1 und 4
e) $f(x) = 0,5x^2 + 0,5x - 3$
Nullstellen: −3; 2
Vorzeichenwechsel bei −3 und 2
f) $f(x) = 2x^2 + 3x - 2$
Nullstellen: −2; 0,5
Vorzeichenwechsel bei −2 und 0,5

6. a) a = −1; b = 2; c = 3
b) a = 1; b = −2; c = −3
c) a = 0,2; b = −0,4; c = −0,6
d) a = −0,5; b = 1; c = 1,5

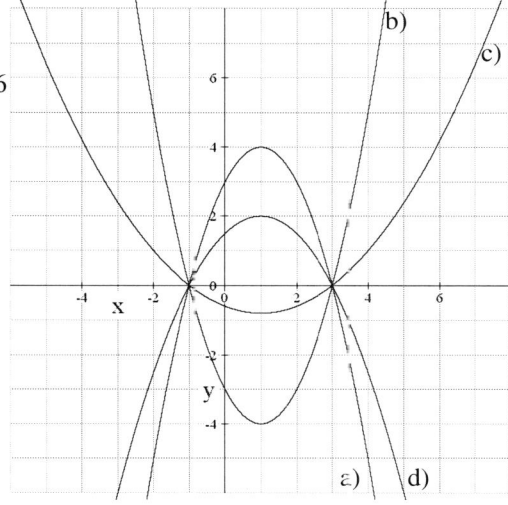

7. a) A(−1 | −4); B(4 | 6)   c) A(0,5 | −7,2)
b) A(−0,5 | 2,25); B(2,5 | 1,65)

8. a) A(−2 | 3)   b) B(−1 | −10)   c) B(−1 | 3,5)
D(3 | −2)   C(1 | −2)   C(3 | 3,5)
y = −x + 1   y = 4x − 6   y = 3,5

9. (1) Schnitt des Schaubildes zu $f(x) = x^2 + 2x - 6$ mit der Geraden zu y = 4.
(2) Schnitt des Schaubildes der Normalparabel mit der Geraden zu
y = −2x + 10.

10. a)   b)

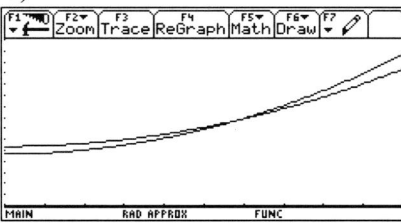

Fenster:
50 ≤ x ≤ 150
0 ≤ y ≤ 15

c) Typ A ist günstiger unter 109,2 $\frac{km}{h}$.
Typ B ist günstiger oberhalb von 109,2 $\frac{km}{h}$.
Gleicher Verbrauch bei 109,2 $\frac{km}{h}$: 7,8 ℓ

11. Untersuchung der Diskriminante

$\left(\frac{p}{2}\right)^2 - q$ für p = 5 und q = c:

$\left(\frac{5}{2}\right)^2 - c \begin{cases} \text{keine Nullstelle, falls} & \frac{25}{4} < c. \\ \text{genau eine Nullstelle, falls} & c = \frac{25}{4}. \\ \text{zwei Nullstellen, falls} & \frac{25}{4} > c. \end{cases}$

12. a)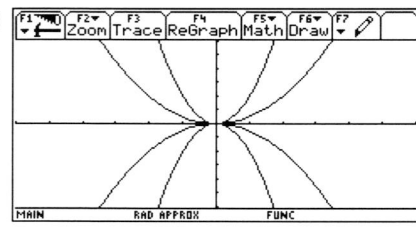

Fenster:
−6 ≤ x ≤ 6
−6 ≤ y ≤ 6

b) a = −0,25; y = −0,25 · x^2

c) a = 0,25; y = 0,25 · x^2; B (4 | 4)

13. a)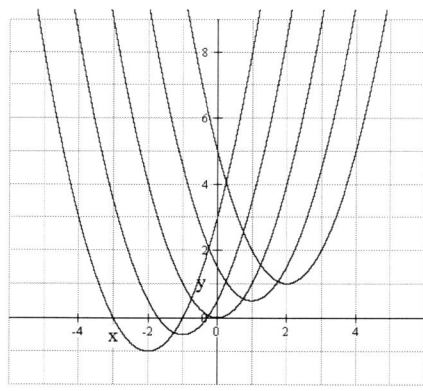

b) $f_d(x) = x^2 - 2dx + d^2 + \frac{d}{2} = 0$

$x_{1/2} = d \pm \sqrt{-\frac{d}{2}}$

keine Nullstelle für d > 0
[genau eine Nullstelle für d = 0 ⇒ x = 0]
[zwei Nullstellen für d < 0 ⇒ $x_{1/2} = d \pm \sqrt{\frac{-d}{2}}$]

c) Nullstelle: x = −6

$0 = 36 + 12d + d^2 + \frac{d}{2} \Rightarrow d = -8 \lor d = -4{,}5$

43   13. **d)** $f_d(x) = x^2 - 2dx + d^2 + \frac{d}{2}$

$f_d'(x) = 2x - 2d$
$y = -x$
$y' = -1$
$\left.\begin{array}{l} -x = x^2 - 2dx + d^2 + \frac{d}{2} \\ -1 = 2x - 2d \end{array}\right\} \Rightarrow d = \frac{1}{6}$

$f_{\frac{1}{6}}(x) = x^2 - \frac{1}{3}x + \frac{1}{9}$

gemeinsamer Punkt: $P\left(-\frac{1}{3} \mid \frac{1}{3}\right)$

e) Scheitelpunkt $S\left(d \mid \frac{d}{2}\right)$

$x = d;\ y = \frac{d}{2} \Rightarrow y = \frac{1}{2}x$

14. **a)** $y = a \cdot (x+2) \cdot (x-3) = a \cdot \left(x - \frac{1}{2}\right)^2 - \frac{25}{4}a;\ S\left(\frac{1}{2} \mid -\frac{25}{4}a\right)$

$x = 0{,}5$

b) $a = \frac{1}{2};\ y = \frac{1}{2} \cdot (x+2) \cdot (x-3) = \frac{1}{2}x^2 - \frac{1}{2}x - 3$

c)

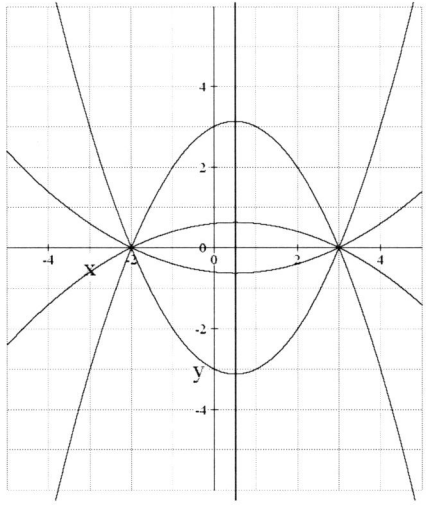

1.5 Potenzfunktionen

1.5.1 Begriff der Potenzfunktion – Symmetrie und Monotonie

47 3. Wenn $x_1 < x_2$ ist, dann ist $f(x_1) \leq f(x_2)$.

48 4. a) $P_1(-1 \mid 1)$, $P_2(0 \mid 0)$, $P_3(1 \mid 1)$
   b) $P_1(-1 \mid -1)$, $P_2(0 \mid 0)$, $P_3(1 \mid 1)$
   c) $P_1(-1 \mid 1)$, $P_2(1 \mid 1)$
   d) $P_1(-1 \mid -1)$, $P_2(1 \mid 1)$

5. a) $W = \mathbb{R}_0^+$ b) $W = \mathbb{R}$ c) $W = \mathbb{R}^+$ d) $W = \mathbb{R} \setminus \{0\}$

6. a) Der Graph einer Potenzfunktion mit natürlichem Exponenten höheren Grades liegt für $x > 1$ oberhalb und für $0 < x < 1$ unterhalb des Graphen einer Potenzfunktion mit natürlichem Exponenten niederen Grades. Begründung:
   Es sei $f_1(x) = x^n$ und $f_2(x) = x^m$ mit $n = m + r$ und $r > 0$; dann ist
   $f_1(x) = f_2(x) \cdot x^r$;
   für $x > 1$ ist $x^r > 1$ und für $0 < x < 1$ ist $x^r < 1$, entsprechend:
   $f_1(x) > f_2(x)$ bzw. $f_1(x) < f_2(x)$.
   b) Der Graph einer Potenzfunktion mit einem größeren negativ ganzzahligen Exponenten liegt für $x > 1$ oberhalb und für $0 < x < 1$ unterhalb des Graphen einer Potenzfunktion mit einem kleineren negativen ganzzahligen Exponenten.
   Es sei $f_1(x) = x^{-n}$ und $f_2(x) = x^{-m}$ mit $-m + r = -n$ und $r > 0$;
   $f_1(x) = f_2(x) \cdot x^r$; für $x > 1$ ist $x^r > 1$ und für $0 < x < 1$ ist $x^r < 1$, entsprechend: $f_1(x) > f_2(x)$ bzw. $f_1(x) < f_2(x)$.

7. a) Streng monoton fallend im Intervall $]-\infty; +\infty[$
   b) Streng monoton wachsend im Intervall $]-\infty; 0]$,
      Streng monoton fallend im Intervall $[0; +\infty[$
   c) Streng monoton fallend im Intervall $]-\infty; 0]$,
      streng monoton wachsend im Intervall $[0; +\infty[$
   d) Streng monoton wachsend im Intervall $]-\infty; 0[$,
      Streng monoton fallend im Intervall $]0; +\infty[$
   e) Streng monoton fallend im Intervall $]-\infty; 0[$,
      Streng monoton wachsend im Intervall $]0; +\infty]$

1.6 Ganzrationale Funktionen

1.6.1 Begriff der ganzrationalen Funktion – Globalverlauf

53

1.
   1. $f(x) \to \infty$ für $x \to \infty$ und $x \to -\infty$ Bsp.: $f_3(x)$
   2. $f(x) \to \infty$ für $x \to \infty$ und $f(x) \to -\infty$ für $x \to -\infty$ Bsp.: $f_4(x)$
   3. $f(x) \to -\infty$ für $x \to \infty$ und $f(x) \to \infty$ für $x \to -\infty$ Bsp.: $f_2(x)$
   4. $f(x) \to -\infty$ für $x \to \infty$ und $x \to -\infty$ Bsp.: $f_1(x)$

54

2.
   a) $f(x) = x^5 - 4x^3 + 0{,}7x^2 - 5x - 3{,}5$; Grad 5
   b) $f(x) = -\frac{3}{4}x^3 + \frac{3}{2}x^2 + \frac{117}{4}x + 54$; Grad 3
   c) $f(x) = -12x^2 + 2x - 1$; Grad 2
   d) $f(x) = 4x^2 - 24x + 47$; Grad 2

3.
   a) $f(x) = \frac{1}{8}x^4 + \frac{1}{4}$
   d) $f(x) = x^2 + 2\sqrt{2}x + 2$
   b), c) und **e)** sind keine ganzrationalen Funktionen.

4.
   a) $\lim_{x\to\infty} f(x) = -\infty$, $\lim_{x\to-\infty} f(x) = -\infty$ f ist achsensymmetrisch zur y-Achse
   b) $\lim_{x\to\infty} f(x) = \infty$, $\lim_{x\to-\infty} f(x) = -\infty$ f ist punktsymmetrisch zum Ursprung
   c) $\lim_{x\to\infty} f(x) = \infty$, $\lim_{x\to-\infty} f(x) = \infty$ f ist achsensymmetrisch zur y-Achse
   d) $\lim_{x\to\infty} f(x) = \infty$, $\lim_{x\to-\infty} f(x) = -\infty$ f ist punktsymmetrisch zum Ursprung
   e) $\lim_{x\to\infty} f(x) = \infty$, $\lim_{x\to-\infty} f(x) = -\infty$ f ist punktsymmetrisch zum Ursprung
   f) $\lim_{x\to\infty} f(x) = \infty$, $\lim_{x\to-\infty} f(x) = -\infty$ f ist punktsymmetrisch zum Ursprung

5.
   a) ungerade
   b) gerade
   c) keines von beiden
   d) gerade
   e) keines von beiden
   f) gerade
   g) keines von beiden
   h) keines von beiden
   i) keines von beiden

6.
   a) $a = 0 \Rightarrow$ f punktsymmetrisch $f(x) = 0$ für $x = 0$
   b) $a = 0 \Rightarrow$ f achsensymmetrisch $f(x) = 0$ für $x = 0$
   c) a ist frei wählbar, f achsensymmetrisch $f(x) = 0$ für $x = \pm\sqrt[4]{|a|}$, falls $a \leq 0$
   d) $a = 0 \Rightarrow$ f achsensymmetrisch $f(x) = 0$ für $x = 3$ und $x = -3$
   e) $a = 0 \Rightarrow$ f punktsymmetrisch $f(x) = 0$ für $x = 0$
   f) $a = 1 \Rightarrow$ f punktsymmetrisch $f(x) = 0$ für $x = 0$

54

7. a) - ungerade ganzrationale Funktion
       - Summand mit größtem Exponenten hat positives Vorzeichen
       - punktsymmetrisch zum Ursprung
       - 3 Nullstellen
   b) - ganzrationale Funktion ungeraden Grades
       - Summand mit größtem Exponenten hat negatives Vorzeichen
       - keine Symmetrie
       - 2 Nullstellen
   c) - keine Symmetrie
       - 2 Nullstellen
       - größter Exponent ist gerade
       - Summand mit größtem Exponenten hat positives Vorzeichen

1.6.2 Nullstellen einer ganzrationalen Funktion – Polynomdivision

59

2. a) $(x^4 - 8x^3 + 17x^2 - 8x + 16) : (x-4) = x^3 - 4x^2 + x - 4$
   $(x^3 - 4x^2 + x - 4) : (x-4) = x^2 + 1$
   $x^4 - 8x^3 + 17x^2 + 16 = (x-4)^2 \cdot (x^2 + 1)$

   b) $(x^4 - 6x^2 - 8x - 3) : (x+1) = x^3 - x^2 - 5x - 3$
   $(x^3 - x^2 - 5x - 3) : (x+1) = x^2 - 2x - 3$
   $(x^2 - 2x - 3) : (x+1) = x - 3$
   $x^4 - 6x^2 - 8x - 3 = (x+1)^3 \cdot (x-3)$
   $x = -1$ ist also dreifache Nullstelle.

3. a) $f_1(x) = x^2 - 4x + 4 = (x-2)^2$; $x = 2$ ist zweifache Nullstelle
   $f_2(x) = x^3 - 6x + 12x - 8 = (x-2)^3$; $x = 2$ ist dreifache Nullstelle

   b) Betrachtet man die Funktionswerte einer ganzrationalen Funktion f in der unmittelbaren Umgebung einer Nullstelle a (einer Umgebung U von a, die so klein ist, dass außer a keine weiteren Nullstellen von f in U liegen), dann ist anschaulich klar, dass wegen $f(x) = (x-a)^n \cdot g(x)$, $n \in \mathbb{N}$ und $g(a) \neq 0$ das Vorzeichen von f durch das Vorzeichen von $(x-a)^n$ bestimmt wird. $g(x)$ wird in U aufgrund von $g(a) \neq 0$ und der Stetigkeit von g das Vorzeichen nicht wechseln. Demnach findet ein Vorzeichenwechsel bei $x = a$ statt, wenn n ungerade ist; wenn n gerade ist, findet kein Vorzeichenwechsel bei $x = a$ statt.
   Ein entsprechender Satz lässt sich etwa so formulieren:
   Es sei f eine ganzrationale Funktion und a eine n-fache Nullstelle von f. Dann findet genau dann ein Vorzeichenwechsel von f an der Stelle a statt, wenn n ungerade ist.

59   **4. a)** $(x^3 - 4x^2 - 16x + 15) : (x + 3) = x^2 - 7x + 5$

b) $(3x^3 - 11x^2 - 13x + 36) : (x - 4) = 3x^2 + x - 9$

c) $(2x^3 - 3x^2 - 12x - 5) : (x + \frac{1}{2}) = 2x^2 - 4x - 10$

d) $(x^3 - x + 120) : (x + 5) = x^2 - 5x + 24$

e) $(x^4 - 81) : (x - 3) = x^3 + 3x^2 + 9x + 27$

f) $(x^4 + 0{,}008x) : (x + 0{,}2) = x^3 - 0{,}2x^2 + 0{,}04x$

g) $(x^4 - 1) : (x - 1) = x^3 + x^2 + x + 1$

h) $(x^{10} - 1) : (x - 1) = x^9 + x^8 + x^7 + x^6 + x^5 - x^4 + x^3 + x^2 + x + 1$

i) $(x^n - 1) : (x - 1) = x^{n-1} + x^{n-2} + x^{n-3} + \ldots + x^3 + x^2 + x + 1$

5. a) $f(7) = 0;\ (4x^3 + 2x^2 + 5x - 1\,505) : (x - 7) = 4x^2 + 30x + 215$
Weitere Nullstellen gibt es nicht.

b) $f(2) = 0;$
$(x^4 - 17x^3 + 53x^2 - 7x - 78) : (x - 2) = x^3 + 9x^2 - 49x + 39$
$f(3) = 0;$
$(x^3 + 9x^2 - 49x + 39) : (x - 3) = x^2 + 12x - 13$
$f(1) = 0;$
$(x^2 + 12x - 13) : (x - 1) = x + 13$
$f(x) = (x - 2) \cdot (x - 3) \cdot (x - 1) \cdot (x + 13)$
Nullstellen bei 1, 2, 3 und −13.

60   **6. a)** $f(x) = 0$ für $x = 7$, $x = 4$ und $x = -9$

b) $f(x) = 0$ für $x = -\frac{1}{2}$ und $x = 2$ (doppelt)

c) $f(x) = \frac{1}{5}(x + 1{,}2)(x - 5)(x + 5);\ f(x) = 0$ für $x = -1{,}2$, $x = 5$ und $x = -5$

d) $f(x) = x^2(x - 3)^2;\ f(x) = 0$ für $x = 0$ und $x = 3$ (jeweils doppelt)

e) $f(x) = x^4(x + 3);\ f(x) = 0$ für $x = 0$ (vierfach) und $x = -3$

f) $f(x) = x(x + 6)^2;\ f(x) = 0$ für $x = 0$ und $x = -6$ (doppelt)

g) $f(x) = x^4(x + 1)(x - 1);\ f(x) = 0$ für $x = 0$ (vierfach), $x = -1$ und $x = 1$

h) $f(x) = (x^4 + x^3 + x^2 + x + 1)(x - 1);\ f(x) = 0$ für $x = 1$

i) falls n ungerade: $f(x) = (x^{n-1} + x^{n-2} + \ldots + x + 1)(x - 1);$
$f(x) = 0$ für $x = 1$
falls n gerade: $f(x) = (x^2 - 1)(x^{n-2} + x^{n-4} + x^{n-6} + \ldots + x^2 + 1)$
$= (x - 1)(x + 1)(x^{n-2} + x^{n-4} + x^{n-6} + \ldots + x^2 + 1)$
$f(x) = 0$ für $x = 1$ und $x = -1$

60

7. a) $(x^3 - x^2 - 22x + 40) : (x - 2) = x^2 + x - 20 = (x + 5)(x - 4)$
$\Rightarrow f(x) = (x - 2)(x - 4)(x + 5)$; $f(x) = 0$ für $x = 2$, $x = 4$ und $x = -5$

b) $(6x^3 + 19x^2 + 2x - 3) : (x + 3) = 6x^2 + x - 1 = 6\left(x - \frac{1}{2}\right)\left(x + \frac{1}{2}\right)$
$\Rightarrow f(x) = 6(x + 3)\left(x + \frac{1}{2}\right)\left(x - \frac{1}{3}\right)$; $f(x) = 0$ für $x = -3$, $x = -\frac{1}{2}$ und $x = \frac{1}{3}$

c) $(4x^3 - 2x^2 + x - 0{,}5) : (x - 0{,}5) = 4x^2 + 1 = 4\left(x^2 + \frac{1}{4}\right)$
$\Rightarrow f(x) = 4(x - 0{,}5)\left(x^2 + \frac{1}{4}\right)$; $f(x) = 0$ für $x = 0{,}5$

d) $\left(\frac{1}{3}x^3 - 2x^2 + 4x - \frac{8}{3}\right) : (x - 2) = \frac{1}{3}x^2 - \frac{4}{3}x + \frac{4}{3} = \frac{1}{3}(x - 2)^2$
$\Rightarrow f(x) = \frac{1}{3}(x - 2)^3$; $f(x) = 0$ für $x = 2$ (dreifach)

e) $6 \cdot f(x) = -12x^4 - 8x^3 + 7x^2 + 2x - 1$
$(-12x^4 - 8x^3 + 7x^2 + 2x - 1) : (x + 1) = -12x^3 - 4x^2 - 3x + 1$
$(-12x^3 - 4x^2 - 3x + 1) : (x - 0{,}5) = -12x^2 - 2x + 2$
$(-12x^2 - 2x + 2) : (x + 0{,}5) = -12x + 4$
$6 \cdot f(x) = (x + 1) \cdot (x - 0{,}5) \cdot (x + 0{,}5) \cdot (-12)\left(x - \frac{1}{3}\right)$
$f(x) = (-2) \cdot (x + 1) \cdot (x - 0{,}5) \cdot (x + 0{,}5) \cdot \left(x - \frac{1}{3}\right)$
$\Rightarrow f(x) = 0$ für $x = -1$, $x = -0{,}5$, $x = 0{,}5$, $x = \frac{1}{3}$.

f) $3 \cdot f(x) = 2x^3 + 9x^2 - 33x + 14$
$(2x^3 + 9x^2 - 33x + 14) : (x - 2) = 2x^2 + 13x - 7$
$(2x^2 + 13x - 7) : (x + 7) = (2x - 1)$
$3 \cdot f(x) = (x - 2) \cdot (x + 7) \cdot 2 \cdot \left(x - \frac{1}{2}\right)$
$f(x) = \frac{2}{3} \cdot (x - 2) \cdot (x + 7) \cdot \left(x - \frac{1}{2}\right)$
$\Rightarrow f(x) = 0$ für $x = 2$, $x = -7$ und $x = \frac{1}{2}$.

8. a) $f(x) = (x + 4) \cdot (x + 1) \cdot (x - 2) = x^3 + 3x^2 - 6x - 8$
b) $f(x) = (x + 3) \cdot x \cdot (x - 1) \cdot (x - 2) = x^4 - 7x^2 + 6x$
c) $f(x) = (x + 3) \cdot x \cdot (x - 3)^2 = x^4 - 3x^3 - 9x + 27x$
d) $f(x) = (x + 4)^2 \cdot (-x^3) = -x^5 - 8x^4 - 16x^3$

9. a) $f(x) = x^4(x - 1)(x + 1)$, $f(x) = 0$ für $x = 0$ (vierfach), $x = 1$ und $x = -1$
b) $f(x) = x^4(x - 1)(x + 1)(x^2 + 1)$, $f(x) = 0$ für $x = 0$ (viefach), $x = 1$ und $x = -1$
c) $f(x) = (x - 1)(x + 1)(x^2 + 1)$; $f(0)$ für $x = 1$ und $x = -1$
d) $f(x) = (x - 1)(x + 1)(x^2 + 1)(x^4 + 1)$; $f(x) = 0$ für $x = 1$ und $x = -1$

60

9. e) $f(x) = (x-1)(x^4 + x^3 + x^2 + x + 1)$; $f(x) = 0$ für $x = 1$
   f) falls n gerade: $f(x) = 0$ für $x = 1$ und $x = -1$
   falls n ungerade: $f(x) = 0$ für $x = 1$

10. Mögliche Lösungen
    1. mit solve oder mit factor
    2. mit zeros
    3. Den Funktionsgraph zeichnen lassen und aus dem Graphen durch zoom die Nullstellen näherungsweise ablesen.

    a) $x \to +\infty$ $f(x) \to \infty$ NS: $x = 3$, $x = \sqrt{2}$, $x = -\sqrt{2}$
       $x \to -\infty$ $f(x) \to -\infty$
       für $]-\infty; -\sqrt{2}[$ $f(x) < 0$
       für $[-\sqrt{2}; \sqrt{2}]$ $f(x) \geq 0$
       für $]\sqrt{2}; 3]$ $f(x) \leq 0$
       für $]3; \infty[$ $f(x) > 0$

    b) NS: $x = -1$, $x = \frac{3}{2}$, $x = -\frac{1}{2}$
       $x \to \infty$ $f(x) \to \infty$
       $x \to -\infty$ $f(x) \to -\infty$
       für $]-\infty; -1[$ $f(x) < 0$
       für $[-1; -\frac{1}{2}]$ $f(x) \geq 0$
       für $]-\frac{1}{2}; \frac{3}{2}]$ $f(x) \leq 0$
       für $]\frac{3}{2}; \infty[$ $f(x) > 0$

    c) $x \to \infty$ $f(x) \to \infty$ NS: $x \approx -2{,}34$, $x \approx 0{,}662$, $x \approx 2{,}91$
       $x \to -\infty$ $f(x) \to -\infty$
       Links von der kleinsten Nullstelle sowie zwischen den beiden weiteren Nullstellen ist $f(x) < 0$, sonst ist $f(x) \geq 0$.

    d) $x \to \infty$ $f(x) \to \infty$ NS: $x_0 \approx -1{,}27$, keine weiteren NS
       $x \to -\infty$ $f(x) \to -\infty$
       $f(x) < 0$ für $x < x_0$ und $f(x) > 0$ für $x > x_0$

11. a) $f(z) = z^2 - 5z + 4 = (z-1)(z-4)$
       $f(x) = (x^2 - 1)(x^2 - 4) = (x+1)(x-1)(x+2)(x-2)$
       $f(x) = 0$ für $x = -1$, $x = 1$, $x = -2$ und $x = 2$

60

11. b) $f(z) = z^3 - 2z^2 - 8z = z(z^2 - 2z - 8) = z(z-4)(z+2)$

$f(x) = x^2(x^2 - 4)(x^2 + 2) = x^2(x-2)(x+2)(x^2+2)$

$f(x) = 0$ für $x = 0$ (doppelt), $x = 2$ und $x = -2$

c) $f(x) = x^3(x^4 + x^2 - 2) = x^3(x^2 + 2)(x^2 - 1) = x^3(x-1)(x+1)(x^2+2)$

$f(x) = 0$ für $x = 0$ (dreifach), $x = 1$ und $x = -1$

d) $f(x) = (x^2 + 3)(x^2 - 2) = (x + \sqrt{2})(x - \sqrt{2})(x^2 + 3)$

$f(x) = 0$ für $x = -\sqrt{2}$ und $x = \sqrt{2}$

61

12. a) Nullstellen: $x = 0$ (einfach), $x = 2$ (doppelt), $x = -0{,}75$ (einfach); Vorzeichenwechsel bei $x = 0$, $x = -0{,}75$

b) Nullstellen: -4 (doppelt), 4; Vorzeichenwechsel bei $x = 4$

c) $f(x) = x^3(x-5)^2$; Nullstellen: 0 (dreifach), 5 (doppelt); Vorzeichenwechsel bei $x = 0$

d) $f(x) = (x+1)^3(x^2 - x + 1)$; Nullstelle: -1 (dreifach); Vorzeichenwechsel bei $x = -1$

e) $f(x) = x^2(x^2 + 1)$; Nullstelle: 0 (zweifach); kein Vorzeichenwechsel

f) $f(x) = x \cdot (x+3) \cdot \left(x + \frac{3}{2}\sqrt{21} - \frac{9}{2}\right) \cdot \left(x - \frac{3}{2}\sqrt{21} - \frac{9}{2}\right)$

Nullstellen: 0, -3, $-\frac{3}{2}\sqrt{21} + \frac{9}{2}$, $\frac{3}{2}\sqrt{21} + \frac{9}{2}$

alle mit Vorzeichenwechsel

13. a) $f_1(x) = (x-2)(x^2+1)$

$f_2(x) = (x-2)^2(x^2+1)$

$f_3(x) = (x-2)^3(x^2+1)$

$f_4(x) = (x-2)^4(x^2+1)$

b) (1) $(x-2)$ kommt in der Zerlegung einmal vor. Also ist 2 eine einfache Nullstelle.

(2) $(x-2)$ kommt in der Zerlegung zweimal vor. Also ist 2 eine zweifache Nullstelle.

(3) $(x-2)$ kommt in der Zerlegung dreimal vor. Also ist 2 eine dreifache Nullstelle.

(4) $(x-2)$ kommt in der Zerlegung viermal vor. Also ist 2 eine vierfache Nullstelle.

61

13. c) $f_1(x)$:

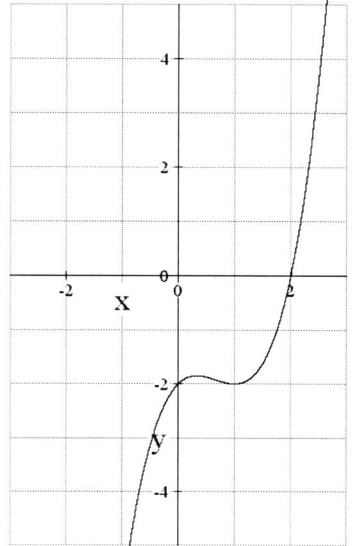

$f_3(x)$:

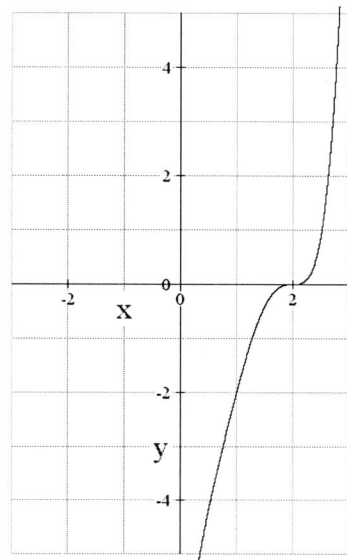

$f_2(x)$:

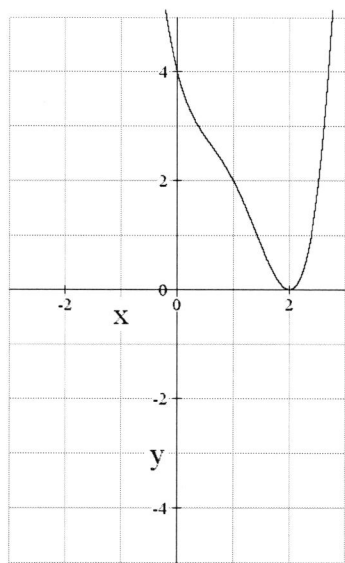

$f_4(x)$:

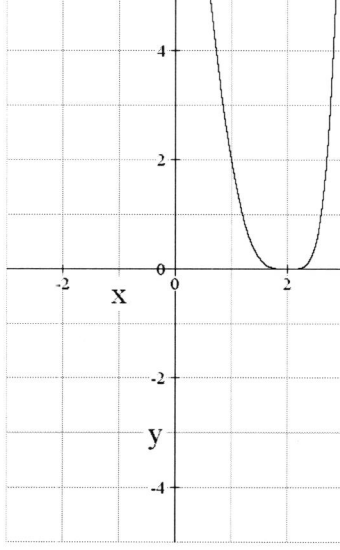

14. a)

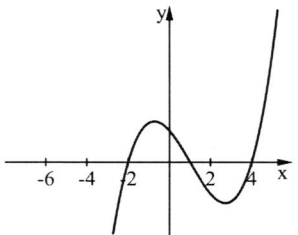

$f(x) = (x-1)(x+2)(x-4)$

d)

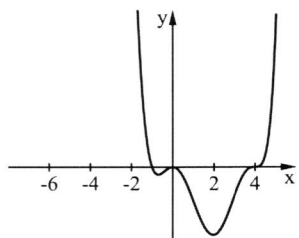

$f(x) = (x+7)(x-4)^3 x^2(x+1)$

b)

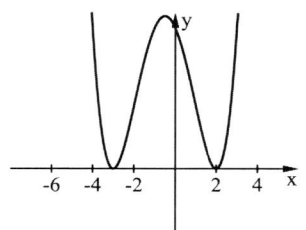

$f(x) = (x-2)^2(x+3)^2$

e)

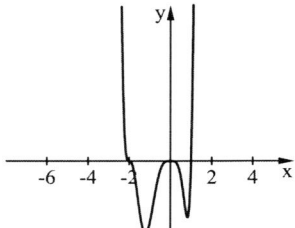

$f(x) = 3x^4(x-1)(x+2)^3$

c)

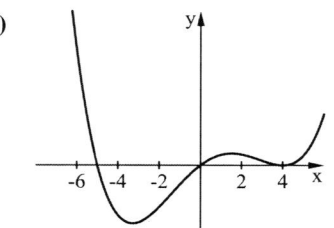

$f(x) = (x+5)x(x-4)^2$

f)

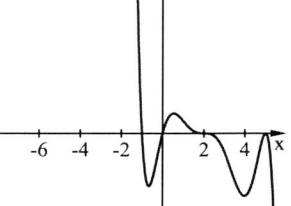

$f(x) = -(x-5)^2(x-2)^3 x(x+1)$

15. a) $f(x) = \frac{1}{25}(x+4)(x-3)x^2$

b) $f(x) = \frac{1}{25}(x+2)^3(x-1)(x-3)$

c) $f(x) = -\frac{1}{400}(x+4)^2(x+1)(x-3)^2(x-5)$

d) $f(x) = -\frac{1}{10}(x+4)^2 \cdot x$

e) $f(x) = -\frac{1}{120}(x+5)(x+2)^2 x(x-4)$

f) $f(x) = \frac{1}{3}(x+3)^2(x+2)x^3$

1.7 Grenzverhalten von Funktionen

63

2. a) $f(x) = \frac{1-2x^2}{x^2}$

Die Funktion hat zwei Nullstellen zwischen $[-1, 1]$; $x_0 = \pm\sqrt{\frac{1}{2}}$

- Kein Funktionswert an der Stelle 0; $D = \mathbb{R} \setminus \{0\}$
- Nähert man sich beiden Nullstellen von links und rechts, werden die Funktionswerte größer.
- $f(x) \to -2$ für $x \to \pm\infty$
- $x = 0$ und $y = -2$ sind Asymptoten des Schaubildes von f

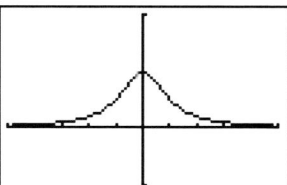

b) $g(x) = \frac{1}{x^2+1}$
- keine Nullstellen vorhanden
- $D = \mathbb{R}$
- $f(x) \to 0$ für $x \to \pm\infty$
- $x = 0$ ist Asymptote des Schaubildes von f

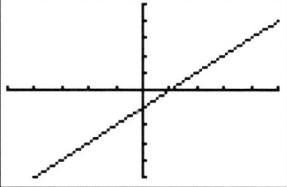

c) $h(x) = \frac{x^2-1}{x+1}$
- lineare Funktion mit einer Nullstelle: $x_0 = -1$
- $D = \mathbb{R} \setminus \{-1\}$

64

3. a) $f(x) = \frac{1}{x-5}$
Polstelle: $x = 5$
Asymptoten: $x = 5$, $y = 0$

b) $f(x) = \frac{1}{x+3} + 2$
Polstelle: $x = -3$
Asymptoten: $x = -3$, $y = 2$

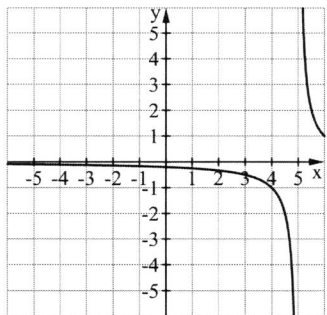
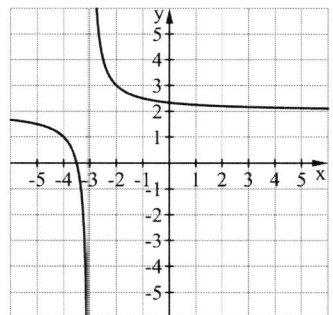

64

3. c) $f(x) = \frac{-1}{(x-1)^2} - 2$

   Polstelle: x = 1
   Asymptoten: x = 1, y = −2

   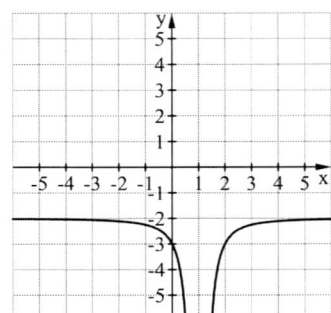

d) $f(x) = 2 - \frac{1}{x+3}$

   Polstelle: x = −3
   Asymptoten: x = −3, y = 2

   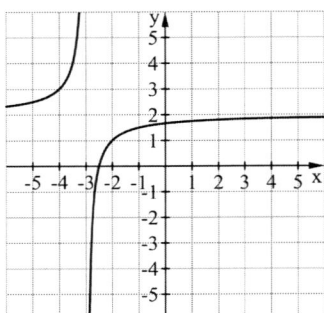

e) $f(x) = \frac{2}{1-x} + 4$

   Polstelle: x = 1
   Asymptoten: x = 1, y = 4

   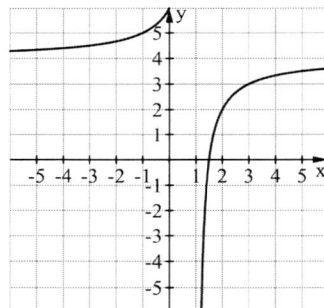

f) $f(x) = \frac{\frac{1}{4}}{(x+4)^3} - 9$

   Polstelle: x = −4
   Asymptoten: x = −4, y = −9

   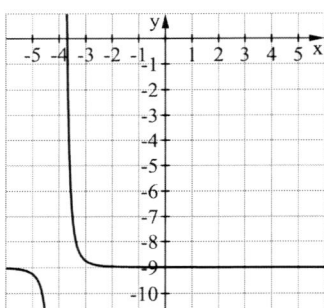

g) $f(x) = \frac{1}{2+x^2} + 4$

   keine Polstellen
   Asymptote: y = 4

   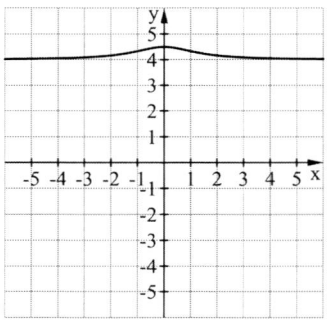

h) $f(x) = \frac{5}{3(x-2)^8} - \frac{2}{3}$

   Polstelle: x = 2
   Asymptoten: x = 2, y = $-\frac{2}{3}$

   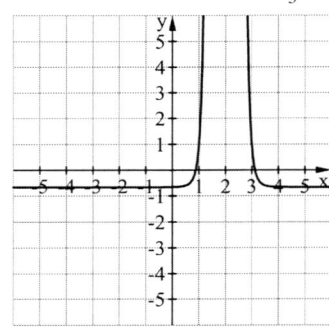

64

3. i) $f(x) = 3 - \frac{3}{(x-3)^3}$
Polstelle: $x = 3$
Asymptoten: $x = 3$, $y = 3$

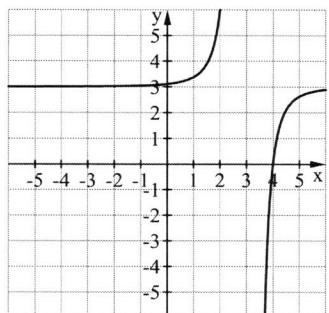

j) $f(x) = \frac{1-x^2}{x^2}$
Polstelle: $x = 0$
Asymptoten: $x = 0$, $y = -1$

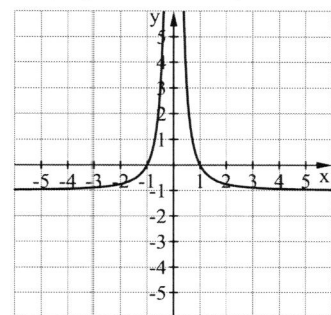

k) $f(x) = \frac{-5+3x}{2x}$
Polstelle: $x = 0$
Asymptoten: $x = 0$, $y = 1{,}5$

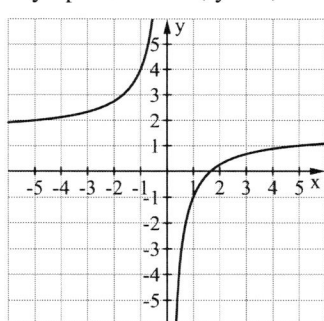

l) $f(x) = \frac{6x^2-1}{3x^2}$
Polstelle: $x = 0$
Asymptoten: $x = 0$, $y = 2$

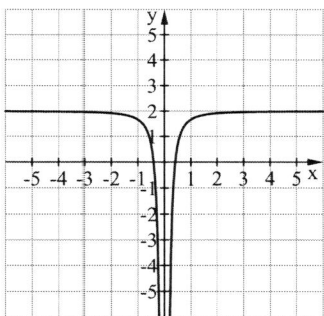

65

4. a)

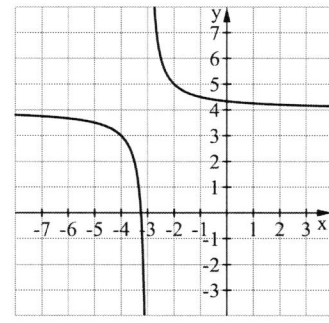

$f(x) = \frac{1}{x+3} + 4$

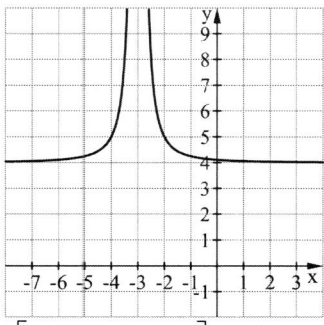

$\left[f(x) = \frac{1}{(x+3)^2} + 4 \right]$

4. b)

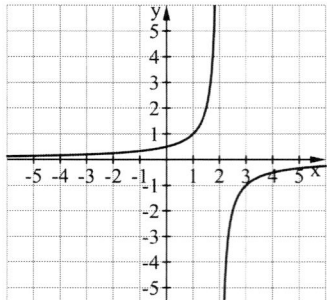
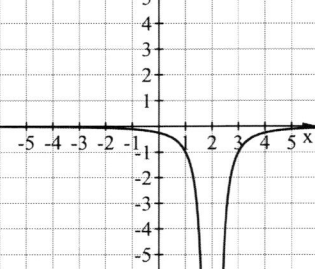

$f(x) = \frac{-1}{x-2}$ $\qquad \left[f(x) = \frac{-1}{(x-2)^2} \right]$

c)

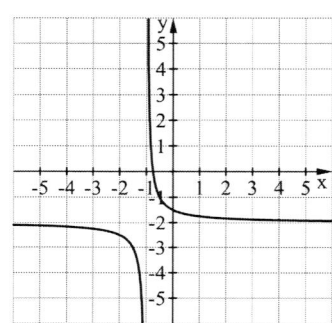
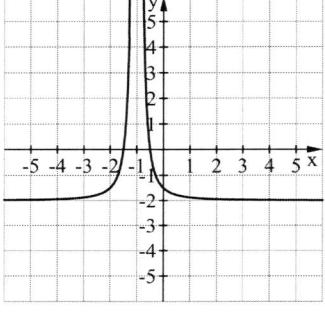

$f(x) = \frac{\frac{1}{2}}{x+1} - 2$ $\qquad \left[f(x) = \frac{\frac{1}{2}}{(x+1)^2} - 2 \right]$

d)

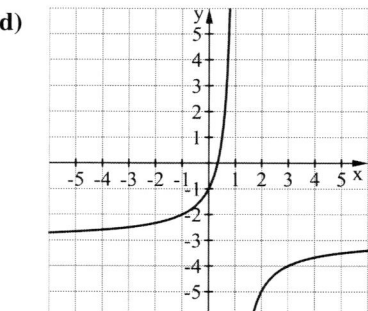
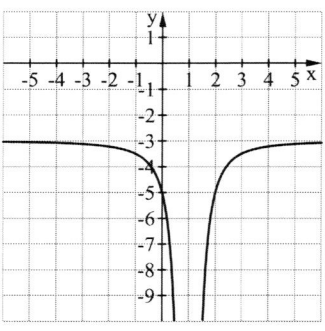

$f(x) = \frac{-2}{x-1} - 3$ $\qquad \left[f(x) = \frac{-2}{(x-1)^2} - 3 \right]$

5. a) (1) $f(x) = \frac{1}{x} + 1$ $\qquad$ (4) $f(x) = \frac{1}{x-1}$

(2) $f(x) = \frac{1}{x^2+2} + 4$ $\qquad$ (5) $f(x) = -\frac{1}{x^2}$

(3) $f(x) = \frac{1}{x^2} - 1$ $\qquad$ (6) $f(x) = \frac{1}{x-2} - 1$

5. b) Der GTR verbindet jeweils zwei benachbarte berechnete Punkte. Er erkennt nicht, dass eine Definitionslücke vorliegt und verbindet deshalb auch die ersten berechneten Punkte links bzw. rechts neben der Definitionslücke miteinander.

6. a) $\lim\limits_{x\to\infty} \frac{2}{x} = 0$

b) $\lim\limits_{x\to-\infty} \frac{4}{x^2} = 0$

c) $\lim\limits_{x\to\infty} \frac{-1}{x^2+1} = 0$

d) $\lim\limits_{x\to-\infty} \frac{-4}{x-2} = 0$

e) $\lim\limits_{x\to\infty} 2 - \frac{2}{x} = 2$

f) $\lim\limits_{x\to\infty} \frac{3}{x^2} - 4 = -4$

g) $\lim\limits_{x\to\infty} \frac{1}{x} + \frac{2}{x^2} - 3 = -3$

h) $\lim\limits_{x\to-\infty} 3^x = 0$

i) $\lim\limits_{x\to\infty} \frac{5x-2}{x} = 5$

j) $\lim\limits_{x\to-\infty} \frac{4x^2-1}{x^2} = 4$

k) $\lim\limits_{x\to-\infty} \frac{2-x}{x} = -1$

l) $\lim\limits_{x\to\infty} \frac{7x-x^2-4}{x^2} = -1$

7. a) $f(x) = \frac{1}{x^2+2}$ $\left[f(x) = \frac{1}{x^2} \right]$

b) $f(x) = \frac{1}{x-1} + \frac{1}{x+2}$

c) $f(x) = \frac{1}{2+x^2} + 5$

d) $f(x) = \frac{x^2+x-2}{x+2}$

1.8 Stetigkeit

2.

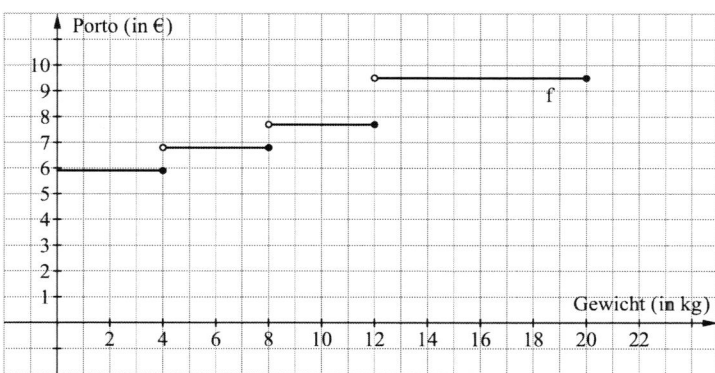

Die Funktion ist stetig bis auf die Sprungstellen $x_1 = 4$; $x_2 = 8$; $x_3 = 12$

67

3. **a)** unstetig an der Stelle x = 0   **b)** unstetig an der Stelle x = 0

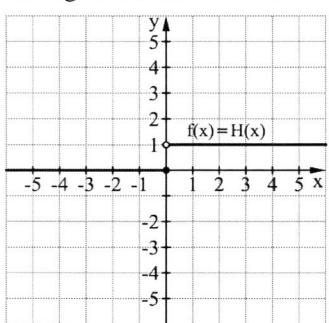 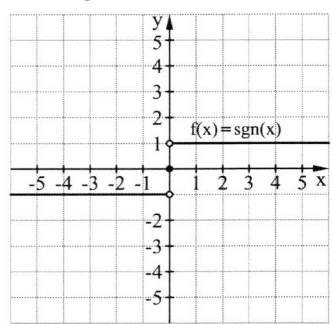

c) unstetig an allen Sprungstellen, d.h. für alle Zahlen aus $\mathbb{Z}$ **d)** unstetig an der Stelle x = 2

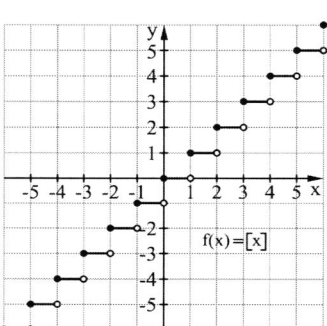 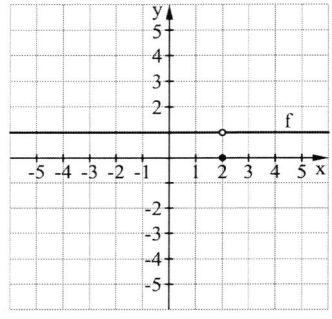

e) unstetig an der Stelle x = −1   **f)** unstetig an der Stelle x = 2

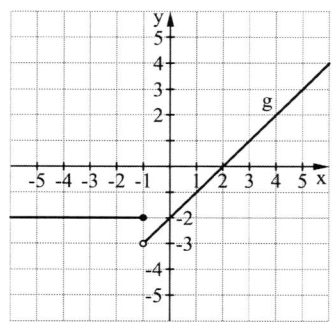 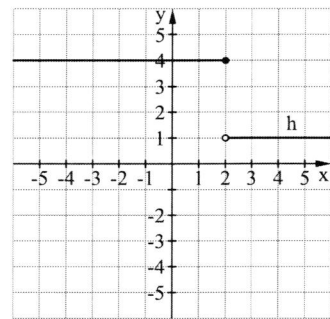

67 3. g) stetig im Definitionsbereich $\mathbb{R} \setminus \{1\}$

h) stetig im Definitionsbereich $\mathbb{R} \setminus \{-2\}$

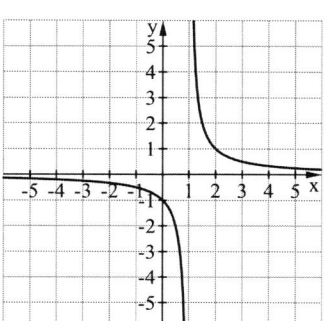
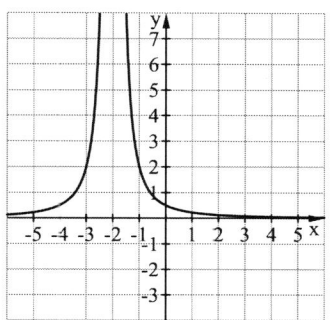

i) stetig im Definitionsbereich $\mathbb{R} \setminus \{-1\}$

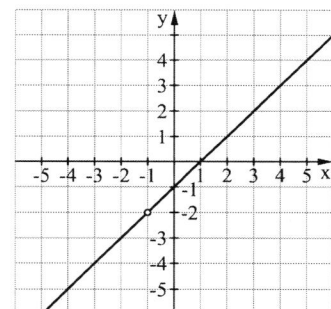

1.9 Überlagerung von Funktionsschaubildern

68 2. a)

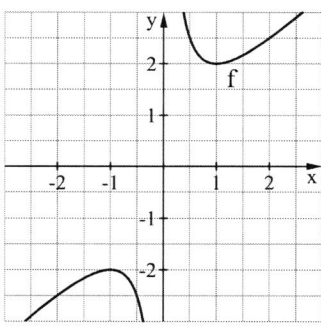

$f(x) = x + \frac{1}{x}$

b)

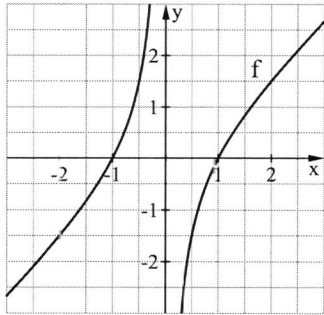

$f(x) = x - \frac{1}{x}$

2. c)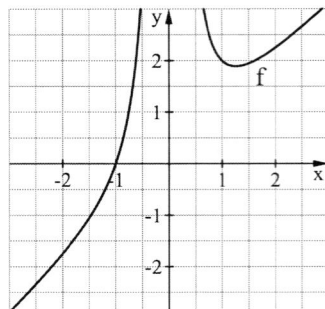

$f(x) = x + \frac{1}{x^2}$

d)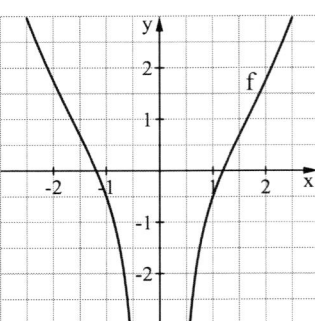

$f(x) = \frac{1}{2}x^2 - \frac{1}{x^2}$

e)

$f(x) = x^3 + x$

f)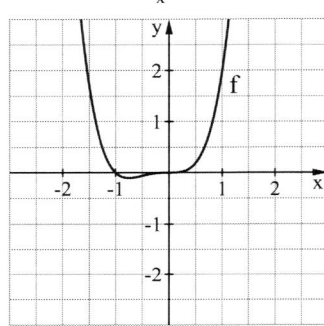

$f(x) = x^4 + x^3$

3. a)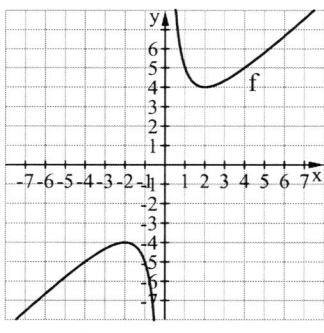

$f(x) = \frac{x^2+4}{x}$

$f(x) = x + \frac{4}{x}$

b)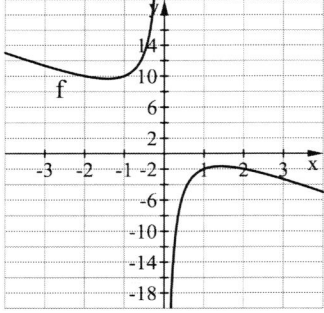

$f(x) = \frac{8x-4x^2-8}{2x}$

$f(x) = 4 - 2x - \frac{4}{x}$

68 3. c) 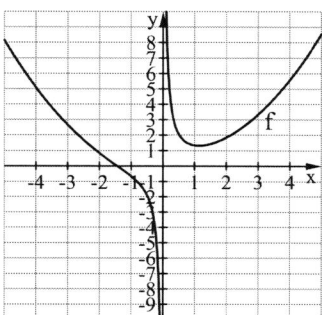 d)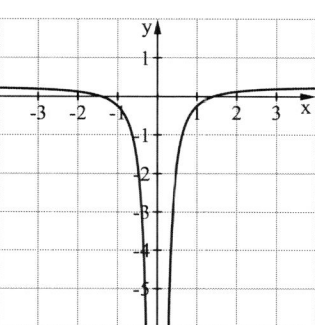

$f(x) = \frac{x^3+3}{3x}$

$f(x) = \frac{x^2}{3} + \frac{1}{x}$

$f(x) = \frac{x^2-2}{4x^2}$

$f(x) = \frac{1}{4} - \frac{1}{2x^2}$

1.10 Vermischte Übungen

69 1. a)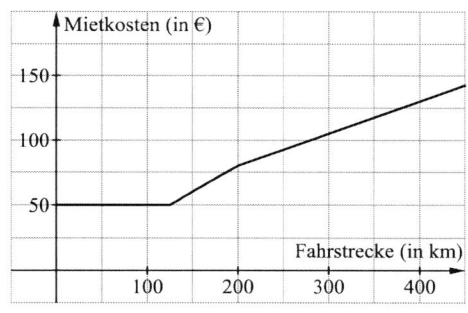

$$f(x) = \begin{cases} 50 & 0 \leq x \leq 125 \\ 0,4x & 125 \leq x \leq 200 \\ 80 + 0,25(x-200) & x \geq 200 \end{cases}$$

Änderungsraten: 0 für $0 < x < 125$

$0,4 \frac{€}{km}$ für $125 < x < 200$

$0,25 \frac{€}{km}$ für $x > 200$

b) Nicht eindeutig, da es zu den Mietkosten von 50 € verschiedene zugehörige Fahrstrecken gibt.

69

2. a) $f(x) = \sqrt{x} + 1,5$
   - Verschiebung um 1,5 Einheiten in Richtung y-Achse
   - $D_f = \mathbb{R}_0^+$
   - $W_f = \left[\frac{3}{2}; \infty\right[$; keine Nullstellen

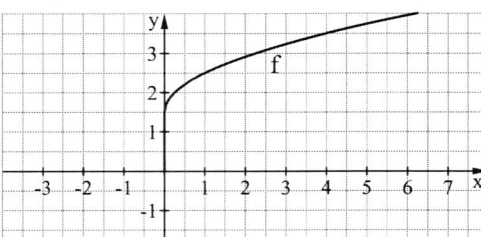

b) $f(x) = \sqrt{x-4}$
   - Verschiebung um 4 Einheiten nach rechts
   - $D_f = [4; \infty[$
   - $W_f = \mathbb{R}_0^+$; $x_0 = 4$

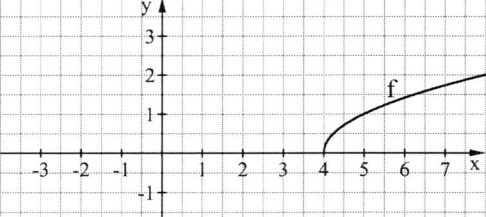

c) $f(x) = \sqrt{x+3}$
   - Verschiebung um 3 Einheiten nach links
   - $D_f = \mathbb{R}_0^+$
   - $W_f = \mathbb{R}_0^+$; $x_0 = -3$

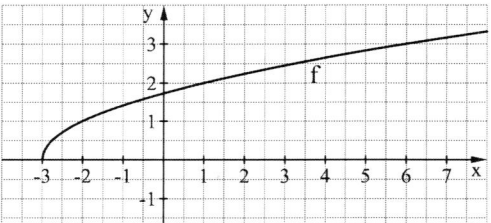

d) $f(x) = 1,5 \cdot \sqrt{x}$
   - Streckung um Faktor 1,5
   - $D_f = \mathbb{R}_0^+$
   - $W_f = \mathbb{R}_0^+$; $x_0 = 0$

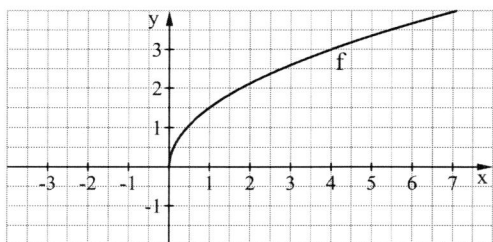

e) $f(x) = -0,5 \cdot \sqrt{x-1}$
   - Spiegelung an x-Achse, Streckung um den Faktor $\frac{1}{2}$ und Verschiebung um 1 Einheit nach rechts
   - $D_f = [1; \infty[$
   - $W_f = \mathbb{R}_0^-$; $x_0 = 1$

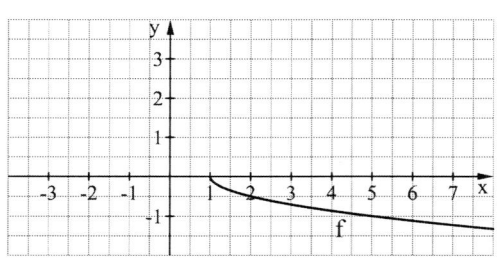

69

2. **f)** $f(x) = -2 \cdot \sqrt{x-3} + 4$
   - Spiegelung an x-Achse, Streckung um den Faktor 2 und Verschiebung um 3 Einheiten nach rechts sowie um 4 Einheiten nach oben
   - $D_f = [3; \infty[$
   - $W_f =]-\infty; 4]$
   - $x_0 = 7$

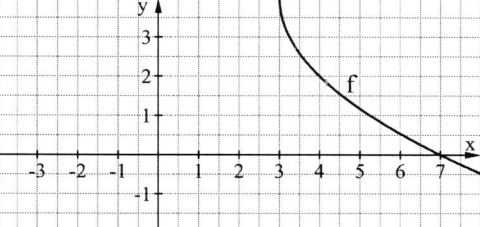

3. **a)** $g(x) = |x| + 3$
   - Verschiebung um 3 Einheiten nach oben

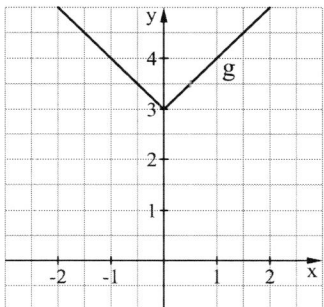

b) $g(x) = |x + 3|$
   - Verschiebung um 3 Einheiten nach links

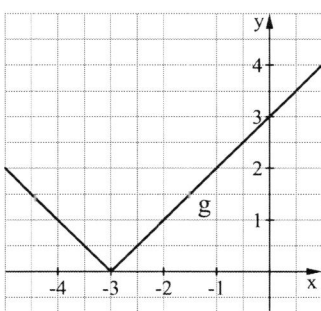

c) $g(x) = |x - 3|$
   - Verschiebung um 3 Einheiten nach rechts

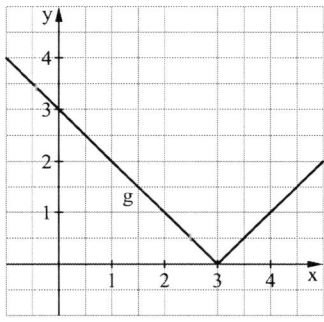

69

3. d) $g(x) = 3 \cdot |x|$
 - Streckung um den Faktor 3 in Richtung der y-Achse

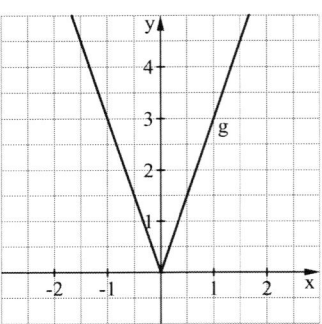

4. a)

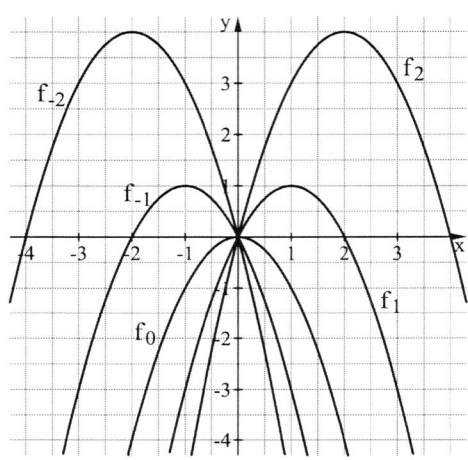

b) $(0 \mid 0)$
c) $g(x) = x^2$

5. a)

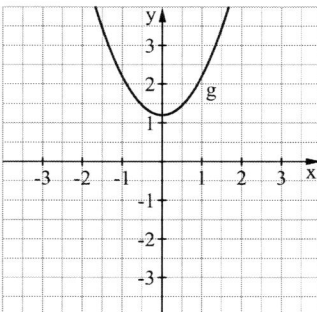   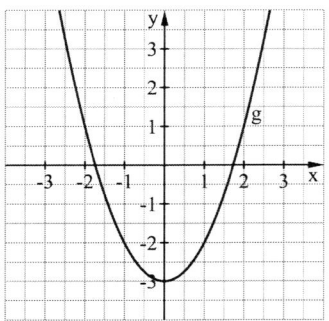

$g(x) = x^2 + 1{,}2$ $\left[g(x) = x^2 - 3\right]$

$D_f = \mathbb{R}$ $D_f = \mathbb{R}$

$W_f = [1{,}2;\ \infty[$ $W_f = [-3;\ \infty[$

69

5. b)

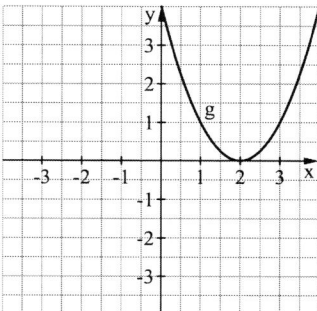

$g(x) = (x-2)^2$

$D_f = \mathbb{R}$

$W_f = \mathbb{R}_0^+$

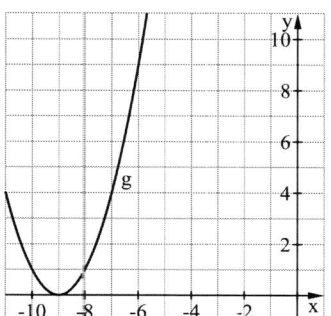

$\left[g(x) = (x+9)^2 \right]$

$D_f = \mathbb{R}$

$W_f = \mathbb{R}_0^+$

c)

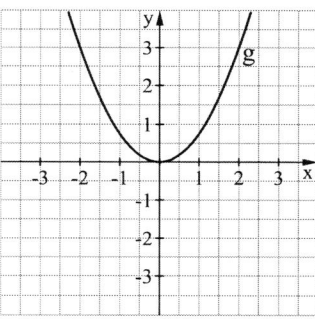

$g(x) = \frac{3}{4}x^2$

$D_f = \mathbb{R}$

$W_f = \mathbb{R}_0^+$

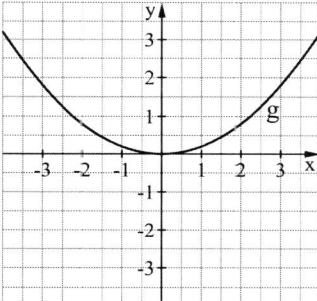

$\left[g(x) = 0{,}2x^2 \right]$

$D_f = \mathbb{R}$

$W_f = \mathbb{R}_0^+$

d)

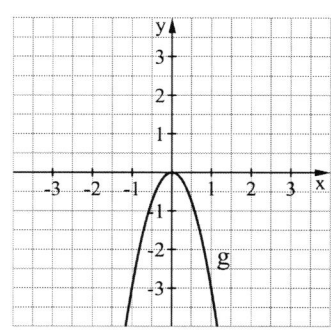

$g(x) = -3x^2$

$D_f = \mathbb{R}$

$W_f = \mathbb{R}_0^-$

6.
  a) Verschieben um 2 Einheiten nach unten.
  b) Strecken von der x-Achse aus mit dem Faktor 0,5 in Richtung der y-Achse.
  c) Strecken von der x-Achse aus mit dem Faktor 2 in Richtung der y-Achse.
  d) Verschieben um 2 Einheiten nach links.
  e) Spiegeln an der x-Achse.
  f) Verschieben um 1 Einheit nach rechts
  Strecken von der x-Achse aus mit dem Faktor 1,5 in Richtung der y-Achse
  Spiegeln an der x-Achse
  Verschieben um 3 Einheiten nach oben

7. A $(-2,4 \mid 3,2)$; $y = \frac{3}{4}x + 5$ A′ $(2,4 \mid 3,2)$; $y = -\frac{3}{4}x + 5$

8.
  a) Grad 4; steigt im Intervall $[\,0; +\infty\,[$,
  fällt im Intervall $]\,-\infty; 0\,]$.
  b) Grad 3; steigt im Intervall $]\,-\infty; +\infty\,[$.
  c) Grad 2; steigt im Intervall $[\,0; +\infty\,[$,
  fällt im Intervall $]\,-\infty; 0\,]$.
  d) Grad 6; steigt im Intervall $[\,0; +\infty\,[$,
  fällt im Intervall $]\,-\infty; 0\,]$.
  e) Grad 1; steigt im Intervall $]\,-\infty; +\infty\,[$.

9. $f_k(x) = \frac{1}{8}x^3 - \frac{3}{2}x + k$ mit $k \in \mathbb{R}$

  a) $f_0(x) = \frac{1}{8}x^3 - \frac{3}{2}x$

  symmetrisch zum Ursprung, da $-f_0(x) = f_0(-x)$

  b) $f_2(x) = \frac{1}{8}x^3 - \frac{3}{2}x + 2$

  Nullstellen: $x = -4 \;\wedge\; x = 2$
  $x = 2$ berührt die x-Achse und ist gleichzeitig ein Minimum

  c)

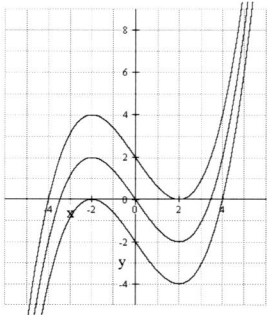

  d) genau eine Nullstelle: $k > 2$; $k < -2$
  genau zwei Nullstellen: $k = 2$; $k = -2$
  genau drei Nullstellen: $-2 < k < 2$

70 10. a) $f_k(x) = x^3 - kx^2 - 9x + 9k = (x+3)(x-3)(x-k)$
Nullstellen: $x_1 = -3$; $x_2 = 3$; $x_3 = k$
b) Für $k = -1$ ist $x = -1$ Nullstelle von f_k.
c) $f(x) = (x+3)(x-3)(x-2) \cdot 10$

11. a)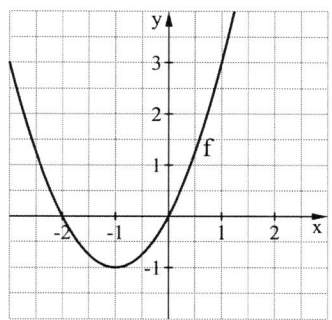
$f(x) = x^2 + 2x$

c)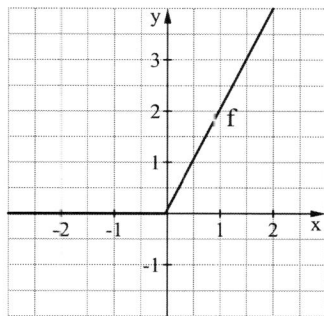
$f(x) = x + |x|$

b)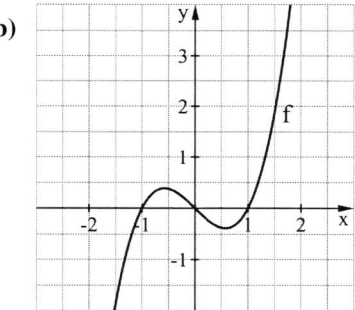
$f(x) = x^3 - x$

d)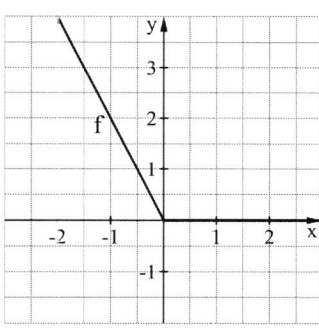
$f(x) = |x| - x$

2. DIFFERENTIALRECHNUNG

2.1 Änderungsrate und Tangentensteigung

2.1.1 Änderungsrate und Steigung eines Schaubildes in einem Punkt

81

3. a) positiv: A, B   null: C, G   negativ: D, E, F
   b) bergauf: positive Steigung
      bergab: negative Steigung

4. a) P_1: etwa 0,5
      P_2: etwa 8   *Achtung, unterschiedliche Skalierung der Achsen*

   P_3: 1, P_4: −1, P_5: 0,5

5. Die Gleichung der Tangente lautet x = 3. Sie hat also nicht die allgemeine Form y = mx + b und somit auch keine Steigung m.

82

6. a) $\vartheta(x+h) - \vartheta(x)$
   b) $\frac{\vartheta(x+h) - \vartheta(x)}{h}$
   c) Als punktuelle Änderungsrate der Temperatur bezüglich der Höhe im Punkt $(x|\ \vartheta(x))$.
   d) Steigung der Sekante durch die Punkte $(x|\ \vartheta(x))$ und $(x+h|\ \vartheta(x+h))$, Steigung der Tangente im Punkt $(x|\ \vartheta(x))$

7. a)

   b) Änderungsraten (in cm pro Tag / in cm pro Stunde):
      17. 08.   58 / ≈ 2,42
      18. 08.   31 / ≈ 1,29
      19. 08.   25 / ≈ 1,04
      20. 08.   −23 / ≈ −0,96
      Größte Änderungsrate am 17. 08.
   c) In $\frac{cm}{Stunde}$: $+\frac{68}{114} \approx 0{,}5965$
   d) Vom 19. 08., 12 Uhr bis 19. 08., 18 Uhr.

83

8. a) Steigung in A > Steigung in B (beide negativ)
Steigung in C < Steigung in D
Steigung in E > Steigung in F
Steigung in G < Steigung in H
Steigungen in A, B, F, G sind kleiner als die Änderungsrate für das Intervall von A bis F; Steigungen in C, D, E und H größer.
b) C, E, H
c) [0,2; 2,5[negative Steigung
]2,5; 5[positive Steigung
]5; 7[negative Steigung
d) größte Steigung in D [kleinste Steigung in B]

9. a) 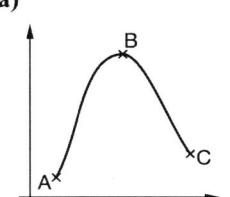   **b)** 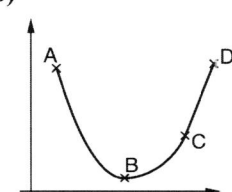   **c)**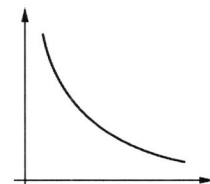

10. a) P (1 | 1): Steigung 2; P (2 | 4): Steigung 4; F (−1 | 1): Steigung −2
b) P (2 | 0): Steigung 4; P (−2 | 0): Steigung −4; P (0 | −4): Steigung 0
c) P (2 | 1): Steigung 2; P (−1 | 1): Steigung −4; P (1 | 0): Steigung 0

11. Beispiele für mögliche Schaubilder und Punkte:
a)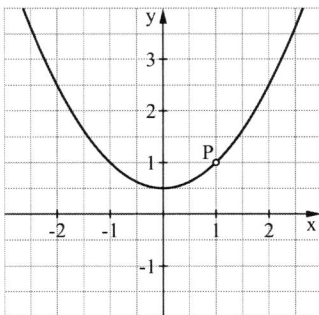

b)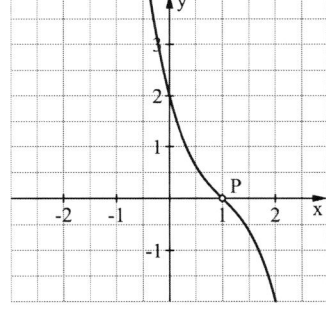

83

11. c)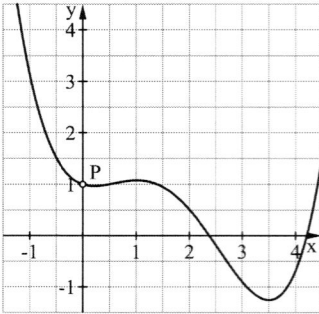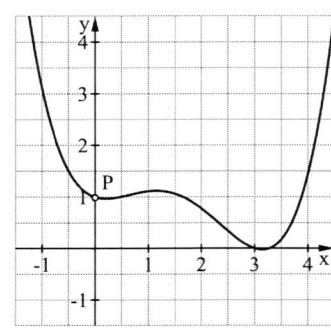

d)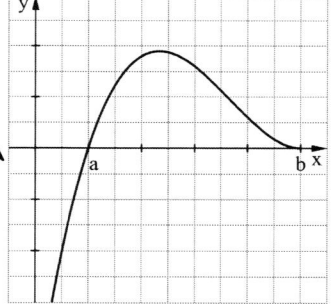

12. Beispiele für mögliche Schaubilder:

a)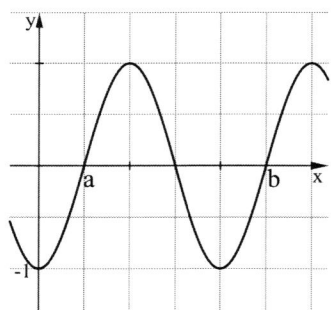

Verschiebung parallel zur y-Achse möglich.

b)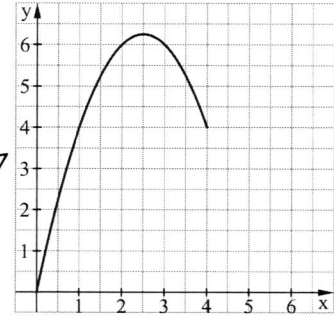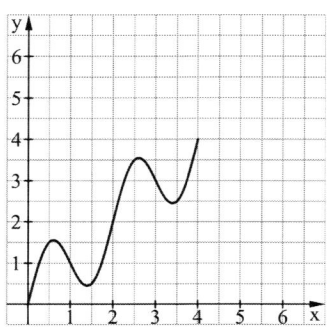

Verschiebung parallel zur y-Achse möglich.

2.1.2 Möglichkeiten zur Bestimmung der Tangentensteigung

87

1. a) $f(x) = x^2$, Die Tangente im Punkt P (1 | 1) hat dort die Steigung m = 2.
   (Siehe Schülerband Seite 86 oben.)
   $y = mx + b \Rightarrow y = 2x + b$; P einsetzen liefert
   $1 = 2 + b \Rightarrow b = -1$, also $y = 2x - 1$
   b) Q (2 | 4)   m = 4;   y = 4x − 4
   c) R (3 | 9)   m = 6;   y = 6x − 9
   d) $P(a | a^2)$ m = 2a $y = 2ax - a^2$

2. Die Steigung der Tangente im Punkt $P(a | a^2)$ beträgt 2a.
   Die Steigung m_t der nach Konstruktion gewonnenen Geraden ist
   $m_t = \frac{|P_1Q|}{|P_1P|} = \frac{2a^2}{a} = 2a$.
   Beide Steigungen stimmen offensichtlich überein. Da die nach Konstruktion gewonnene Gerade durch P geht, muss sie die Tangente sein.

3. Gleichung der Normalen im Punkt $P(a | a^2)$: $y = -\frac{1}{2a}x + \left(a^2 + \frac{1}{2}\right)$
   Schnittpunkt der y-Achse: $\left(0 | a^2 + \frac{1}{2}\right)$
   Tangentenkonstruktion: Man fällt das Lot von P auf die y-Achse und erhält $P_1(0 | a^2)$. Durch Abtragen einer halben Längeneinheit erhält man $Q\left(0 | a^2 + \frac{1}{2}\right)$. Die Gerade PQ ist dann Normale in P; durch Konstruktion der Senkrechten erhält man die Tangente.

4. $y = x^2$ $Q(x | x^2)$

   a) P (2 | y) $\Rightarrow$ P (2 | 4) $m_s = \frac{x^2 - 4}{x - 2} = \frac{(x-2)(x+2)}{x-2} = x + 2$, für $x \neq 2$

   b) P (0,5 | 0,25) $m_s = \frac{x^2 - 0,25}{x - 0,5} = x + 0,5$, für $x \neq 0,5$

   c) P (−2 | 4) $m_s = \frac{x^2 - 4}{x + 2} = x - 2$, für $x \neq -2$

   d) P (−1 | 1) $m_s = \frac{x^2 - 1}{x + 1} = x - 1$, für $x \neq -1$

   e) P (0 | 0) $m_s = \frac{x^2}{x} = x$, für $x \neq 0$

   f) P (−1,5 | 2,25) $m_s = \frac{x^2 - 2,25}{x + 1,5} = x - 1,5$, für $x \neq -1,5$

5. a) exemplarische ausführliche Berechnung:
$P(2 | 4)$, $Q\left(2+h \mid (2+h)^2\right)$. $x_1 = 2$; $x_2 = 2+h$; $y_1 = 4$; $y_2 = (2+h)^2$.

Nach der Zwei-Punkte-Form hat die Sekante durch P und Q die Gleichung
$y - 4 = \frac{h^2 + 4h}{h}(x-2)$, also für $h \neq 0$ ergibt sich so
$y = (h+4) \cdot x - 2(h+4) + 4$.

Für die Sekantensteigung der Sekante durch P und Q ergibt sich also $m_{PQ} = 4 + h$. Wenn sich Q auf P zu bewegt, geht h gegen 0 und m_{PQ} somit gegen 4.

b) $P(-1 | 1)$ $m_{PQ} = h - 2$ $m = -2$
c) $P(0 | 0)$ $m_{PQ} = h$ $m = 0$
d) $P(-0{,}5 | 0{,}25)$ $m_{PQ} = h - 1$ $m = -1$
e) $P\left(\sqrt{5} \mid 5\right)$ $m_{PQ} = h + 2\sqrt{5}$ $m = 2\sqrt{5}$
f) $P\left(-\sqrt[4]{3} \mid \sqrt{3}\right)$ $m_{PQ} = h - 2\sqrt[4]{3}$ $m = -2\sqrt[4]{3}$

6. a) $P(1 | 4)$ $m = 2$ $y = 2x + 2$
b) $P(1 | -7)$ $m = 2$ $y = 2x - 9$
c) $P\left(a \mid a^2 + 2\right)$ $m = 2a$ $y = 2ax - a^2 + 2$

7. $f(x) = x^2$

negative Steigung: $a < 0$
[Tangentensteigung null: $a = 0$
positive Steigung: $a > 0$]

$f'(x) = 2x$
$6{,}75 = 2x \Rightarrow x = 3{,}375$
$-5 = 2x \Rightarrow x = -2{,}5$

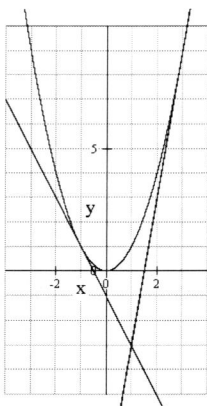

8. $P(x \mid mx + c); Q(x+h \mid m(x+h) + c)$.

Gleichung der Sekante durch P und Q: $y - mx - c = 0$, also $y = mx + c$ (aufgestellt nach Zwei-Punkte-Form). Die Sekantensteigung ist für alle h gleich m; gleichzeitig ist sie die Tangentensteigung.
Damit liefert die h-Methode für eine Gerade das erwartete Ergebnis.

88

9. **a)** Nullstellen: $N_1(0|0)$; $N_2(10|0)$
Hochpunkt: $H(5|15)$
$y = ax^2 + bx + c$
N_1: $\quad 0 = c$
N_2: $\quad 0 = 100a + 10b$
H: $\quad 15 = 25a + 5b$ $\Big\}$ $\Rightarrow \frac{-3}{5}a$; $b = 6$
Parabel: $y = -\frac{3}{5}x^2 + 6x$

b) Mithilfe des **Tangent**-Befehls im GTR erhält man die Gleichungen.
Geradengleichung des linken Stützpfeilers: $y = 6x$
Geradengleichung des rechten Stützpfeilers $y = -6x + 60$

c) $\tan(\alpha) = 6 \Rightarrow \alpha \approx 80{,}54°$

10. **a)** $P(2|9) \qquad f(x) = x^2 + 5$
$m_s = \frac{(a+h)^2 + 5 - a^2 - 5}{h} = \frac{a^2 + 2ah + h^2 - a^2}{h} = 2a + h$
$\lim\limits_{h \to 0} 2a + h = 2a \quad \Rightarrow \quad m = 4$

b) $P(0|-6) \qquad f(x) = x^2 - 6$
$m_s = \frac{(a+h)^2 - 6 + 6 - a^2}{h} = 2a + h$; $\quad \lim\limits_{h \to 0} 2a + h = 2a \quad \Rightarrow \quad m = 0$

c) $P(2|12) \qquad f(x) = 3x^2$
$m_s = \frac{3(a+h)^2 - 3a^2}{h} = \frac{6ah + h^2}{h} = 6a + h$; $\quad \lim\limits_{h \to 0} 6a + h = 6a \quad \Rightarrow \quad m = 12$

d) $P(1|3) \qquad f(x) = 2x^2 + x$
$m_s = \frac{2(a+h)^2 + a + h - 2a^2 - a}{h} = \frac{4ah + h^2 + h}{h} = 4a + h + 1$
$\lim\limits_{h \to 0} 4a + h + 1 = 4a + 1 \quad \Rightarrow \quad m = 5$

e) $P(2|8) \qquad f(x) = x^2 + 2x$
$m_s = \frac{(a+h)^2 + 2(a+h) - a^2 - 2a}{h} = \frac{2ah + h^2 + 2h}{h} = 2a + h + 2$
$\lim\limits_{h \to 0} 2a + h + 2 = 2a + 2 \quad \Rightarrow \quad m = 6$

f) $P(3|4) \qquad f(x) = (x-1)^2$
$m_s = \frac{(a+h-1)^2 - (a-1)^2}{h} = \frac{2ah + h^2 - 2h}{h} = 2a + h - 2$
$\lim\limits_{h \to 0} 2a - 2 + h = 2a - 2 \quad \Rightarrow \quad m = 4$

11.
a) $f(x) = x^2$, $P(3|7)$, $m = 6$, $y = 6x - 11$
b) $f(x) = x^2 + 2$, $P(2|6)$, $m = 4$, $y = 4x - 2$
c) $f(x) = x^2 - 1$, $P(5|24)$, $m = 10$, $y = 10x - 26$

12. Aus $m_{T_1} = \tan 30°$ und $m_{T_2} = \tan 60°$
folgt für die Berührpunkte:
$P_1 = \left(\frac{1}{6}\sqrt{3} \mid \frac{1}{12}\right)$; $P_2 = \left(\frac{1}{2}\sqrt{3} \mid \frac{3}{4}\right)$
Tangentengleichungen: $T_1: y = \frac{1}{3}\sqrt{3}x - \frac{1}{12}$
$T_2: y = \sqrt{3}x - \frac{3}{4}$
Schnittpunkt der beiden Tangenten:
$S_1 = \left(\frac{1}{\sqrt{3}} \mid \frac{1}{4}\right)$
Schnittpunkt in der 1. Achse: $S_2 = \left(\frac{1}{4\sqrt{3}} \mid 0\right)$; $S_3 = \left(\frac{3}{4\sqrt{3}} \mid 0\right)$
Für die Flächen ergibt sich: $F = \frac{1}{2}\left(\frac{1}{4}\left(\frac{3}{4\sqrt{3}} - \frac{1}{4\sqrt{3}}\right)\right) = \frac{1}{16\sqrt{3}}$

13. Dieses Problem kann man lösen, indem man eine Tangente an die Parabel im gedachten Scheitelpunkt des Fußweges mit der x-Achse ($x_0 = 73{,}72$) legt und den Winkel, der von der Tangente und der x-Achse eingeschlossen wird, berechnet.

a) Nullstellen: $N_1(0|0)$; $N_2(73{,}72 | 0)$
Hochpunkt: $H(36{,}86 | 9)$
N_1, N_2, H in $y = ax^2 + bx + c$ einsetzen
$N_1:\quad 0 = c$
$\left.\begin{array}{l} N_2: \quad 0 = 5434{,}64a + 73{,}72b + c \\ H: \quad 9 = 1358{,}66a + 36{,}86b + c \end{array}\right\} \Rightarrow a = -0{,}0066;\ b = 0{,}4866$
$y = -0{,}0066x^2 + 0{,}4866x$

b)
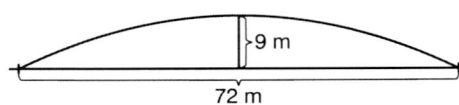

Wir geben die Funktionsgleichung aus Teilaufgabe a) in den Funktioneneditor des GTR ein.
Der Tangentenbefehl des GTR liefert
die Gleichung der Tangente im Koordinatenursprung: $y = 0{,}4866x$
$\tan \alpha = \frac{0{,}4866}{1} \Rightarrow \alpha = 25{,}95°$

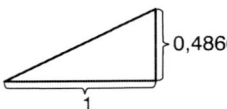

c) Der Winkel beträgt $25{,}95°$ und nicht wie in der Anzeige angegeben $45°$.

89

14. Tangente an P_1: $y = 2x - 1$, $\alpha_1 \approx 63{,}435°$
Tangente an P_2: $y = 4x - 4$, $\alpha_2 \approx 75{,}964°$
Schnittpunkt: $S(1{,}5 \mid 2)$
Schnittwinkel: $\alpha = \alpha_1 - \alpha_2 \approx 12{,}53°$

15. Normale schneidet 1. Achse unter 60° bedeutet gleichzeitig:
Tangente schneidet 1. Achse unter 30°.
Schnittpunkt: $P\left(\frac{1}{6}\sqrt{3} \mid \frac{1}{12}\right)$
Normale: $y = -\sqrt{3}x + \frac{7}{12}$
Nullstelle: $x = \frac{7}{\sqrt{3} \cdot 12} \approx 0{,}337$
Tangente: $y = \frac{1}{3}\sqrt{3}x - \frac{1}{12}$

2.1.3 Analytisches Bestimmen von Tangentensteigungen für weitere Schaubilder

91

2. $m_s = \frac{x^4 - a^4}{x-a} = \frac{(x^2-a^2)(x^2+a^2)}{x-a} = \frac{(x-a)(x+a)(x^2+a^2)}{x-a}$
$= (x+a)(x^2+a^2)$
$= x^3 + 2a^2x + a^3$
$\lim_{x \to a} x^3 + 2a^2x + a^3 = 4a^3$

3. a) $m_s = \frac{x^3 - a^3}{x-a} = x^2 + ax + a^2$
$\lim_{x \to a} m_s = 3a^2$

b) $m_s = \frac{\frac{1}{a+h} - \frac{1}{a}}{h}$
$m_s = \frac{\frac{a-(a+h)}{a^2+ah}}{h}$
$m_s = \frac{\frac{-h}{a^2+ah}}{h}$
$m_s = -\frac{1}{a^2+ah}$ $\lim_{h \to 0} m_s = -\frac{1}{a^2}$

c) $m_s = \frac{\sqrt{a+h}-\sqrt{a}}{h}$
$m_s = \frac{\sqrt{a+h}-\sqrt{a}}{h} \cdot \frac{\sqrt{a+h}+\sqrt{a}}{\sqrt{a+h}+\sqrt{a}}$
$m_s = \frac{a+h-a}{h \cdot (\sqrt{a+h}+\sqrt{a})}$
$m_s = \frac{1}{\sqrt{a+h}+\sqrt{a}}$ $\lim_{h \to 0} m_s = \frac{1}{2\sqrt{a}}$

91

4. a) $y = 3a^2x + a^3 - 12a$ c) $y = \frac{1}{2\sqrt{a}}x + \frac{1}{2}\sqrt{a}$
   b) $y = -\frac{1}{a^2}x + \frac{2}{a}$

92

5. a) $m = \frac{x^3-8}{x-2} = x^2 + 2x + 4$ c) $m = \frac{x^3+1}{x+1} = x^2 - x + 1$
   b) $m = \frac{x^3-0{,}125}{x-0{,}5} = x^2 + 0{,}5x + 0{,}25$ d) $m = \frac{x^3}{x} = x^2$

6. exakt / GTR
   a) $f'(2) = 12 \;/\; 12{,}000001$ c) $f'(-1) = 3 \;/\; 3{,}00001$
   b) $f'(\sqrt{5}) = 15 \;/\; 15{,}000001$ d) $f'(0) = 0 \;/\; 0{,}000001$

7. exakt / GTR
   a) $f'(1) = 4 \;/\; 4{,}000004$ c) $f'(4) = \frac{1}{4} \;/\; 0{,}250000002$
   $f'(0) = 0 \;/\; 0$ $f'(2) = \frac{1}{2\sqrt{2}} \;/\; 0{,}35355340165$
   $f'(-4) = -256 \;/\; -256{,}000016$ $f'(256) = \frac{1}{32} \;/\; 0{,}03125$
   b) $f'(1) = -1 \;/\; -1{,}000001$
   $f'(-1) = -1 \;/\; -1{,}000001$
   $f'(-4) = -\frac{1}{16} \;/\; -0{,}06250000391$

8. a) Es gibt nur Steigungen größer, gleich null. Der Graph von f ist im gesamten Definitionsbereich streng monoton steigend.
   b) Es gibt nur negative Steigungen. Der Graph von f ist im gesamten Definitionsbereich streng monoton fallend.
   c) Es gibt nur positive Steigungen. Der Graph von f ist im gesamten Definitionsbereich streng monoton steigend.

9. a) -3 und 3 $\left[\frac{1}{3}\sqrt{21}\text{ und }-\frac{1}{3}\sqrt{21}\,;\,0\right]$
   b) $\sqrt[3]{4}$ $\left[-\sqrt[3]{\frac{1}{4}};\,1\right]$
   c) -1 und 1 $\left[-\frac{1}{2}\text{ und }\frac{1}{2};\,-\frac{1}{7}\sqrt{7}\text{ und }\frac{1}{7}\sqrt{7}\right]$
   d) $20\frac{1}{4}$ $\left[\frac{1}{1024};\,1;\,\frac{1}{36}\right]$

10. a) Für welche Stelle a gilt $3a^2 = 4$? Für $a_1 = \sqrt{\frac{4}{3}}$ und $a_2 = -\sqrt{\frac{4}{3}}$.
    Tangenten: $y = 4x - \frac{16}{3\sqrt{3}}$ und $y = 4x + \frac{16}{3\sqrt{3}}$
    b) $3a^2 = \frac{3}{4}$ $a_1 = -\frac{1}{2}$ $a_2 = \frac{1}{2}$
    1. Tangente: $y = \frac{3}{4}x + \frac{1}{4}$ 2. Tangente: $y = \frac{3}{4}x - \frac{1}{4}$

11. a) $m = 12$ b) $m = 12$ c) $m = 14$

92   12. (1) $m = -\frac{1}{9}$ (3) $m = -4$ (5) $m = 3{,}75$
(2) $m = -2$ (4) $m = \frac{3}{4}$ (6) $m = 11{,}75$

2.2 Definition der Ableitung einer Funktion – Ableitungsfunktion

2.2.1 Definition der Ableitung einer Funktion – Differenzierbarkeit

96   2. **(1) Steigung der Sekante durch P (0 | 0) und Q (x | H (x))**

$$m_s = \frac{H(x)-H(0)}{x-0} = \frac{H(x)}{x} = \begin{cases} \frac{1}{x} & \text{für } x > 0 \\ 0 & \text{für } x < 0 \end{cases}$$

(2) Grenzwert der Sekantensteigung
Liegt Q rechts von P und wandert dann Q auf P zu, so unterscheidet sich x mit x > 0 immer weniger von 0. Dann aber wächst $m_s = \frac{1}{x}$ unbeschränkt, d. h. zu jeder noch so großen Zahl K kann man stets eine Sekantensteigung angeben, die größer als K ist.
Liegt Q links von P und wandert dann Q auf P zu, so unterscheidet sich x mit x < 0 immer weniger von 0 und die Steigung m_s bleibt dann immer 0.
Falls eine Tangente vorhanden wäre, müsste sich bei beiden Annäherungen derselbe Wert ergeben.
Einen Grenzwert $\lim_{x \to 0} \frac{H(x)}{x}$ gibt es nicht. Es gibt keine Tangente an der Stelle 0.

3. a) Steigung der Tangente: $f'(x_0)$; Punkt auf der Tangente: $(x_0 | f(x_0))$.
   Mit der Punkt-Steigung-Form erhält man die angegebene Gleichung.
   b) Wie bei a), mit Steigung der Normalen von $-\frac{1}{f'(x_0)}$, da die Normale orthogonal zur Tangenten ist.

97   4. a) Anzahl $= V(x + h) - V(x)$
   b) durchschnittliche Verkehrsdichte $= \frac{V(x+h)-V(x)}{h}$
   c) punktuelle Verkehrsdichte $= \lim_{h \to 0} \frac{V(x+h)-V(x)}{h}$
   V muss eine differenzierbare Funktion sein.

97

5. **a)** −4 [−4]   **c)** [1] [0]

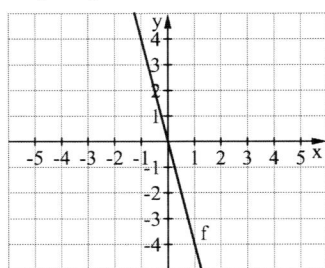 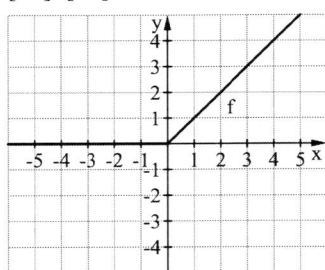

b) 1 [−1]   **d)** 2a

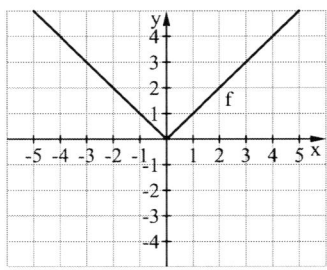 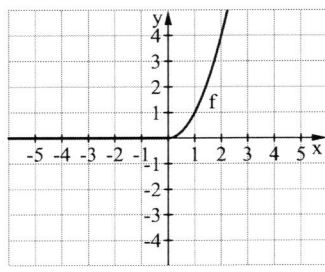

6. **a)** keine Tangente   **c)** $m_t = 0$

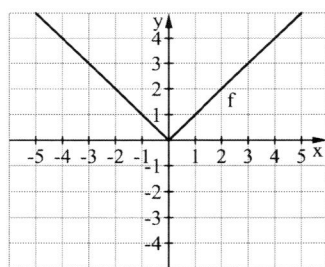 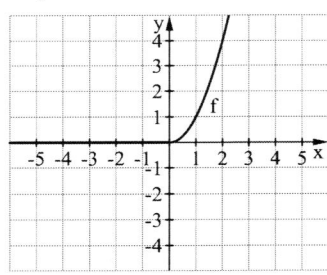

b) keine Tangente   **d)** keine Tangente

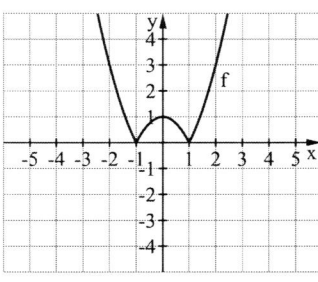 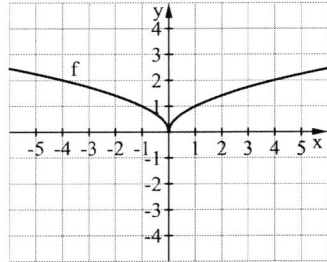

97

7. a) $f'(3) = 7$; $f'(a) = 2a + 1$
   b) $f'(4) = \frac{1}{4}$; $f'(a) = \frac{1}{2\sqrt{a}}$
   c) nicht differenzierbar
   d) nicht differenzierbar
   e) nicht differenzierbar
   f) $f'(a) = 1$
   g) nicht differenzierbar
   h) $f'(-5) = -500$; $f'(a) = 4a^3$

8. a) alle x mit $x \in \mathbb{R}$ und $x \neq 0$
   b) alle x mit $x \in \mathbb{R}$ und $x \neq \pm\sqrt{2}$
   c) alle x mit $x \in \mathbb{R}$ und $x \neq 1$
   d) alle x mit $x \in \mathbb{R}$ und $x \neq -1$
   e) $\mathbb{R}$
   f) alle x mit $x \in \mathbb{R}$ und $x \neq 0$

98

9. a) Sei $t \mapsto V(t)$ die dargestellte Funktion. Dann ist $\frac{V(t+h)-V(t)}{h}$ die mittlere zeitliche Verkehrsdichte zwischen den Zeitpunkten t und t + h. $V'(t)$ ist die Verkehrsdichte zum Zeitpunkt t, also die punktuelle Änderungsrate des Verkehrs bezüglich der Zeit. Die Dichte S. 141 ist die punktuelle Änderungsrate des Verkehrs bezüglich der Länge der Autobahn.

b) Die Funktion ist monoton steigend, da die Anzahl der Autos fortlaufend addiert wird. Der Graph beginnt im Punkt (0; 0), da zu Beginn mit dem Registrieren der Autos begonnen wurde.
– Bis ca. 2.00 Anstieg durch Berufsverkehr (Lkw). Zwischen 2.00 – 6.00 nur leichte Zunahme, da Nachtruhe. Zwischen 6.00 – 9.00 starker Anstieg durch Pendler. Zwischen 9.00 – 15.00 Abflachen (Mittagszeit). Ab 15.00 Anstieg durch Pendler. Ab ca. 18.00 Abflachen (Feierabend).

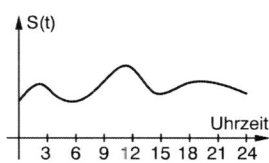

10. a) Gesamttemperaturabnahme (-zunahme) im Zeitintervall [t; t + h]
mittlere Temperaturänderung im Intervall [t, t + h]
momentane Temperaturänderung zur Zeit t

b) Temperaturdifferenz = $12{,}12 - 9{,}24 = 2{,}88$ (in °C)
Änderungsrate für den Tag: $\frac{2{,}88\ °C}{24\ h} = 0{,}12\ \frac{°C}{h}$
Die momentane Änderungsrate ist bis ca. 10.32 Uhr positiv und ab ca. 10.33 Uhr negativ.

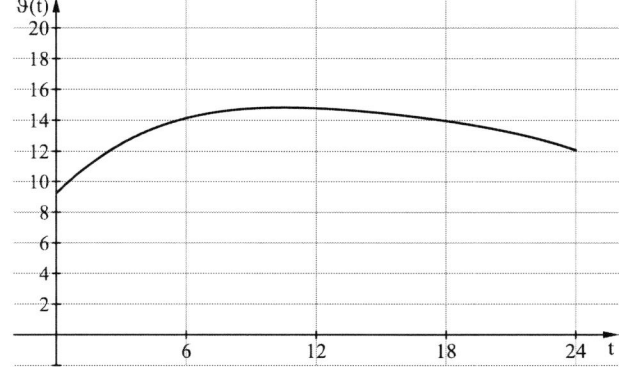

98 11. $\frac{m(t)-m(t_0)}{t-t_0}$ ist die mittlere Ausflussgeschwindigkeit (genauer Massenänderunggeschwindigkeit) im Zeitintervall $[t_0; t]$. Sie ist die Steigung der Sekante durch $(t_0; m(t_0))$ und $(t; m(t))$.
$m'(t_0)$ ist die punktuelle Ausflussgeschwindigkeit (Massenänderungsgeschwindigkeit) und damit punktuelle Änderungsrate der Masse bezüglich der Zeit.

2.2.2 Ableitungen einer Funktion näherungsweise bestimmen

101 2. a) Der Term $f(a)+(x-a)f'(a)$ ist der Funktionsterm der Tangente an f im Punkt a (Punkt-Steigungsform mit Punkt $(a|\,f(a))$ und Steigung $f'(a)$).
In der Nähe der Tangente an f in a weichen die Werte von f(x) nur wenig von den Werten der Tangente an der Stelle x ab.

b)
x =	9,8	9,9	10,1
f(x) ≈	7,8	8,9	11,1

101 3. Eingabe in den GTR: nDerive $(2^x, x, 1.5, \varepsilon)$
Man erhält folgende Näherungswerte für $f'(1,5)$:

ε	$f'(1,5)$
10^{-3}	1,9605164439
10^{-4}	1,9605162885
10^{-5}	1,960516285
10^{-6}	1,9605163
10^{-7}	1,960516
10^{-8}	1,96052
10^{-9}	1,9605
10^{-10}	1,9605
10^{-11}	1,96
10^{-12}	2
10^{-13}	0

Es fällt auf, dass die Stellenzahl der Näherungen abnimmt.
Theoretisch kann man immer kleinere Werte für ε wählen und so immer genauere Näherungen erzielen. Praktisch jedoch arbeitet ein Rechner mit einer begrenzten Anzahl von Stellen. Die Differenz $f(1,5+\varepsilon)-f(1,5-\varepsilon)$ wird immer kleiner, sodass der Rechner diese Differenz mit null angibt.

101

4. a) Der GTR liefert hier die Näherungen $f'(-1) \approx -0{,}001$ und $f'(1) \approx 0{,}001$.
   Der GTR benutzt den symmetrischen Differenzenquotienten (vgl. Information (2) auf Seite 100). Die Näherung ist die Steigung einer Sekante durch zwei Punkte links und rechts vom Knick auf dem Graphen der Funktion.
   b) Näherung: $f'(0) \approx 1\,000\,000$
   Der GTR verwendet hier als Näherung die Steigung einer Sekante durch zwei Punkte links und rechts der Definitionslücke.

5. a) $f'(1) \approx 1{,}386294472$
   $f'(2) \approx 2{,}772588944$
   $f'(3) \approx 5{,}545177889$
   b) $f'(-4) \approx 1{,}333333539$
   $f'(4) \approx -1{,}333333539$
   $f'(-1) \approx 0{,}2041241497$
   $f'(1) \approx -0{,}2041241497$
   $f'(0) \approx 0$
   c) Der GTR findet für die Sekante links bzw. rechts auf dem Graphen von f keinen Punkt, da die Funktion dort nicht definiert ist.
   D. h. $f(-5-\varepsilon)$ und $f(5+\varepsilon)$ sind nicht definiert.

6. Es gilt: $f'(a) = 2a$
   Näherung durch den symmetrischen Differenzenquotienten.
   $f'(a) \approx \frac{f(a+\varepsilon)-f(a-\varepsilon)}{2\varepsilon}$
   $$\frac{f(a+\varepsilon)-f(a-\varepsilon)}{2\varepsilon} = \frac{(a+\varepsilon)^2-(a-\varepsilon)^2}{2\varepsilon}$$
   $$= \frac{\left(a^2+2a\varepsilon+\varepsilon^2\right)-\left(a^2-2a\varepsilon+\varepsilon^2\right)}{2\varepsilon}$$
   $$= \frac{4a\varepsilon}{2\varepsilon}$$
   $$= 2a \quad \text{für } \varepsilon \neq 0$$
   D. h. der symmetrische Differenzenquotient liefert für jeden beliebigen Wert von ε die exakte Steigung der Tangente. Für die Parabel bedeutet dies, dass jede Sekante durch $P_1\left(a+\varepsilon \mid (a+\varepsilon)^2\right)$ und $P_2\left(a-\varepsilon \mid (a-\varepsilon)^2\right)$ parallel zur Tangente in $P\left(a \mid a^2\right)$ verläuft.

101   7.
Stelle a	f'(a) exakt	f'(a) mit dem GTR für ε = 0,001
2	12	12,000001
3	27	27,000001
4	48	48,000001

Die Abweichung der Näherung vom exakten Wert beträgt 10^{-6}, unabhängig von der Stelle a.

exakte Ableitung: $f'(a) = 3a^2$

Näherung:

$f'(a) \approx \frac{(a+\varepsilon)^3-(a-\varepsilon)^3}{2\varepsilon} = \frac{6a^2\varepsilon+2\varepsilon^3}{2\varepsilon} = 3a^2 + \underline{\varepsilon^2}$ für $\varepsilon \neq 0$

Abweichung der Näherung

102   8.
x	f(x)
4,97	7,06
4,98	7,04
4,99	7,02
5,01	6,98
5,02	6,96
5,03	6,94

9. Schülerbuch S. 101: $f(x) \approx f(a) + (x-a) \cdot f'(a)$

   a) Setze $x = a + h$, daraus folgt die Behauptung.

   b) $f(x) = \sqrt{x}$; $f'(a) = \frac{1}{2\sqrt{a}}$; setze $x = 1 + h$; $a = 1$, daraus folgt die Behauptung.

   c) $\sqrt{a^2 + h} = a\sqrt{1+\frac{h}{a^2}} \approx a\left(1 + \frac{1}{2} \cdot \frac{h}{a^2}\right) = a + \frac{1}{2} \cdot \frac{h}{a}$

   d) $\sqrt{25,1} \approx 5 + \frac{0,1}{10} = 5,01$; Abweichung zum GTR-Ergebnis: ca. $1 \cdot 10^{-5}$

   $\sqrt{399} = \sqrt{20^2 - 1} \approx 20 - \frac{1}{40} = 19,975$

   Abweichung zum GTR-Ergebnis: ca. $2 \cdot 10^{-5}$

   $\sqrt{3598} = \sqrt{60^2 - 2} \approx 60 - \frac{2}{120} = 59,983333$

   Abweichung zum GTR-Ergebnis: ca. $2 \cdot 10^{-6}$
   (Die Größe der Abweichung zum GTR-Ergebnis kann rechnerabhängig abweichen.)

102

10. $h: V \mapsto h(V) = 3\sqrt[3]{\frac{V}{4\pi}}$

Die Höhenrate ist die Änderungsrate der Funktion h (bezüglich der Variablen V). Die lokale Höhenrate an der Stelle V_0 ist die Ableitung der Funktion h an der Stelle V_0.

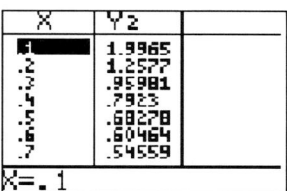

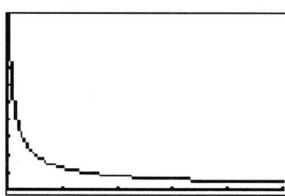

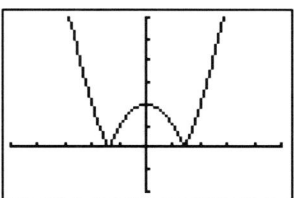

Die Höhenrate nimmt mit zunehmendem V ab. Da der Sand mit konstanter Schüttgeschwindigkeit V/t dem Sandhügel zugeführt wird, wird die Höhenzunahme immer kleiner.

11. f ist nicht differenzierbar an den Stellen $x = \sqrt{2}$ und $x = -\sqrt{2}$. Der GTR liefert an diesen Stellen fälschlich den Wert 0 für die Ableitung. Der Fehler entsteht, da der GTR den symmetrischen Differenzenquotienten auch an den nicht differenzierbaren Stellen bildet, und dieser dort definiert ist (vgl. S. 100 im Schülerband, Information (2)).

2.2.3 Ableitungsfunktion – erste, zweite, dritte, ... Ableitung

104

2.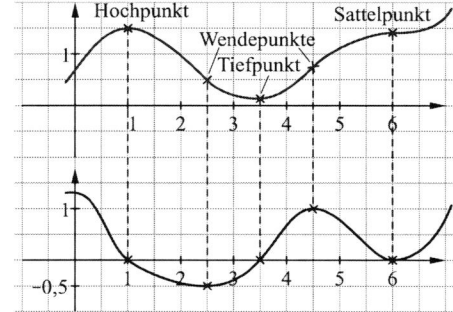

104 3. **Deuten der Ausdrücke $s(t) - s(t_0)$ und $\frac{s(t)-s(t_0)}{t-t_0}$**

$s(t) - s(t_0)$ ist die im Zeitintervall $[t_0; t]$ effektiv zurückgelegte Weglänge.

$\frac{s(t)-s(t_0)}{t-t_0}$ ist also die *mittlere Geschwindigkeit* (Durchschnittsgeschwindigkeit) in diesem Zeitintervall, also die *mittlere Änderungsrate der Weglänge bezüglich des Zeitintervalls* $[t_0; t]$.

Beim freien Fall gilt für die mittlere Geschwindigkeit v: $v = \frac{\frac{1}{2}gt^2 - \frac{1}{2}gt_0^2}{t-t_0} = \frac{1}{2}g \cdot \frac{(t-t_0)(t+t_0)}{t-t_0}$,

also $v = \frac{1}{2}g \cdot (t+t_0)$ (für $t \neq t_0$)

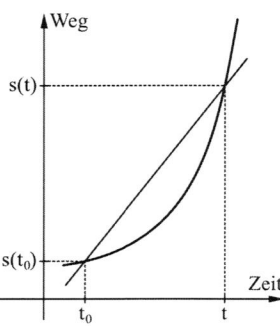

Deuten von $\lim\limits_{t \to t_0} \frac{s(t)-s(t_0)}{t-t_0}$

Der Grenzwert $\lim\limits_{t \to t_0} \frac{s(t)-s(t_0)}{t-t_0}$, also die Ableitung der Weg-Zeit-Funktion an der Stelle t_0, heißt *Momentangeschwindigkeit* zum Zeitpunkt t_0. Diese ist die *punktuelle Änderungsrate* der Weglänge bezüglich der Zeit. Die Momentangeschwindigkeit wird im Auto durch den Tachometer angezeigt. Für die Momentangeschwindigkeit beim freien Fall gilt:

$\dot{s}(t) = \lim\limits_{t \to t_0} \frac{1}{2}g \cdot (t+t_0) = \frac{1}{2} \cdot g \cdot 2t_0 = g \cdot t_0$

105 4. a)

a	−3	−2	−1	0	1	2	3
f'(a)	−3	−2	−1	0	1	2	3

$f'(x) = x$

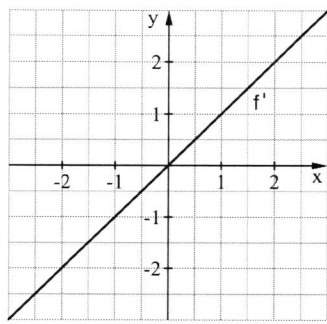

$f(x) = \frac{1}{2}x^2$

$f'(x) = x$

4. b)

a	−3	−2	−1	0	1	2	3
f′(a)	−2	−1	0	1	2	3	4

f′(x) = x + 1

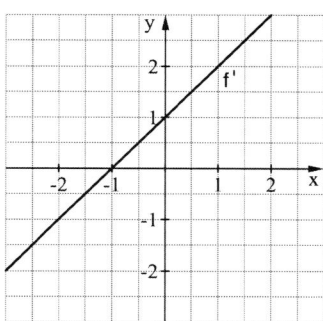

$f(x) = \frac{1}{2}x^2 + x$

$f'(x) = x + 1$

c)

a	−3	−2	−1	0	1	2	3
f′(a)	$-\frac{1}{9}$	$-\frac{1}{4}$	−1	/	−1	$-\frac{1}{4}$	$-\frac{1}{9}$

$f'(x) = -\frac{1}{x^2}$

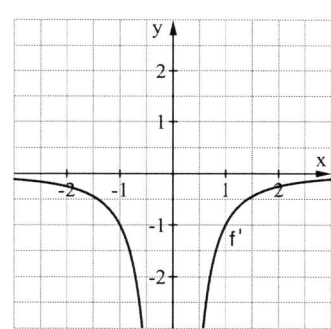

$f(x) = \frac{1}{x}$

$f'(x) = -\frac{1}{x^2}$

5. (1)

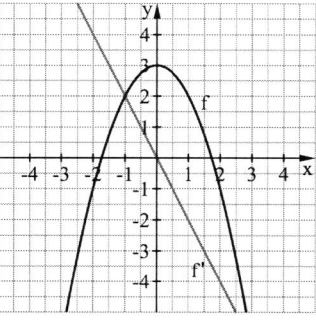

$f(x) = -x^2 + 3$
$f'(x) = -2x$

(2)

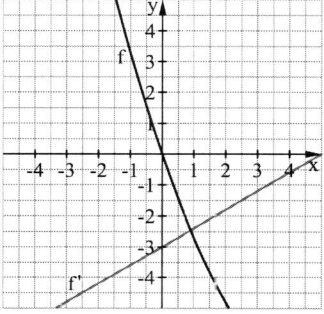

$f(x) = 0,3x^2 - 3x$
$f'(x) = 0,6x - 3$

105

5. (3) 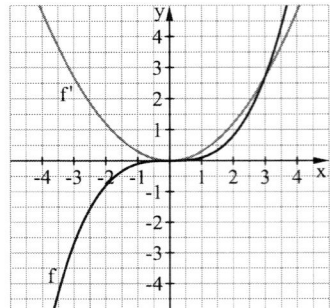 (4)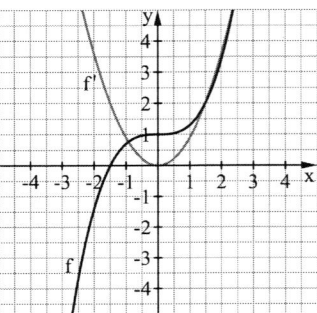

$f(x) = 0,1x^3$
$f'(x) = 0,3x^2$

$f(x) = 0,3x^3 + 1$
$f'(x) = 0,9x^2$

(5) 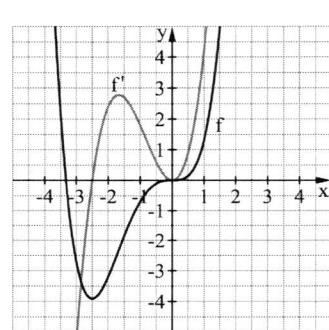 (6)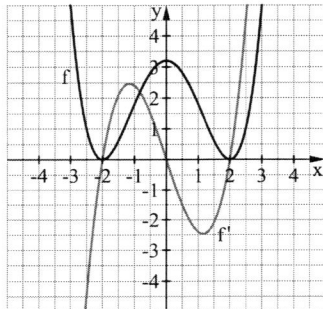

$f(x) = 0,3x^4 + x^3$
$f'(x) = 1,2x^3 + 3x^2$

$f(x) = 0,2x^4 - 1,6x^2 + 3,2$
$f'(x) = 0,8x^3 - 3,2x$

6. a) $f'(x) = 3x^2 + 2x$ c) $f'(x) = 0$ e) $f'(x) = 8x + 2$
   b) $f'(x) = 4x^3$ d) $f'(x) = 6x^2$

7. a) $f'(x) = 2x$; $f''(x) = 2$; $f'''(x) = 0$
   b) $f'(x) = 4x$; $f''(x) = 4$; $f'''(x) = 0$
   c) $f'(x) = 1$; $f''(x) = f'''(x) = 0$
   d) $f'(x) = 2x$; $f''(x) = 2$; $f'''(x) = 0$
   e) $f'(x) = \begin{cases} 1 & \text{für } x > 0 \\ -1 & \text{für } x < 0 \end{cases}$; $f''(x) = f'''(x) = 0$ für $x \neq 0$
   f) $f'(x) = 0$ für $x = 0$; $f''(x) = f'''(x) = 0$ für $x \neq 0$
   g) $f'(x) = \begin{cases} 1 & \text{für } x > 0 \\ 0 & \text{für } x < 0 \end{cases}$; $f''(x) = f'''(x) = 0$ für $x \neq 0$
   h) $f'(x) = \begin{cases} 2x & \text{für } x > 0 \\ 0 & \text{für } x < 0 \end{cases}$; $f''(x) = \begin{cases} 2 & \text{für } x > 0 \\ 0 & \text{für } x < 0 \end{cases}$; $f'''(x) = 0$ für $x \neq 0$

105 8.

a	−3	−2	−1	0	1	2
f′(a) ≈	0,05	0,14	0,37	0,99	2,68	7,24

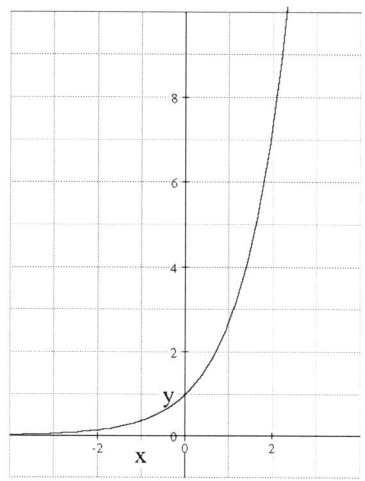

Die Schaubilder von f und f′ sind fast identisch.

9. a) mittlere Beschleunigung: $\bar{a} = \frac{v(t+h)-v(t)}{h}$

   Beschleunigung zur Zeit t: $a = \lim\limits_{h \to 0} \frac{v(t+h)-v(t)}{h} = \dot{v}(t)$

   b) $a = \ddot{s}(t)$; $s(t) = \frac{1}{2}gt^2$; $a = \ddot{s} = g$ ($\approx 9{,}81\frac{m}{s}$)

2.2.4 Sinus- und Kosinusfunktion und ihre Ableitungen

111 3. Der Definitionsbereich der Kosinusfunktion ist gleich $\mathbb{R}$.
Die Kosinusfunktion ist periodisch mit der Periodenlänge 2π, d. h. für alle $x \in \mathbb{R}$ und $k \in \mathbb{Z}$ gilt: $\cos(x) = \cos(x + 2k\pi)$.
Die Kosinusfunktion hat den Wertebereich $[-1; 1]$ und ist damit beschränkt.
Das Schaubild der Kosinusfunktion ist achsensymmetrisch zur y-Achse, da für alle $x \in \mathbb{R}$ gilt: $\cos(-x) = \cos(x)$.
Die Nullstellen der Kosinusfunktion liegen an den Stellen $x = \frac{\pi}{2} + k\pi$ ($k \in \mathbb{Z}$), da für alle ($k \in \mathbb{Z}$) gilt: $\cos\left(\frac{\pi}{2} + k\pi\right) = 0$.
Die Kosinusfunktion hat für ($k \in \mathbb{Z}$) an den Stellen $x = 2k\pi$ ein Maximum und an den Stellen $x = \pi + 2k\pi$ ein Minimum.

111

4. a) Nach Satz von Pythagoras gilt:
$\cos^2(x) + \sin^2(x) = 1$

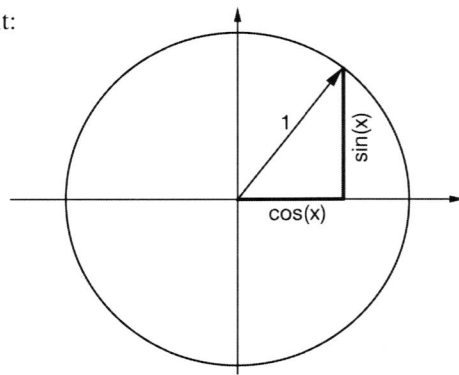

b) Das vom GTR gezeichnete Schaubild ist identisch mit dem Schaubild der Funktion g mit g(x) = 1.

5. a)

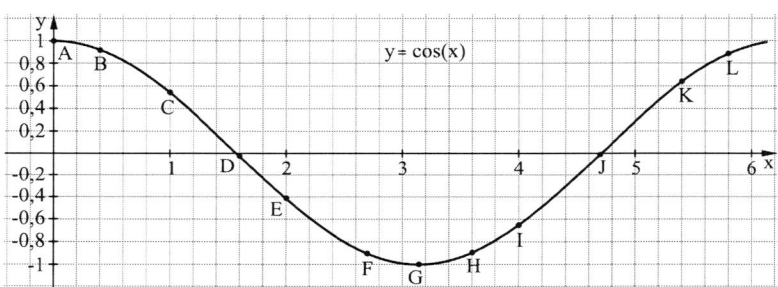

Zeichnerisches Differenzieren und Aufstellen einer Vermutung.

Stelle	0	0,4	1	1,6	2	2,7
Punkt	A	B	C	D	E	F
Steigung der Tangente im Punkt	0	−0,39	−0,84	−1	−0,9	−0,43

Stelle	3,14	3,6	4	4,7	5,4	5,8
Punkt	G	H	I	J	K	L
Steigung der Tangente im Punkt	0	0,4	0,75	1	0,77	0,5

Wir übertragen die Werte auf Karopapier und versuchen die Ableitungskurve zu zeichnen.

111   5. a)

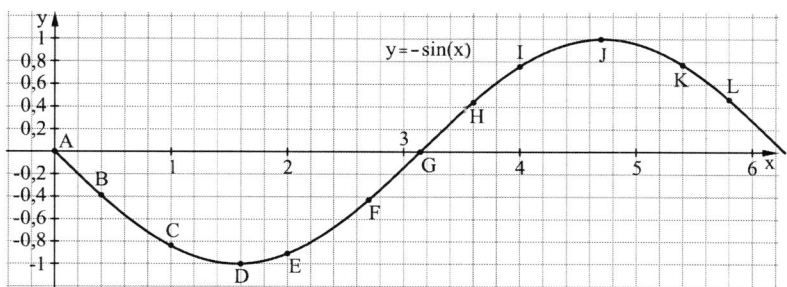

Das Schaubild der Ableitungskurve sieht aus wie das Schaubild der an der x-Achse gespiegelten Sinusfunktion. Da die Kosinusfunktion eine periodische Funktion mit der Periode 2π ist, kann man erwarten, dass auch die Ableitungsfunktion der Kosinusfunktion diese Periode hat. Wir vermuten deshalb: Für f mit $f(x) = \cos(x)$ gilt: $f'(x) = -\sin(x)$

b) Wir betrachten $\cos(a + h) - \cos(a)$
am Einheitskreis:
Es gilt:
$-|AT| = \cos(a+h) - \cos(a)$
$|OF| = \sin\left(a + \frac{h}{2}\right)$ und
$|OQ| = 1$
Die Dreiecke OFQ und TAR sind zueinander ähnlich (gleich große Innenwinkel).
Auf Grund der Ähnlichkeit gilt:
$\frac{|AT|}{|RT|} = \frac{|OF|}{|OQ|}$ also $\frac{-|AT|}{|RT|} = \frac{-|OF|}{|OQ|}$

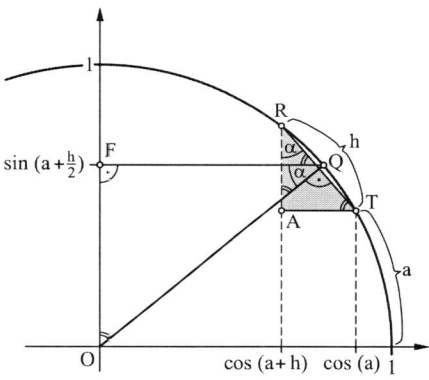

Damit erhalten wir $\frac{\cos(a+h)-\cos(a)}{|RT|} = \frac{-\sin\left(a+\frac{h}{2}\right)}{1}$

Für $f \to 0$ nähert sich $|RT|$ immer mehr der Bogenlänge h. Somit gilt:

$f'(a) = \lim_{h \to 0} \frac{\cos(a+h)-\cos(a)}{h} = \lim_{h \to 0} \frac{\cos(a+h)-\cos(a)}{|RT|} = \lim_{h \to 0} \frac{-\sin\left(a+\frac{h}{2}\right)}{1} = -\sin(a)$

111 5. c) $f(x) = \sin(x)$
$f'(x) = \cos(x)$
$f''(x) = -\sin(x)$
$f'''(x) = -\cos(x)$
$f^{(4)}(x) = \sin(x)$
Es ist $f(x) = \sin(x)$. Dann gilt:
$f^{(4n)}(x) = \sin(x)$ für $n \in \mathbb{N}^*$
$f^{(4n+1)}(x) = \cos(x)$ für $n \in \mathbb{N}$
$f^{(4n+2)}(x) = -\sin(x)$ für $n \in \mathbb{N}$
$f^{(4n+3)}(x) = -\cos(x)$ für $n \in \mathbb{N}$

d) $f(x) = \cos(x)$, $f^{(101)} = -\sin(x)$

112 6.

α (Gradmaß)	180°	360°	36°	22,5°	18°	1°
x (Bogenmaß)	π	2π	$\frac{\pi}{5}$	$\frac{\pi}{8}$	$\frac{\pi}{10}$	$\frac{\pi}{180}$
x (Bogenmaß)	3,142	6,283	0,628	0,393	0,314	0,017

α (Gradmaß)	84°	$\frac{180°}{\pi}$	20°	3600°	$\frac{3600°}{\pi}$
x (Bogenmaß)	$\frac{7\pi}{15}$	1	$\frac{\pi}{9}$	20π	20
x (Bogenmaß)	1,466	1	0,349	62,832	20

7.

x	0	$\frac{\pi}{2}$	π	$\frac{3}{2}\pi$	2π	$-\frac{\pi}{2}$	-3π	$\frac{9}{2}\pi$	15π
sin (x)	0	1	0	−1	0	−1	0	1	0
cos (x)	1	0	−1	0	1	0	−1	0	−1

8. a) (1) Schaubild
punktsymmetrisch zu O (0 | 0)

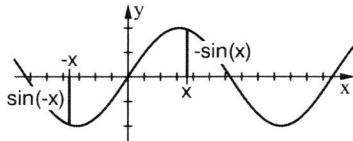

(2) Schaubild
- punktsymmetrisch zu P (π | 0),
  d. h. $\sin(x) = -\sin(2\pi - x)$
- achsensymmetrisch zu $x = \frac{3}{2}\pi$,
  d.h. $\sin(2\pi - x) = \sin(x + \pi)$,
  also $\sin(x + \pi) = -\sin(x)$

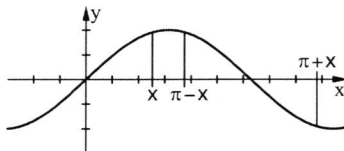

112

8. a) (3) Schaubild
   - achsensymmetrisch zu $x = \frac{\pi}{2}$,
     also $\sin(x) = \sin(\pi - x)$
   - punktsymmetrisch zu O (0 | 0),
     also $\sin(\pi - x) = -\sin(x - \pi)$
     d.h. $\sin(x - \pi) = -\sin(x)$

   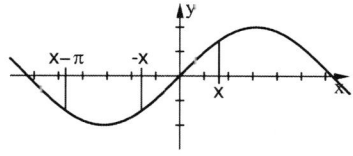

   b) (1) Schaubild
      achsensymmetrisch zu $x = 0$

   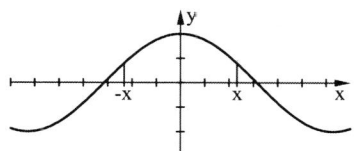

   (2) Schaubild achsensymmetrisch
       zu $x = \pi$, also $\cos(x) = \cos(2\pi - x)$

   (3) Schaubild punktsymmetrisch
       zu $P\left(\frac{\pi}{2}\big| 0\right)$, also
       $\cos(x) = -\cos(\pi - x)$

   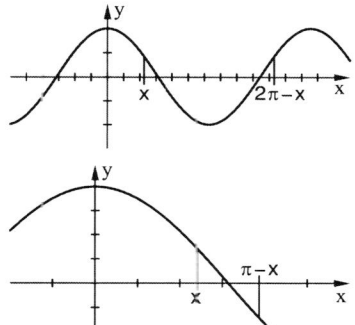

9. $f(x) = \sin(x)$, $f(0) = 0$, $f(0) = 1$.
   Näherungsformel: $f(x) \approx 0 + (x - 0) \cdot 1 = x$
   Abweichung für $x = 0{,}1$ ist ca. 0,17%
   Abweichung für $x = 0{,}01$ ist ca. 0,0017%

10.

x	0	$\frac{\pi}{2}$	$\frac{\pi}{4}$	π	$\frac{3}{2}\pi$	2π	$\frac{3}{4}\pi$
f'(x)	1	0	$\frac{1}{2}\sqrt{2}$	-1	0	1	$-\frac{1}{2}\sqrt{2}$

x	0	$\frac{\pi}{2}$	$\frac{\pi}{4}$	π	$\frac{3}{2}\pi$	2π	$\frac{3}{4}\pi$
f'(x)	0	-1	$-\frac{1}{2}\sqrt{2}$	0	1	C	$-\frac{1}{2}\sqrt{2}$

11. a)

Wert	0	$\frac{1}{2}$	$-\frac{1}{2}$	1	-1
Stelle	$\frac{1}{2}\pi + 2k\pi$	$\frac{1}{3}\pi + 2k\pi$	$\frac{2}{3}\pi + 2k\pi$	$0 + 2k\pi$	$\pi + 2k\pi$

b)

Wert	0	$\frac{1}{2}$	$-\frac{1}{2}$	1	-1
Stelle	$0 + 2k\pi$	$\frac{7}{6}\pi + 2k\pi$	$\frac{1}{6}\pi + 2k\pi$	$\frac{3}{2}\pi + 2k\pi$	$\frac{1}{2}\pi + 2k\pi$

$(k \in \mathbb{Z})$

112 12. Werte größer als 1 und kleiner als −1.

2.3 Ableitungsregeln

2.3.1 Potenzregel für natürliche Zahlen als Exponenten

113 2. $n = -1$
$f(x) = x^{-1} = \frac{1}{x}$ somit gilt $f'(x) = -\frac{1}{x^2} = (-1)x^{-2}$ (vgl. Schülerband Seite 103)

$n = -2$
$f(x) = x^{-2} = \frac{1}{x^2}$ $m_s = \frac{\frac{1}{x^2}-\frac{1}{a^2}}{x-a} = \frac{\frac{a^2-x^2}{x^2 \cdot a^2}}{x-a} = \frac{a^2-x^2}{x^2 \cdot a^2 \cdot (x-a)} = -\frac{a+x}{x^2 a^2}$

$\lim\limits_{a \to x} m_s = -\frac{2x}{x^4} = -\frac{2}{x^3}$, also $f'(x) = -\frac{2}{x^3} = (-2) \cdot x^{-3}$

$n = 0$
$f(x) = x^0 = 1$ und $f'(x) = 0 = 0 \cdot x^{-1}$

114 3. a) $n = 7;$ $f'(x) = 7x^6$ c) $n = -3;$ $f'(x) = -3x^{-4}$
b) $n = 12;$ $f'(x) = 12x^{11}$ d) $n = -12;$ $f'(x) = -12x^{-13}$

4. a) $f(x) = x^{14}$ b) $f(x) = x^7$ c) $f(x) = x^9$ d) $f(x) = x^{s-2}$

115 5. a) $y = -4x - 3$ b) $y = 54\sqrt{3}x - 135$ c) $y = -10x - 9$

6. a) $x = \frac{1}{\sqrt[3]{4}}$ b) $x = \pm\frac{1}{\sqrt[8]{75}}$ c) $x = \frac{-1}{\sqrt[11]{12}}$

7. n ungerade: Steigung nur $+1 \Rightarrow x = \pm(n)^{\frac{-1}{2n-2}}$
n gerade: Steigung 1 für $x = +(n)^{\frac{-1}{2n-2}}$; Steigung (-1) für $x = -(n)^{\frac{-1}{2n-2}}$

2.3.2 Faktorregel

2. a) $f(x) = \frac{4}{3}x^3$ e) $f(x) = -\frac{1}{x}$
b) $f(x) = \frac{1}{4}x^4$ f) $f(x) = c;$
c) $f(x) = -\cos(x)$ g) $f(x) = \frac{5}{2}x^2$
d) $f(x) = 2\sqrt{x}$ h) $f(x) = \frac{7}{3}x^3$

116 3. a) $f'(x) = 15x^4$ e) $f'(x) = \frac{7}{x^2}$
b) $f'(x) = 63x^8$ f) $f'(x) = \frac{1}{6\sqrt{x}}$
c) $f'(x) = \frac{3}{5}x^5$ g) $f'(x) = 2x^2$
d) $f'(x) = \sqrt{32}x^3$ h) $f'(x) = 4\cos(x)$

116

4. a) $f(x) = x^4$ d) $f(x) = \frac{1}{2}x^6$ g) $f(x) = \frac{1}{n+1}x^{n+1}$
   b) $f(x) = \frac{1}{5}x^5$ e) $f(x) = \frac{4}{7}x^7$ h) $f(x) = 3\sin(x)$
   c) $f(x) = \frac{1}{10}x^{10}$ f) $f(x) = \frac{1}{4}x^8$

5. a) $f'(x) = 4x^3$; $f''(x) = 12x^2$; $f'''(x) = 24x$; $f^{(4)}(x) = 24$; $f^{(5)}(x) = 0$
   b) $f'(x) = 8x^7$; $f''(x) = 56x^6$; $f'''(x) = 336x^5$; $f^{(4)}(x) = 1\,680x^4$;
      $f^{(5)}(x) = 6\,720x^3$; $f^{(6)}(x) = 20\,160x^2$; $f^{(7)}(x) = 40\,320x$;
      $f^{(8)}(x) = 40\,320$; $f^{(9)}(x) = 0$
   c) $f'(x) = \frac{3}{10}x^5$; $f''(x) = \frac{3}{2}x^4$; $f'''(x) = 6x^3$; $f^{(4)}(x) = 18x^2$;
      $f^{(5)}(x) = 36x$; $f^{(6)}(x) = 36$; $f^{(7)}(x) = 0$
   d) $f'(x) = \frac{7}{3}x^6$; $f''(x) = 14x^5$; $f'''(x) = 70x^4$; $f^{(4)}(x) = 280x^3$;
      $f^{(5)}(x) = 840x^2$; $f^{(6)}(x) = 1\,680x$; $f^{(7)}(x) = 1\,680$; $f^{(8)}(x) = 0$

2.3.3 Summen- und Differenzregel

118

2. a) Der Graph von f(x) + c entsteht aus dem Graphen von f durch eine Verschiebung parallel zur 2. Achse um den Betrag c.
      Auch die Tangente an der Stelle a kann man sich für f(x) + c entstanden denken durch dieselbe Verschiebung der Tangente in f.
   b) Sei $f(x) = g(x) + c$; g(x) enthält keinen konstanten Summanden
      mehr $\Rightarrow f'(x) = (g(x) + c)' = g'(x) + \underbrace{(c)'}_{=0} = g'(x)$

3. $f(x) = u(x) - v(x) = u(x) + (-1) \cdot v(x)$
   Nach der Summen- und Faktorregel gilt nun
   $f'(a) = u'(a) + (-1) \cdot v'(a)$
   $f'(a) = u'(a) - v'(a)$

4. a) $(f(x) \cdot g(x))' = (x^5 \cdot x^3)' = (x^8)' = 8x^7$
      $f'(x) \cdot g'(x) = 5x^4 \cdot 3x^2 = 15x^6$
   b) $\left(\frac{f(x)}{g(x)}\right)' = \left(\frac{x^5}{x^3}\right)' = (x^2)' = 2x$
      $\frac{f'(x)}{g'(x)} = \frac{5x^4}{3x^2} = \frac{5}{3}x^2$

5. a) $f'(x) = 5x^4 + 8x^7$ d) $f'(x) = 8x^3 - 18x^5$ g) $f'(x) = -\frac{1}{x^2} - \frac{1}{2\sqrt{x}}$
   b) $f'(x) = 4x^3 - 3x^2$ e) $f'(x) = 10x^9 + 2$ h) $f'(x) = 2x + \frac{1}{2\sqrt{x}}$
   c) $f'(x) = 3x^2 + 4x^3$ f) $f'(x) = -\frac{1}{x^2} + 1$

118

6. a) $f'(x) = \frac{5}{8}x^4 + \frac{3}{2}x^2 - 0{,}7$
   b) $f'(x) = 8x^3 - 14x + 5$
   c) $f'(x) = 96x^{11} - 2\sqrt[3]{17}x + 5$
   d) $f'(x) = 36x^3 - 3\sqrt{3}x^2 + 5$
   e) $f'(x) = 24x^5 + 6x^2 - 18x - 18$
   f) $f'(x) = 36x^3 - x^2 + x - \sqrt[3]{2}$

7. a) $f'(x) = -\frac{3}{x^2} + \frac{1}{\sqrt{x}}$
   b) $f'(x) = 20x^4 - \frac{3}{x^2} - \frac{1}{4\sqrt{x}}$
   c) $f'(x) = -\frac{1}{x^2} - \sin(x)$
   d) $f'(x) = 8x + \frac{2}{x^2} + \frac{1}{10\sqrt{x}}$
   e) $f'(x) = 2\cos(x) + 3\sin(x)$
   f) $f'(x) = \frac{2}{\sqrt{x}} - 2\sin(x)$

119

8. a) $f'(x) = 12x^3 + 4x;\ f''(x) = 36x^2 + 4;\ f'''(x) = 72x$
   b) $f'(x) = 30x^5 - 21x^2;\ f''(x) = 150x^4 - 42x;\ f'''(x) = 600x^3 - 42$
   c) $f'(x) = 49x^6 + 27x^2;\ f''(x) = 294x^5 + 54x;\ f'''(x) = 1\,470x^4 + 54$
   d) $f'(x) = 6x + 8;\ f''(x) = 6;\ f'''(x) = 0$
   e) $f'(x) = 4;\ f''(x) = 0$
   f) $f'(x) = 20x^3 - 24x^2 + 1;\ f''(x) = 60x^2 - 48x;\ f'''(x) = 120x - 48$
   g) $f'(x) = -\frac{1}{6}x^3 + \frac{1}{2}x^2 - \frac{1}{2};\ f''(x) = -\frac{1}{2}x^2 + x;\ f'''(x) = -x + 1$
   h) $f'(x) = -\frac{1}{3}x^4 - \frac{1}{3}x^3;\ f''(x) = -\frac{4}{3}x^3 - x^2;\ f'''(x) = -4x^2 - 2x$
   i) $f'(x) = \frac{5}{6}x^5 + \frac{11}{6}x^2 - \frac{7}{8}x;\ f''(x) = \frac{25}{6}x^4 + \frac{11}{3}x - \frac{7}{8};\ f'''(x) = \frac{50}{3}x^3 + \frac{11}{3}$

9. a) $f(x) = x^3 + x^2$
   b) $f(x) = x^4 - x^7$
   c) $f(x) = \frac{1}{7}x^7 + \frac{1}{3}x^3$
   d) $f(x) = \frac{1}{5}x^5 - \frac{1}{4}x^4$
   e) $f(x) = \frac{2}{5}x^5 - 2x^4 + \frac{2}{3}x^3$
   f) $f(x) = -\cos(x) - \sin(x)$

10. a) $f(x) = \frac{1}{3}x^3 + \frac{1}{4}x^4$
    b) $f(x) = -\cos(x) + \sin(x)$
    c) $f(x) = \frac{1}{12}x^4 - \frac{1}{20}x^5$

11. $f''(x) = 2x^3 + \cos(x)$
    $f'(x) = \frac{1}{2}x^4 + \sin(x)$
    $f(x) = \frac{1}{10}x^5 - \cos(x)$
    $g(x) = \frac{1}{10}x^5 - \cos(x) + \pi$
    $h(x) = \frac{1}{10}x^5 - \cos(x) + x$

12. a) $f'(x) = 18x^5 - 8x^3;\ f''(x) = 90x^4 - 24x^2;\ f'''(x) = 360x^3 - 48x;$
    $f^{(4)}(x) = 1\,080x^2 - 48;\ f^{(5)}(x) = 2\,160x;\ f^{(6)}(x) = 2\,160;$
    $f^{(7)}(x) = 0$

119   12. b) $f'(x) = 10x^4 - 8 - 4x^3$; $f''(x) = 40x^3 - 12x^2$; $f'''(x) = 120x^2 - 24x$;
$f^{(4)}(x) = 240x - 24$; $f^{(5)}(x) = 240$; $f^{(6)}(x) = 0$

c) $f'(x) = \frac{10}{3}x^4 - 6x^3 + 2$; $f''(x) = \frac{40}{3}x^3 - 18x^2$; $f'''(x) = 40x^2 - 36x$;
$f^{(4)}(x) = 80x - 36$; $f^{(5)}(x) = 80$; $f^{(6)}(x) = 0$

13. a) $f(x) = x^2 + 2x + 1$; $f'(x) = 2x + 2$

b) $f'(x) = -\frac{1}{x^2} + \frac{1}{2\sqrt{x}}$

c) $f(x) = \frac{(x+1)\cdot(x-1)}{x+1} = x - 1$ für $x \neq -1$; $f'(x) = 1$ für $x \neq -1$

d) $63x^2 + 74x$

e) $(3ac)x^2 + (2ad)x + bc$

f) -2

14. a) $v(t) = \dot{s}(t) = v_0 - g\cdot t$; $a(t) = -g$

b) $v = 0$ im Umkehrpunkt $\left(t = \frac{v_0}{g}\right)$ v positiv für $t < \frac{v_0}{g}$ (Steigphase)

v negativ für $t > \frac{v_0}{g}$ (Fallphase)

2.4 Vermischte Übungen

120   1. $f(x) = \sin(x)$: $f^{(2k+1)}(x) = (-1)^k \cos(x)$; $k \in \mathbb{N}$
$f^{(2k)}(x) = (-1)^k \sin(x)$; $k \in \mathbb{N}$
$f(x) = \cos(x)$: $f^{(2k+1)}(x) = (-1)^{k+1} \sin(x)$; $k \in \mathbb{N}$
$f^{(2k)}(x) = (-1)^{k+1} \cos(x)$; $k \in \mathbb{N}$

2. a) $\alpha = 45°$: $x = \frac{1}{8}$; $\alpha = 30°$: $x = \frac{1}{8\sqrt{3}}$;
$\alpha = 60°$: $x = \frac{\sqrt{3}}{8}$; $\alpha = 120°$: $x = -\frac{\sqrt{3}}{8}$;
$\alpha = 135°$: $x = -\frac{1}{8}$

b) $\alpha = 45°$: $x = \pm\sqrt[4]{\frac{1}{15}}$; $\alpha = 30°$: $x = \pm\sqrt[4]{\frac{1}{675}}$;
$\alpha = 60°$: $x = \pm\sqrt[4]{\frac{1}{75}}$; $\alpha = 120°$; $\alpha = 135°$: in keinem Punkt

c) $\alpha = 45°$: $x = 4{,}9$; $\alpha = 30°$: $x = -\frac{1}{\sqrt{300}} + 5$;
$\alpha = 60°$: $x = -\sqrt{\frac{3}{100}} + 5$; $\alpha = 120°$: $x = +\sqrt{\frac{3}{100}} + 5$;
$\alpha = 135°$: $x = -5{,}1$

3. Es gilt: $f(-3) = 9a - 3b + c = 0$
$f(0) = c = -2$
$f'(4) = 8a + b = 1$ $\Rightarrow f(x) = \frac{5}{33}x^2 - \frac{7}{33}x - 2$

120

4. $f'(x) = -3x^2 - 2x + 1$; $g'(x) = 4x - 8$
   Bedingungen für Parallelität: $f'(x) = g'(x)$
   $\Rightarrow -3x^2 + 2x + 1 = 4x - 8$
   $\Leftrightarrow x^2 + 2x - 3 = 0$
   $\Leftrightarrow (x + 3) \cdot (x - 1) = 0 \Rightarrow x_1 = -3; x_2 = 1$

5. (1) $A(r) = \pi r^2$; $A'(r) = 2\pi r$
   Beim Ableiten ergibt sich die Formel für den Kreisumfang.
   (2) $V(r) = \frac{4}{3}\pi r^3$; $V'(r) = 4\pi r^2$
   Beim Ableiten ergibt sich die Formel für die Kugeloberfläche.
   (3) $A(a) = a^2$; $A'(a) = 2a$
   Beim Ableiten ergibt sich die Formel für den halben Umfang.
   (4) $V(h) = \pi r^2 h$; $V'(h) = \pi r^2$
   Beim Ableiten ergibt sich die Formel für den Grundkreis des Zylinders.
   (5) $V(r) = \pi r^2 h$; $V'(r) = 2\pi rh$
   Beim Ableiten ergibt sich die Formel für die Mantelfläche des Zylinders.
   (6) $A(x) = 4x^2$; $A'(x) = 8x$
   Beim Ableiten ergibt sich die Formel für den Umfang.

6. a) $y = -\frac{1}{f'(a)} \cdot (x - a) + f(a)$ b) $\left(0 \mid \frac{a}{f'(a)} + f(a)\right)$ $\left(a + \frac{f(a)}{f'(a)} \mid 0\right)$

   c) parallel zur 2. Achse

7. a) $f(x) = g(x)$ für $x = \frac{7}{2} \pm \frac{3}{2}\sqrt{5}$
   Schnittwinkel in $x = \frac{7}{2} - \frac{3}{2}\sqrt{5}$: $\alpha = 145{,}97°$
   Schnittwinkel in $x = \frac{7}{2} + \frac{3}{2}\sqrt{5}$: $\alpha = 179{,}84°$

   b) $f(x) = g(x)$ für $x = -\frac{1}{2} \pm \sqrt{\frac{33}{4}}$
   Schnittwinkel in $x = -\frac{1}{2} + \sqrt{\frac{33}{4}}$: $\alpha = 3{,}42°$
   Schnittwinkel in $x = -\frac{1}{2} - \sqrt{\frac{33}{4}}$: $\alpha = 0{,}71°$

121

8. a) $S(x) = 13x - 10$ und $f'(x) = 4x + 5 = 13 \Rightarrow x = 2$
   Berührpunkt $B(2 \mid 14)$
   b) $S(x) = 4x + 4 \Rightarrow B\left(\frac{1}{4} \mid \frac{21}{4}\right)$

121

9. a) Tangentengleichung im Punkt $(a|a^2)$ $y = 2ax - a^2$
P($-1|-1$) einsetzen ergibt:
$-1 = -2a - a^2 \Leftrightarrow a^2 + 2a - 1 = 0 \Rightarrow a_1 = -1 + \sqrt{2}; a_2 = -1 - \sqrt{2}$
$\Rightarrow B_1(-1+\sqrt{2}|3-2\sqrt{2}); \quad B_2(-1-\sqrt{2}|3+2\sqrt{2})$
$T_1: y = (-2+2\sqrt{2})x - (3-2\sqrt{2}); \; T_2: y = (-2-2\sqrt{2})x - (3+2\sqrt{2})$

b) M($-1|3$). Die ersten Koordinaten von M und P stimmen überein.

10. a) Da die Steigungen der beiden Tangenten T_1 und T_2 die Bedingung $m_{T_1} \cdot m_{T_2} = -1$ erfüllen müssen, ergibt sich für die Abzissenwerte der Berührpunkte $4a \cdot b = -1$.
Diese Bedingung ist für unendlich viele Punktepaare erfüllt.

b) Bis auf den Ursprung jeder Punkt (siehe a)).

c) Aus Teil a) folgt: $T_1: y = 2ax - a^2$ $T_2: y = -\frac{1}{2a}x - \frac{1}{16a^2}$

d) $\quad 2ax - a^2 = -\frac{1}{2a}x - \frac{1}{16a^2} \quad |\cdot -16a^2$
$32a^3 x - 16a^4 = -8ax - 1$
$(32a^3 + 8a)x = 16a^4 - 1$
$\qquad x = \frac{(4a^2-1)(4a^2+1)}{8a(4a^2+1)}$
$\qquad x = \frac{4a^2-1}{8a}$
$y = 2ax - a^2$
$\; = -\frac{1}{4}$
$S\left(\frac{4a^2-1}{8a}\bigg|-\frac{1}{4}\right)$

Die Schnittpunkte liegen alle auf der Geraden mit der Gleichung $y = -\frac{1}{4}$.

e) Nach Teil a): $b = -\frac{1}{4a}$

f) Berührpunkte: $\left(a \big| a^2\right)$ und $\left(-\frac{1}{4a}\bigg|\frac{1}{16a^2}\right)$
Gerade durch die Berührpunkte:
$y - a^2 = \frac{\frac{1}{16a^2}-a^2}{-\frac{1}{4a}-a}(x-a)$
$y - a^2 = \left(-\frac{1}{4a}+a\right)(x-a)$
$y - a^2 = \left(-\frac{1}{4a}+a\right)x + \frac{1}{4} - a^2$
$\quad\; y = \left(-\frac{1}{4a}+a\right)x + \frac{1}{4}$

Schnittpunkt mit der 2. Achse: $\left(0 \big| \frac{1}{4}\right)$

11. a) Mit p_1, p_2 als Abszissenwerte der Punkte P_1, P_2 ($p_1 > p_2$) ergibt sich als Sekantensteigung: $m_{sek} = p_1 + p_2$.

Damit hat die Tangente den Berührpunkt $B\left(\frac{1}{2}(p_1 + p_2) \mid y\right)$. Auf der Parallelen zur 2. Achse liegen also alle Punkte mit dem Abzissenwert $\frac{1}{2}(p_1 + p_2)$.

Der Mittelpunkt der Sehne hat die Koordinaten $\left(\frac{1}{2}p_1 + p_2\right)$ und $\frac{1}{2}\left(p_1^2 + p_2^2\right)$, liegt also auf der Parallelen.

b) Sei $f(x) = x^3 \Rightarrow m_{sek} = p_1^2 + p_1 p_2 + p_2^2$;

$B = \left(\sqrt{\frac{1}{3}(p_1^2 + p_1 p_2 + p_2^2)} \mid y\right)$.

Parallel zur 2. Achse hat Abszissenwerte $\sqrt{\frac{1}{3}(p_1^2 + p_1 p_2 + p_2^2)}$ und nicht $\frac{1}{2}(p_1 + p_2)$ (z. B. für $p_1 = 0$; $p_2 = 1$).

12. *Rechnerische Herleitung*

Für die Tangente in $P(a \mid \sqrt{a})$ gilt:

T: $y = \frac{1}{2\sqrt{a}}x + \frac{1}{2}\sqrt{a}$

Da die Normale senkrecht auf T steht, gilt:

$m_{Nor} = -2\sqrt{a} \Rightarrow$

N: $y = -2\sqrt{a}\,x + (1 + 2a)\sqrt{a}$

Schnittpunkt:

$0 = -2\sqrt{a}\,x + (1 + 2a)\sqrt{a}$

$\Rightarrow x = a + \frac{1}{2}$

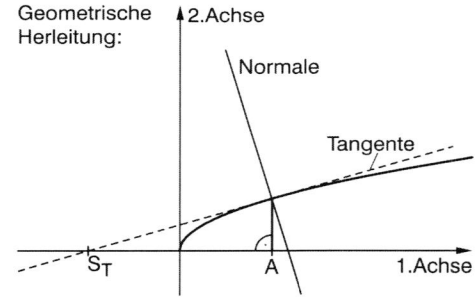

Geometrische Herleitung

Der Schnittpunkt der Tangente mit der 1. Achse liegt in $S_T(-a \mid 0)$.

Damit gilt: $\overline{S_T A} = 2a$.

Ferner ist die Strecke $\overline{AP}$ die Höhe im Dreieck $S_T S_N P$ auf $\overline{S_T S_N}$.

Aus dem Höhensatz ergibt sich:

$\left(\sqrt{a}\right)^2 = 2a \cdot \overline{AS_N}$, also $\overline{AS_N} = \frac{1}{2}$ Damit: $\overline{S_N} = \left(a + \frac{1}{2} \mid 0\right)$

Konstruktionsvorschrift:
– Fälle das Lot auf die 1. Achse durch P. Der Fußpunkt heiße A.
– Verschiebe den Punkt A um $\frac{1}{2}$ in Richtung der positiven 1. Achse. Der Bildpunkt heiße S_N.
– Zeichne die Gerade PS_N.
– Die zu dieser Geraden Senkrechte durch P ist die Tangente.

121

13. Gleichung der Normalen im Punkt $P(a \mid a^2 - 2{,}75)$: $y = -\frac{1}{2a}x + a^2 - 2{,}25$

   a) $(0 \mid 0)$ liegt auf n: $0 = a^2 - 2{,}25$; also $a = \frac{3}{2}$ oder $a = -\frac{3}{2}$; also
   $P_1\left(\frac{3}{2} \mid -\frac{1}{2}\right)$; $P_2\left(-\frac{3}{2} \mid -\frac{1}{2}\right)$

   b) $(0 \mid -2)$ liegt auf n: $-2 = a^2 - 2{,}25$; also $a = \frac{1}{2}$ oder $a = -\frac{1}{2}$; also
   $P_1\left(\frac{1}{2} \mid -2{,}5\right)$; $P_2\left(-\frac{1}{2} \mid -2{,}5\right)$

14. a) Schnittpunkt der Graphen: $S(1, 1)$ $T_1(x) = 2x - 1 \Rightarrow S_{T_1}(0 \mid -1)$
    $T_2(x) = 3x - 2 \Rightarrow S_{T_2}(0 \mid -2)$

   b) $F = \frac{1}{2} \cdot 1 \cdot 1 = \frac{1}{2}$

122

15. Aus $2a \cdot \frac{1}{2\sqrt{b}} = -1$ folgt $a = -\sqrt{b}$

16. a) $\frac{1}{2\sqrt{a}}x + \frac{1}{2}\sqrt{a} = \frac{1}{2\sqrt{b}}x + \frac{1}{2}\sqrt{b} \Rightarrow x = \sqrt{a \cdot b} \Rightarrow S\left(\sqrt{a \cdot b}; \frac{1}{2}(\sqrt{a} + \sqrt{b})\right)$

   b) $-2\sqrt{a}x + \sqrt{a}(1 + 2a) = -2\sqrt{b}x + \sqrt{b}(1 + 2b)$
   $\Rightarrow x = \frac{\sqrt{b}(1+2b) - \sqrt{a}(1+2a)}{2(\sqrt{b} - \sqrt{a})} = a + b + \sqrt{ab} + \frac{1}{2}$
   $\Rightarrow S\left(a + b + \sqrt{ab} + \frac{1}{2}; -2(a\sqrt{b} + b\sqrt{a})\right)$

17. Tangente an $f(x) = \sqrt{x}$ hat die positive Steigung $f'(x) = \frac{1}{2\sqrt{x}}$.
   Dagegen hat die Tangente an $f(x) = \frac{1}{x}$ die negative Steigung $f'(x) = -\frac{1}{x^2}$.

18. Fenster wählen: Gleiche Achsenskalierung z. B. mit Zoom sqV:

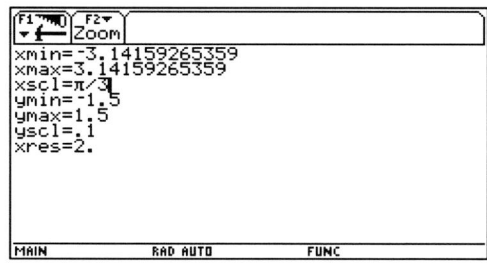

1. Zoombox   2. Zoombox

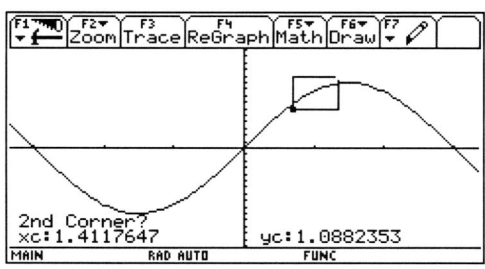 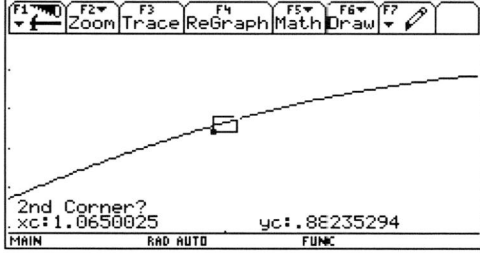

122

18. 1. Punkt   2. Punkt

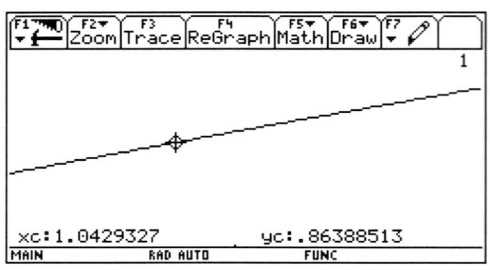 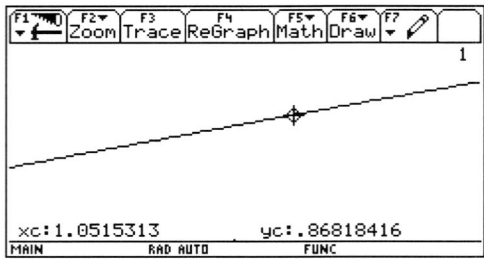

$m = \frac{y_2 - y_1}{x_2 - x_1} \approx 0{,}5$ für die Stelle $\frac{\pi}{3}$.

Für die Stelle $-\frac{2}{3}\pi$ erhält man $m \approx -0{,}5$.

Das Verfahren liefert immer dann sehr gute Werte, wenn die Punkte sehr nah beieinander liegen.

19. Tangentengleichung: $y = -\frac{1}{2}x - \frac{1}{3}\pi - \frac{1}{2}\sqrt{3}$

Mithilfe einer Tabelle kann man z. B. das Intervall $\left[-\frac{2}{3}\pi - \frac{1}{30}\pi;\ -\frac{2}{3}\pi + \frac{1}{30}\pi\right]$ finden.

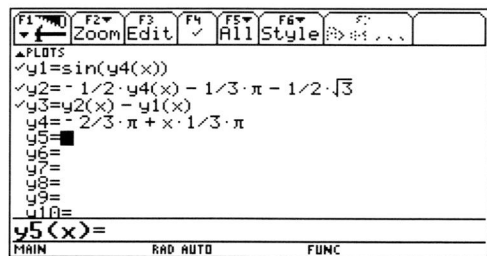

20. $f'(x) = 9x^2 - 5$

$f'\left(\sqrt{\frac{5}{3}}\right) = 9 \cdot \frac{5}{3} - 5 = 10$

Tangentengleichung: $y = 10x - 10\sqrt{\frac{5}{3}}$ $y \approx 10x - 12{,}9$

Die Ungenauigkeit des Rechners liegt daran, dass man die Stelle $\sqrt{\frac{5}{3}}$ nicht genau trifft. Wenn man jedoch mit Zoom arbeitet, kann man die Genauigkeit verbessern.

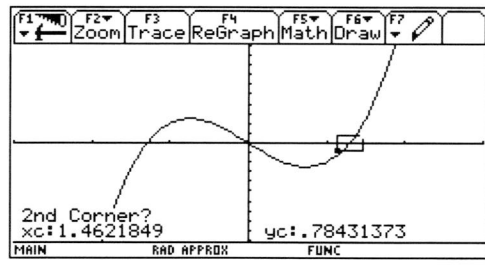 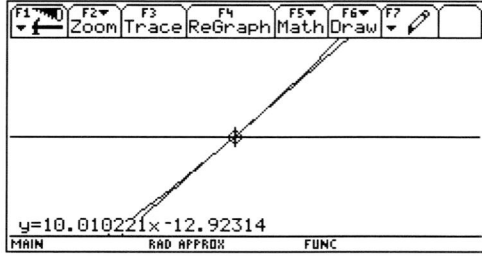

122   **21.** Vermutung: Der Berührpunkt an die innere Parabel ist der Mittelpunkt der Strecke zwischen den beiden Schnittpunkten der äußeren Parabel.
Beweis:
$f(x) = x^2$ und $g(x) = x^2 - k$

Tangentengleichung an den Punkt $\left(a \mid a^2\right)$: $y = 2ax - a^2$

Schnittpunkt mit dem Graphen von $g(x)$:
$x^2 - k = 2ax - a^2$
$x^2 - 2ax + a^2 - k = 0 \qquad x_{1/2} = a \pm \sqrt{k}$
$\qquad\qquad\qquad\qquad\qquad x_1 = a + \sqrt{k}, \quad x_2 = a - \sqrt{k}$

$S_1\left(a + \sqrt{k} \mid a^2 + 2a\sqrt{k}\right)$, $S_2\left(a - \sqrt{k} \mid a^2 - 2a\sqrt{k}\right)$

Mittelpunkt der Strecke $S_1 S_2$: $\left(a \mid a^2\right)$

123   **22.** a)

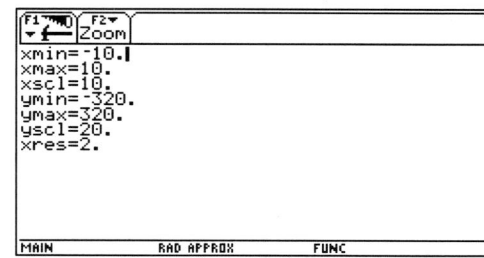

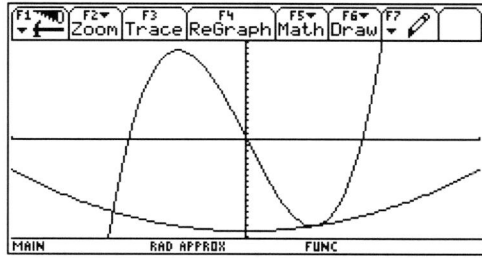

b)

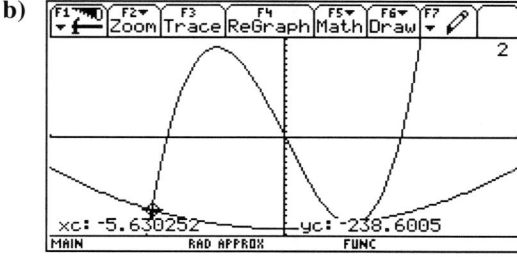

123

22. b)

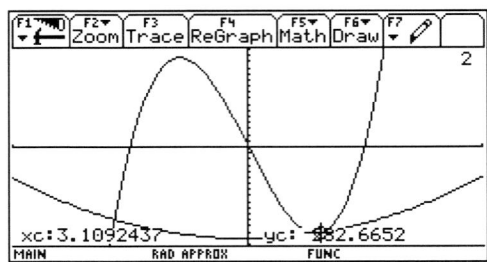

Rechnerische Überprüfung:
f(−5,63) ≈ −222,22   g(−5,63) ≈ −238,61
f(3,11) ≈ −282,02   g(3,11) ≈ −282,66

Verbesserung mit Zoom ergibt:
f(−5,666) ≈ −237,49   g(−5,66) ≈ −237,79
f(3) = −284   g(3) = −284

c) Gemeinsame Tangente wird in P(3 | −284) vermutet.
Gleichung der Tangente an den Graphen von f bzw. von g sind identisch: y = 12x − 320

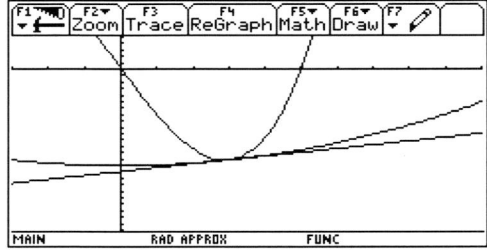

23. a) f1(x) ist die Ableitungsfunktion von f.

b) Aus der Punkt-Steigungs-Form ergibt sich
mit y = t(a) und $x_1 = a$ sowie $y_1 = f(a)$
t(a) − f(a) = m(x − a)
Setzt man für m nun die Ableitung an der Stelle a ein, erhält man
t(a) − f(a) = f1(a)(x − a), also t(a) = f1(a)(x − a) + f(a)

c) $f'(x) = 6x^2 - 3$

$f'\left(\sqrt{\frac{3}{2}}\right) = 9 - 3 = 6$

$f\left(\sqrt{\frac{3}{2}}\right) = 3 \cdot \sqrt{\frac{3}{2}} - 3\sqrt{\frac{3}{2}} = 0$

Einsetzen in die Punkt-Steigungs-Form ergibt

$t(a) - 0 = 6\left(x - \sqrt{\frac{3}{2}}\right)$

$t(a) = 6x - 6\sqrt{\frac{3}{2}}$

$t(a) = 6x - 3\sqrt{6}$

123

23. d)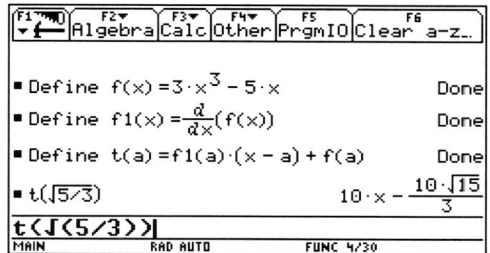

e)

Fenster für AUTO und EXACT identisch

Fenster für APPROXIMATE

24. a) (1) $\overline{v}(t) = \frac{1}{2} g \sin(\alpha(t_2 + t_1))$

   (2) $v(t) = (g \cdot \sin(\alpha)) \cdot t_0$

   (3) $\dot{s}(t) = g \cdot \sin(\alpha \cdot t)$

   (4) $\overline{a}(t) = \frac{g \cdot \sin(\alpha(t_2 - t_1))}{t_2 - t_1} = g \sin(\alpha)$

   (5) $a = g \sin(\alpha)$

   (6) $a = \ddot{s}(t) = g \sin(\alpha)$

   b) $\alpha = 0°$ keine Bewegung; $\alpha = 90°$ freier Fall

124

25. a) $f(t) = 1 \cdot 1{,}5^t$, f(t) in der Einheit 10 000 Tiere, t in der Einheit Wochen.

   b) $f(5) \approx 7{,}6$, d. h. etwa 76 000 Tiere; $f(10) \approx 58$, d. h. etwa 580 000 Tiere.

   c) $\frac{f(5)-f(0)}{5} \approx 1{,}32$; also innerhalb dieser Zeit durchschnittliche Zunahme von 13 000 Tieren/Woche;

   $\frac{f(10)-f(0)}{10} \approx 5{,}7$; also innerhalb dieser Zeit durchschnittliche Zunahme von 57 000 Tieren/Woche;

124

25. d)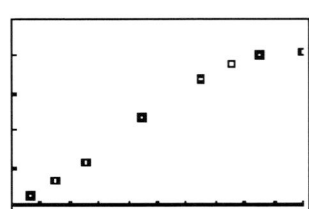

26. a)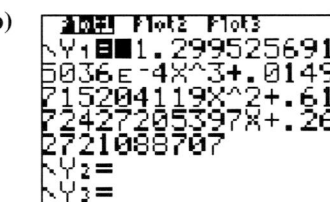

b)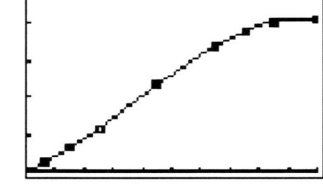

c) 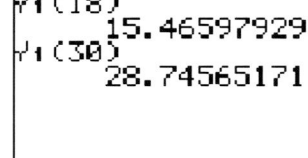   Es waren im Jahr 2000 etwa 15 Millionen höchstens 18 Jahre alt und etwa 29 Millionen höchstens 30 Jahre alt.

d) Die Ableitung $f'(t) = \lim\limits_{t \to t_0} \frac{f(t)-f(t_0)}{t-t_0}$ gibt näherungsweise an, wie viel Deutsche genau t_0 Jahre alt sind.

$f'(6) \approx 780\,000$; $f'(15) \approx 980\,000$; $f'(25) \approx 1\,120\,000$;
$f'(45) \approx 1\,180\,000$; $f'(65) \approx 920\,000$; $f'(75) \approx 670\,000$;
$f'(85) \approx 350\,000$; $f'(100) \approx -290$. (Sinnloser Wert! Es gibt keine negative Anzahl an Personen.)

e) $f'(6) \approx 1\,470\,000$; $f'(15) \approx 1\,360\,000$; $f'(25) \approx 1\,240\,000$;
$f'(45) \approx 990\,000$; $f'(65) \approx 750\,000$; $f'(75) \approx 630\,000$;
$f'(85) \approx 500\,000$; $f'(100) \approx 320\,000$.

125

27. a) Sie nimmt betragsmäßig zu im Bereich von 0 < t < 4; dann nimmt sie betragsmäßig fast plötzlich ab und bleibt dann konstant, bis der Springer den Boden erreicht.

b)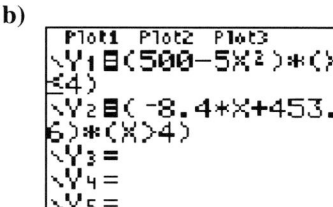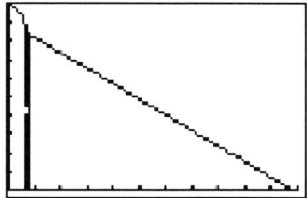

Das GTR-Schaubild zeigt nicht die „Abrundung" bei der 4. Sekunde, d.h., bei der kleinen Zeitspanne, in der sich der Fallschirm öffnet.

c)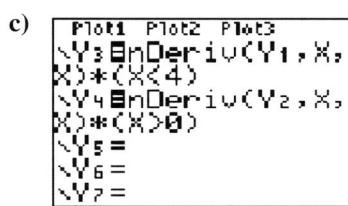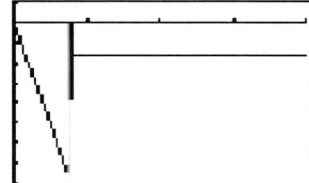

d) $v(t) = f'(t) = \begin{cases} -10t & \text{für } 0 \leq t \leq 4 \\ -8,4 & \text{für } t > 4 \end{cases}$; die Geschwindigkeit ist nach Definition negativ, da die entsprechenden Steigungen bei dem ursprünglichen Schaubild negativ sind. Die Funktion v ist an der Stelle t = 4 unstetig. Der Springer kommt mit −8,4 m/s auf dem Boden an, seine dem Betrag nach größte Geschwindigkeit hat er bei t = 4 s. Danach wird der Springer fast ruckartig von −40 m/s auf −8,4 m/s abgebremst.

28. a) Den Ursprung (0 | 0)

b) Steigung 0: $\quad 2x - p = 0 \Leftrightarrow p = 2x \Rightarrow y = x^2$

Steigung 1: $\quad 2x - p = 1 \Leftrightarrow p = 2x - 1 \Rightarrow y = -x^2 + x$

Steigung (−1): $\quad 2x - p = -1 \Leftrightarrow p = 2x + 1 \Rightarrow y = -x^2 - x$

c) $T_p(x) = (2a - p)x - a^2 \Rightarrow S(0; -a^2)$

$T_N(x) = -\frac{1}{2a-p}x + \frac{2a^3 - 3pa^2 + p^2a + a}{2a-p} \Rightarrow S = \left(0; \frac{2a^3 - 3pa^2 - p^2a + a}{2a-p}\right)$

29. a) $2a - p = 1$ also $p = 3$ und $p = -5$
$\quad a^2 = 4 \qquad\qquad a = 2 \qquad\qquad a = -2$

b) $2a - p = -4$ also $p = 6$ und $p = 2$
$\quad a^2 = 1 \qquad\qquad a = 1 \qquad\qquad a = -1$

125

30. Außer der trivialen Lösung p = 1 ($f_p(x) = x$) gibt es eine weitere Lösung, die man wie folgt bestimmen kann:

$f(x) = f_p(x)$: $\quad x^3 - px^3 + px^2 - 1 = 0 \quad$ I.

$f'(x) \cdot f_p'(x) = -1$: $\quad x^3 - 2x + 2px - p = 0 \quad$ II.

$x = 1 / x = -1 / p = 1$ erfüllt I. und II.

$\overline{\text{I.}} \ p = \frac{1-x^3}{x^2-x^3}$ ($x \neq 0$, $x \neq 1$) $\quad \overline{\text{II.}} \ p = \frac{x^2-2x}{1-2x}$ ($x \neq \frac{1}{2}$ ($x = \frac{1}{2}$ erfüllt II nicht))

$\overline{\text{I}} = \overline{\text{II}}$: $\frac{1-x^3}{x^2-x^3} = \frac{x^2-2x}{1-2x} \quad (1-2x)(1-x^3) = (x^2-2x) \cdot (x^2-x^3)$

$x^5 - x^4 + x^3 - 2x + 1 = 0$

$x = \pm 1$ ist Lösung (vgl. oben), also Polynomdivision:

$(x^5 - x^4 + x^3 - 2x + 1) : (x^2 - 1) = x^3 - x^2 + 2x + 1$

$x^3 - x^2 + 2x - 1 = 0$ hat genau eine Nullstelle, und zwar im Intervall [0,5; 0,6]. Näherungslösung (Halbierungsverfahren):
$x \approx 0{,}5698403$ führt auf $p \approx 5{,}834473$

31. Die gesuchte Punktmenge ist $\{(x \mid y)$ mit $x \neq 0$ und $y = \frac{1}{4}\}$

(punktierte Gerade)

Zum Lösungsweg:

$f_p(x) = h_q(x)$: $px^2 = -x^2 + q \Leftrightarrow q = px^2 + x^2 \quad$ (I*)

$f_p'(x) \cdot h_q'(x) = -1$: $2px \cdot (-2x) = -1$ (II) $\Leftrightarrow px^2 = \frac{1}{4} \quad$ (II*)

Da $f_p(x) = \underset{\underset{\text{II*}}{\uparrow}}{px^2} = \frac{1}{4}$, muss jeder Lösungspunkt die 2. Koordinate $\frac{1}{4}$ haben.

Als 1. Koordinate kommt jedes $x \in \mathbb{R} \setminus \{0\}$ vor, denn: $x = 0$ erfüllt II nicht und zu jedem $x \neq 0$ gibt es ein p und ein q, sodass (I) und (II) erfüllt ist, nämlich: $p = \frac{1}{4x^2}$ und $q = \frac{1}{4} + x^2$.

Blickpunkt

126

1. a)
$$T(x) = \begin{cases} T_1(x) = 0 & \text{für } 0 \leq x \leq 7664 \\ T_2(x) = (883{,}74 \cdot 0{,}0001(x - 7664) + 1500) \cdot 0{,}0001(x - 7664) & \text{für } 7664 < x \leq 12739 \\ T_3(x) = (228{,}74 \cdot 0{,}0001(x - 12739) + 2397) \cdot 0{,}0001(x - 12739) + 989 & \text{für } 12739 < x \leq 52151 \\ T_4(x) = 0{,}42 \cdot x - 7914 & \text{für } 52151 < x \end{cases}$$

126 1. a)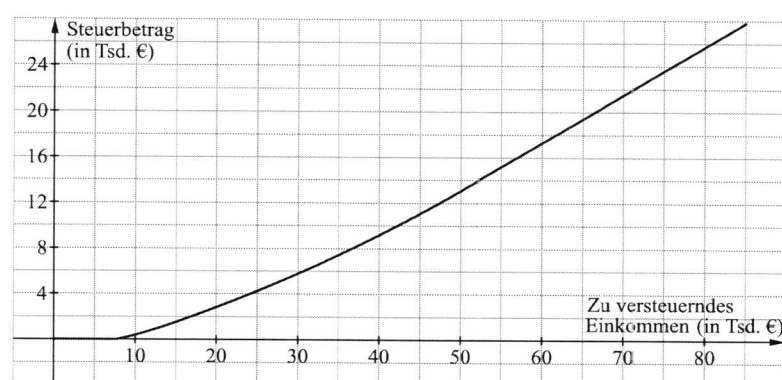

Es ist $T_1(7\,664) = 0$ und für $x \to 7\,664$ gilt $T_2(x) \to 0$,
$T_2(12\,739) \approx 988{,}86$ und für $x \to 12\,739$ gilt $T_3(x) \to 989$,
$T_3(52\,151) \approx 13\,989{,}09$ und für $x \to 52\,151$ gilt $T_4(x) \to 13989{,}42$.
Daher hat die Funktion T an den Stellen 12 739 und 52 151 Sprungstellen.

b) Die Schaubilder zu $\frac{T_1(x)}{x}$, $\frac{T_2(x)}{x}$, $\frac{T_3(x)}{x}$ und $\frac{T_4(x)}{x}$ sind (auf ihren Definitionsmengen) monoton steigend, wie man anhand der Ableitungen erkennt. Da das Schaubild von T ebenfalls monoton steigt, steigt die Durchschnittsbelastung $\frac{T(x)}{x}$ mit steigendem Einkommen x.

Es ist für große x: $\frac{T(x)}{x} = \frac{T_4(x)}{x} = 0{,}42 - \frac{7914}{x}$. Da $\frac{7914}{x}$ für $x \to \infty$ gegen 0 strebt, strebt die Durchschnittsbelastung für $x \to \infty$ gegen $0{,}42 = 42\%$.

c) Bei einem Einkommen von a Euro muss Frau Wohlgemuth T(a) Euro Steuern zahlen.
Bei einem Einkommen von a + h Euro muss Frau Wohlgemuth T(a + h) Euro Steuern zahlen, also zusätzlich T(a + h) − T(a) Euro.
Der Anteil der Steuern am Einkommenszuwachs h beträgt somit $\frac{T(a+h)-T(a)}{h}$.

Geometrisch kann man diesen Quotienten als Steigung der Sekante durch die Punkte A(a | T(a)) und B(a + h | T(a + h)) des Schaubilds der Steuerfunktion interpretieren.

d) Das „Verhältnis zwischen der Änderung des Steuerbetrages und der Änderung des zu versteuernden Einkommens" kann mithilfe des Quotienten $\frac{T(a+h)-T(a)}{h}$ beschrieben werden, wobei h die Änderung des zu versteuernden Einkommens bezeichnet.
Für $h \to 0$ erhält man die Ableitung T'(a) von der Steuerfunktion T an der Stelle a als Grenzwert dieses Differenzenquotienten.
Der Grenzsteuersatz ist somit die erste Ableitung T' der Steuerfunktion T.
An den Sprungstellen der Steuerfunktion kann die Ableitung nicht gebildet werden.

126 1. d) Es ist $T_1'(x) = 0$, $T_2'(x) = 1,76748 \cdot 10^{-5} \cdot x + 0,0145403328$,

$T_3'(x) = 4,5748 \cdot 10^{-6} \cdot x + 0,1814216228$, $T_4' = 0,42$.

T_2' und T_3' sind streng monoton steigend. Für $x \to 12\,739$ gilt

$T_2'(x) \to 0,23969961$;

für $x \to 52\,151$ gilt $T_3'(x) \to 0,4200020176 \approx 0,42$.
Daher ist $0,4200020176$ größter Grenzsteuersatz.

127 2. a) Da die Steuerfunktion T abschnittsweise durch lineare bzw. quadratische Funktionen definiert ist, ist die Ableitung der Steuerfunktion (Grenzsteuersatz) abschnittsweise linear. An den Sprungstellen der Steuerfunktion ist die Ableitung nicht definiert.
Der Eingangssteuersatz gibt an, welcher Anteil des über 7 664 € hinaus gehenden zu versteuernden Einkommens „anfangs" als Steuer abgeführt werden muss.
Als Eingangssteuersatz wird in der Grafik 15% angegeben. Diesen Wert erhält man rechnerisch mit
$T_2(x) = (883,74 \cdot 0,0001(x - 7\,664) + 1\,500) \cdot 0,0001(x - 7\,664)$ aus
Aufgabe 1:
Für $x \to 7\,664$ gilt $T_2'(x) \to 0,15 = 15\%$.
Als Spitzensteuersatz wird in der Grafik 42% angegeben.
Für $T_4(x) = 0,42 \cdot x - 7\,914$ aus Aufgabe 1 gilt $T_4'(x) = 0,42 = 42\%$.
Allerdings gilt für $x \to 52\,151$: $T_3'(x) \to 0,4200020176 \approx 0,42$.
Die Durchschnittsbelastung ergibt sich als $\frac{T(x)}{x}$.

b) Die Steuerfunktion ist für $7\,664 < x < 12\,739$ und für
$12\,739 < x < 52\,151$ jeweils streng monoton steigend, da die Ableitungsfunktion jeweils größer als 0 ist.
Da die Ableitungsfunktion sogar für $7\,664 < x < 12\,739$ und für
$12\,739 < x < 52\,151$ jeweils selbst (linear) monoton steigt, ist das Schaubild von T in diesen Intervallen jeweils linksgekrümmt, d. h., das Schaubild von T weist ein Wachstumsverhalten auf, das stärker als lineares Wachstum ist. Das bedeutet, dass $\frac{T(x)}{x}$ streng monoton steigt. Man spricht von einem progressivem Verlauf des Schaubilds von T.
Da die Ableitungsfunktion für $7\,664 < x < 12\,739$ und für
$12\,740 < x < 52\,151$ jeweils linear monoton steigt, bezeichnet man den Verlauf des Schaubilds von T in diesen Abschnitten als „linear-progressiv".
Aufgrund der unterschiedlichen Steigungen von T_2' und T_3' für
$7\,664 < x < 12\,739$ und für $12\,740 < x < 52\,151$ kann man diese Intervalle als Progressionsbereiche unterscheiden.

127

2. c) Beträgt das zu versteuernde Einkommen a + 1 Euro, so beträgt der Anteil, mit dem der letzte hinzuverdiente Euro zusätzlich belastet wird, (T(a + 1) − T(a)) / 1. Dieser Differenzenquotient stimmt *näherungsweise* mit der Ableitung T′(a), also dem Grenzsteuersatz für das Einkommen a überein.

3. Beträgt das gesamte zu versteuernde Einkommen beider Ehepartner x Euro, so beträgt die zu entrichtende Steuer gemäß dem Splittingverfahren $S(x) = 2 \cdot T\left(\frac{x}{2}\right)$ Euro.
Hieraus ergibt sich die folgende abschnittsweise definierte Steuerfunktion:

$$S(x) = \begin{cases} S_1(x) = 0 & \text{für } 0 < x \leq 15328 \\ S_2(x) = 2 \cdot \left(\left(883,74 \cdot 0,0001\left(\frac{x}{2} - 7664\right) + 1500\right) \cdot 0,0001\left(\frac{x}{2} - 7664\right)\right) & \text{für } 15328 < x \leq 25478 \\ S_3(x) = 2 \cdot \left(\left(228,74 \cdot 0,0001\left(\frac{x}{2} - 12739\right) + 2397\right) \cdot 0,0001\left(\frac{x}{2} - 12739\right) + 989\right) & \text{für } 25478 < x \leq 104302 \\ S_4(x) = 2 \cdot (0,21 \cdot x - 7914) & \text{für } 104302 < x \end{cases}$$

Ein Vergleich der Schaubilder der Grenzsteuer zeigt, das die Grenzsteuer nach dem Splittingverfahren für 7 665 < x < 104 304 geringer ist, als wenn das gesamte zu versteuernde Einkommen x beider Eheleute zusammen gemäß der Steuerfunktion T zu versteuern wäre.

4. a) Da wegen der Monotonie $\left(\frac{T(x)}{x}\right)' > 0$ ist, gilt $T'(x) \cdot x - T(x) \geq 0$, also $T'(x) \geq \frac{T(x)}{x}$, $x > 0$.
Ökonomisch bedeutet dies, dass die Steuerbelastung des letzten verdienten Euros höher ist als die durchschnittliche Steuerbelastung des Gesamteinkommens.

b) Ist $\frac{T(x)}{x}$ konstant für alle x > 0, so heißt der Steuertarif *proportional*.
Fällt $\frac{T(x)}{x}$ monoton für alle x > 0, so heißt der Steuertarif *regressiv*.

c) Die Mehrwertsteuer beträgt für die meisten Güter zzt. 16% des Warennettowertes, also $\frac{T(x)}{x} = 0,16$. Daher ist die Mehrwertsteuer ein Beispiel für einen proportionalen Steuertarif.

5. a) Abgebildet sind die Schaubilder der Grenzbelastung $(T'(x))$ sowie der Durchschnittsbelastung $\left(\frac{T(x)}{x}\right)$ für die (historischen) Steuertarife von 1985 bzw. 1990.
Da für Einkommen ab etwa 5 600 DM das Schaubild der Durchschnittsbelastung des Steuertarifs von 1990 unter dem Schaubild der Durchschnittsbelastung des Steuertarifs von 1985 verläuft, bedeutete der Wechsel des Steuertarifes im Jahr 1990, dass für entsprechende Einkommen nach dem neuen Tarif geringere Steuern gezahlt werden mussten als nach dem Tarif ab 1985.

128 5. a) Im Einzelnen ergaben sich folgende Entlastungen:

zu versteuerndes Einkommen (in DM)	Durchschnittsbelastung Tarif		Steuer (in DM)		Steuerersparnis (in DM)
	1985	1990	1985	1990	
10 000	≈ 11,5 %	≈ 7,5 %	≈ 1 150	≈ 750	≈ 400
40 000	≈ 25 %	≈ 20 %	≈ 10 000	≈ 8 000	≈ 2 000
120 000	≈ 42,5 %	≈ 34 %	≈ 51 000	≈ 40 800	≈ 10 200

b) Häufig wird von Arbeitnehmerseite bei Einkommenstarifverhandlungen (unter anderem) ein sogenannter Inflationsausgleich gefordert, der die Einkommenserhöhung der Erhöhung des allgemeinen Preisniveaus anpassen soll: Sind beispielsweise die Preise für die allgemeine Lebenshaltung durchschnittlich um 2% gestiegen, so wird eine entsprechende Erhöhung der Löhne gefordert, um so die Kaufkraft des Einkommens zu sichern.
Allerdings nimmt wegen der monoton steigenden steuerlichen Durchschnittsbelastung der Anteil der Steuern am gesamten zu versteuernden Einkommen (nach Überschreiten des Grundfreibetrages) zu, so dass (trotz des Inflationsausgleichs) das nach Abzug der Steuern nunmehr real verfügbare Einkommen geringer ist.

129 6. a) Die Anbieter haben u. a. aufgrund der betrieblichen Kostenstrukturen vor der Einführung der Steuer zum Preis p pro hergestellter Einheit des Wirtschaftsgutes die Menge x angeboten (Angebotsfunktion A). Die Einführung der Mengensteuer t pro Einheit, die von den Anbietern getragen werden muss, wirkt für die Anbieter wie eine Kostenerhöhung. Daher werden sie – alles andere als unverändert unterstellt – dieselbe Menge x nach Einführung der Mengensteuer nur noch zum Preis p + t anbieten. Das bedeutet eine Verschiebung des Schaubilds der Angebotsfunktion um t nach oben (Angebotsfunktion A_t).

b) Der neue Gleichgewichtspunkt ergibt sich als Schnittpunkt der verschobenen Angebotskurve mit der (unveränderten) Nachfragekurve. Der neue Gleichgewichtspreis p_t und die neue Gleichgewichtsmenge x_t ergeben sich somit aus der Gleichung $p_N - n \cdot x = p_t = p_A + a \cdot x + t$ zu

$$x_t = \frac{p_N - p_A - t}{a+n} \quad \text{und} \quad p_t = \frac{p_N \cdot a + (p_A + t) \cdot n}{a+n}.$$

Das hiermit verbundene Steueraufkommen T beträgt $T = t \cdot x_t$. Es ist in der Abbildung als rotes Rechteck dargestellt.

129   6. c) Es ist $T(t) = t \cdot x_1 = \dfrac{t \cdot (p_N - p_A - t)}{a+n} = \dfrac{p_N - p_A}{a+n} \cdot \dfrac{t-1}{(a+r) \cdot t^2}$.

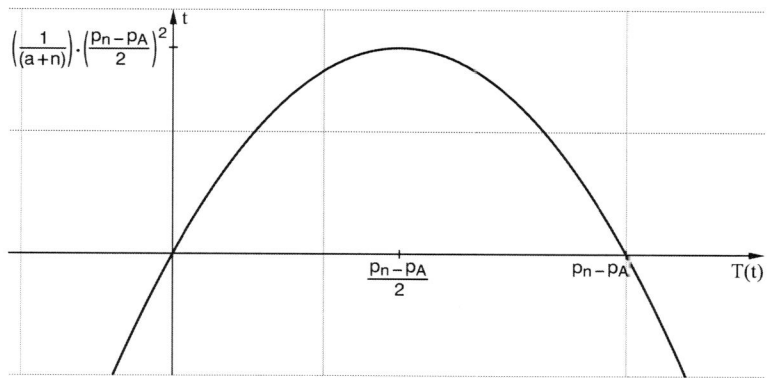

Das Schaubild von T ist eine nach unten geöffnete Parabel mit den Achsenschnittstellen 0 und $(p_N - p_A)$.

Der Scheitelpunkt hat die Koordinaten $\left(\dfrac{(p_N - p_A)}{2} \,\middle|\, \dfrac{(p_N - p_A)^2}{4 \cdot (a+n)} \right)$.

$T(t)$ wird für $t = \dfrac{(p_N - p_A)}{2}$ maximal. Es ist $T_{max} = \dfrac{(p_N - p_A)^2}{4 \cdot (a+n)}$.

3. FUNKTIONSUNTERSUCHUNGEN

3.1 Extremstellen

3.1.1 Lokale und globale Extrema

137

2. A lokaler Hochpunkt, C globaler Hochpunkt.
   Ein globaler Hochpunkt ist der höchste Punkt des Schaubildes auf dem gesamten Definitionsbereich, der lokale Hochpunkt dagegen nur in einer Umgebung des lokalen Hochpunktes.

3. a) lokaler Hochpunkt H (0 | 5)
      zwei globale Tiefpunkte T_1 (−3,5 | 0,5), T_2 (3,5 | 0,5)
   b) lokaler Hochpunkt H (1 | 0),   lokaler Tiefpunkt T (3 | 4)
   c) lokaler Tiefpunkt T (2 | 1),   lokaler Hochpunkt H (4 | 5)

4. a) f (x) > −1 für x ≠ −2,
      f (x) = −1 für x = −2,
      d. h. f hat an der Stelle x = −2 das globale Minimum −1.
   b) $f(x) = -(x^2 - 6x) - 5 = -(x-3)^2 + 4$
      f (x) < 4 für x ≠ 3,
      f (x) = 4 für x = 3,
      d. h. f hat an der Stelle x = 3 das globale Maximum 4.
   c) f (x) = 0 für x = −2 und x = 2,
      f (x) > 0 für x ∈ ℝ \ {−2; 2},
      d. h. f hat an den Stellen x = −2 und x = 2 jeweils das Minimum 0.
   d) Anhand des Schaubildes von f vermuten wir, dass an der Stelle x = 1 ein globales Minimum liegt.
      Wir zeigen: f (x) ≥ f (1) für alle x > 0,
      also $x + \frac{1}{x} \geq 2$ | · x > 0

      $x^2 + 1 \geq 2x$

      $x^2 - 2x + 1 \geq 0$ | 2. binomische Formel

      $(x-1)^2 \geq 0$

      Die letzte Ungleichung ist für alle x ∈ ℝ richtig, der Rückschluss gelingt für x > 0. Damit ist die Vermutung bewiesen.

137

5. a)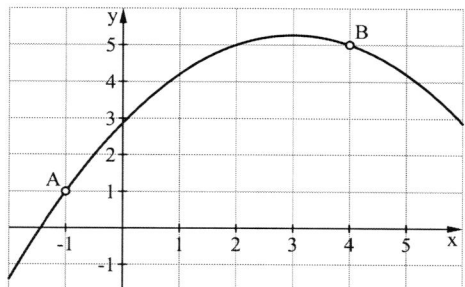

b)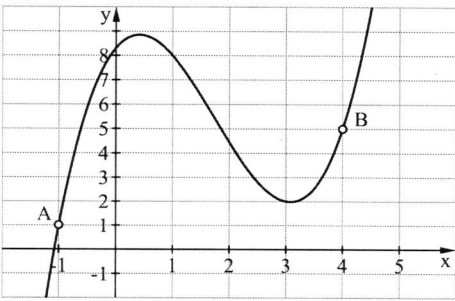

6. a) 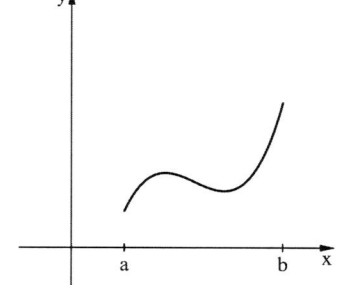   b)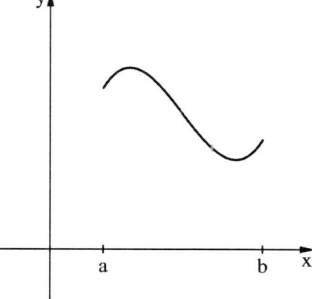

c)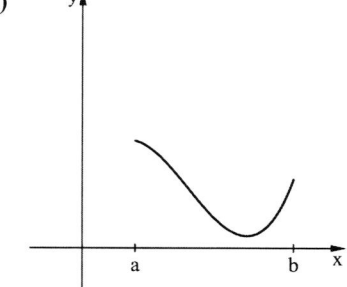

3.1.2 Notwendiges Kriterium für Extremstellen

2. $T(x_e | f(x_e))$ ist ein Tiefpunkt des Schaubildes von f. Dann gilt für alle x aus einer Umgebung U von x_e: $f(x) \geq f(x_e)$, bzw. $f(x) - f(x_e) \geq 0$.

Wir betrachten den Differenzenquotienten $\frac{f(x)-f(x_e)}{x-x_e}$:

Für $x < x_e$, also $x - x_e < 0$, gilt: $\frac{f(x)-f(x_e)}{x-x_e} \leq 0$.

Für $x > x_e$, also $x - x_e > 0$, gilt: $\frac{f(x)-f(x_e)}{x-x_e} \geq 0$.

Da f an der Stelle x_e differenzierbar ist, existiert der Grenzwert $\lim\limits_{x \to x_e} \frac{f(x)-f(x_e)}{x-x_e}$.

Für $x < x_e$ gilt: $\lim\limits_{x \to x_e} \frac{f(x)-f(x_e)}{x-x_e} \leq 0$.

Für $x > x_e$ gilt: $\lim\limits_{x \to x_e} \frac{f(x)-f(x_e)}{x-x_e} \geq 0$.

Also folgt: $f'(x_e) = \lim\limits_{x \to x_e} \frac{f(x)-f(x_e)}{x-x_e} = 0$.

3. Umkehrung von Satz 1:
Für eine Funktion f, welche an der Stelle $x_e \in D$ differenzierbar ist, gilt:
Ist $f'(x_e) = 0$, so besitzt f an der Stelle x_e ein lokales Extremum.
Die Umkehrung von Satz 1 gilt nicht, wie das Gegenbeispiel der Funktion f mit $f(x) = x^3$ zeigt.
Es gilt zwar $f'(0) = 0$, aber das Schaubild von f besitzt an der Stelle $x = 0$ keinen Extrempunkt, sondern einen Sattelpunkt.

4. a) (1) Die Tatsache, dass eine Zahl gerade ist, ist eine notwendige Bedingung dafür, dass sie durch 28 teilbar ist.
  (2) Die Tatsache, dass in einem Viereck gegenüberliegende Seiten gleich lang sind, ist eine notwendige Bedingung dafür, dass es ein Rechteck ist.
  (3) Die Tatsache, dass ein Dreieck gleichschenklig ist, ist eine notwendige Bedingung dafür, dass zwei Innenwinkel gleich groß sind.
b) (1) Wenn eine Zahl gerade ist, so ist ihr Quadrat ebenfalls gerade.
Die Tatsache, dass das Quadrat einer Zahl gerade ist, ist eine notwendige Bedingung dafür, dass die Zahl gerade ist.
  (2) Wenn eine Zahl durch 6 teilbar ist, dann ist sie auch durch 3 teilbar.
Die Tatsache, dass eine Zahl durch 3 teilbar ist, ist eine notwendige Bedingung dafür, dass sie auch durch 6 teilbar ist.
  (3) Wenn ein Dreieck drei gleich große Innenwinkel hat, so ist es gleichseitig.
Die Tatsache, dass ein Dreieck gleichseitig ist, ist eine notwendige Bedingung dafür, dass es drei gleich große Innenwinkel hat.

140

5. (1) Für $x < x_e$:
   f ist streng monoton wachsend.
   Für $x > x_e$:
   f ist streng monoton fallend.

   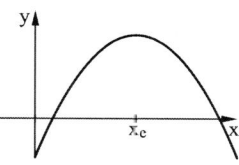

   (2) Für $x < x_e$:
   f ist streng monoton fallend.
   Für $x > x_e$:
   f ist streng monoton wachsend.

   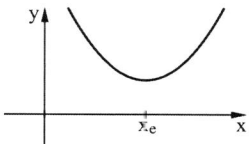

   (3) 1. Möglichkeit
   Für $x < x_e$:
   f ist streng monoton wachsend.
   Für $x > x_e$:
   f ist streng monoton wachsend.

   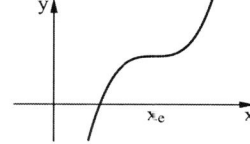

   2. Möglichkeit
   Für $x < x_e$:
   f ist streng monoton fallend.
   Für $x > x_e$:
   f ist streng monoton fallend.

   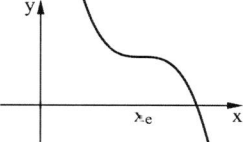

6. (1) f ist an der Stelle x_e nicht differenzierbar (die Grenzwerte des Differenzenquotienten für h > 0 bzw. h < 0 stimmen nicht überein).
   (2) f ist an der Stelle x_e nicht differenzierbar (der Grenzwert des Differenzenquotienten für h > 0 lässt sich nicht bilden, da der Differenzenquotient für h > 0 nicht definiert ist).

7. Notwendige Bedingungen für die Existenz von Extremstellen: $f'(x_e) = 0$
   a) $f'(x) = -x + 2$, also $x_e = 2$
   Das Schaubild von f ist eine nach unten geöffnete Parabel, also liegt an der Stelle $x_e = 2$ ein globaler Hochpunkt.
   b) $f'(x) = \frac{1}{4}x^2 - \frac{1}{4}x + \frac{3}{2}$
   Die Gleichung $f'(x) = 0$ hat keine Lösung, also gibt es keine Extremstellen.

140

7. c) $f'(x) = \frac{3}{4}x^2 - 3x + 3$, also $x_e = 2$

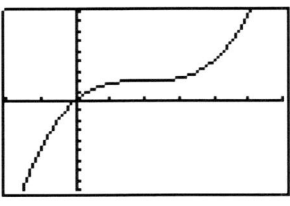

Am Schaubild von f erkennt man, dass an der Stelle $x_e = 2$ kein Extrempunkt, sondern ein Sattelpunkt liegt. (Dies kann rechnerisch noch nicht nachgewiesen werden.) Da $f(x) \to \infty$ für $x \to \infty$ und $f(x) \to -\infty$ für $x \to -\infty$ (Satz 5, Seite 52), hat f kein globales Extremum.

d) $f'(x) = \frac{1}{5}x^3 + \frac{1}{5}x^2 - \frac{8}{5}x - \frac{12}{5}$, also gilt für Extremstellen x_e:

$x_e^3 + x_e^2 - 8x_e - 12 = 0$

Mithilfe von Satz 10 (S. 57) erhält man $x_1 = 3$.

Polynomdivision $(x^3 + x^2 - 8x - 12) : (x - 3) = x^2 + 4x + 4 = (x+2)^2$.

Also mögliche Extremstellen
$x_1 = 3$; $x_2 = -2$

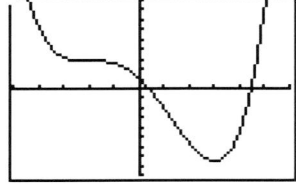

Anhand des Schaubildes von f erkennt man, dass an der Stelle $x = 3$ ein Tiefpunkt liegt, an der Stelle $x = -2$ vermutlich ein Sattelpunkt.
Wegen $f(x) \to \infty$ für $|x| \to \infty$ ist der Tiefpunkt ein globaler Tiefpunkt.

e) $f'(x) = \frac{1}{6}x^3 + \frac{1}{2}x^2 - \frac{13}{6}x - \frac{5}{2}$, also gilt für Extremstellen:

$x^3 + 3x^2 - 13x - 15 = 0$

Durch Probieren erhält man $x_1 = -1$.

Polynomdivision $(x^3 + 3x^2 - 13x - 15) : (x + 1) = x^2 + 2x - 15$

Die Lösungen der Gleichung
$x^2 + 2x - 15 = 0$ sind $x_2 = 3$ und $x_3 = -5$.
Am Schaubild von f erkennt man:
An der Stelle $x = -1$ liegt ein lokaler Hochpunkt, an den Stellen $x = -5$ und $x = 3$ sind globale Tiefpunkte.

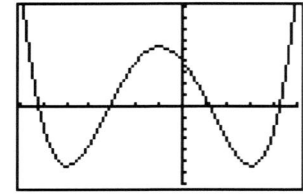

f) $f'(x) = 2x - \frac{1}{x^2}$, also ist die Lösung von $2x_e^3 = 1$ eine mögliche Extremstelle. $x_e = \frac{1}{\sqrt[3]{2}}$

Am Schaubild erkennt man, dass an der Stelle $x_e = \frac{1}{\sqrt[3]{2}}$ ein lokaler Tiefpunkt vorliegt. Es gibt keine globalen Extrempunkte, da $f(x) \to \infty$ für $|x| \to \infty$, aber $f(x) \to -\infty$ für $x \to 0$ $(x < 0)$.

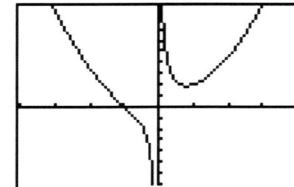

141

8. a) $f_a'(x) = \frac{1}{2}ax + a + 1$

   $f_a'(2) = 0$ ergibt $2a + 1 = 0$, also $a = -\frac{1}{2}$.

   An der Stelle x = 2 liegt ein globaler Hochpunkt des Schaubildes. Das Schaubild von f ist eine nach unten geöffnete Parabel, somit gibt es keine weitere Stelle mit waagerechter Tangente.

   b) $f_a'(x) = x^2 - \frac{a-16}{4}x + \frac{12-3a}{4}$

   $f_a'(2) = 0$ ergibt $15 - \frac{5a}{4} = 0$, also a = 12

   $f_{12}(x) = \frac{1}{3}x^3 + \frac{1}{2}x^2 - 6x - 2$; $f_{12}'(x) = x^2 + x - 6$

   $f_{12}'(x) = 0$ liefert $x_1 = 2$; $x_2 = -3$

   Waagerechte Tangenten an den Stellen x = 2 und x = −3.
   Wegen $f(x) \to -\infty$ für $x \to -\infty$ und $f(x) \to \infty$ für $x \to \infty$
   liegt an der Stelle x = −3 ein lokaler Hochpunkt, an der Stelle x = 2 ein lokaler Tiefpunkt.

   c) $f_a'(x) = x^3 - 2a^2 x$

   $f_a'(2) = 0$ ergibt $8 - 4a^2 = 0$, also $a_1 = -\sqrt{2}$ und $a_2 = \sqrt{2}$

   Für beide Werte von a gilt: $f_a(x) = \frac{1}{4}x^4 - 2x^2$

   $f_{a_2}'(x) = 0$ ergibt Lösungen $x_1 = 0$; $x_2 = 2$; $x_3 = -2$

   Waagerechte Tangenten an den Stellen $x_1 = 0$; $x_2 = 2$; $x_3 = -2$
   Aus $f(x) \to \infty$ für $|x| \to \infty$ und der Symmetrie folgert man:
   An der Stelle x = 0 hat das Schaubild von f einen lokalen Hochpunkt.
   An den Stellen x = −2 und x = 2 hat das Schaubild von f globale Tiefpunkte.

   d) $f_a'(x) = -\frac{2}{a}x^3 + 2x$

   $f_a'(2) = 0$ ergibt $-\frac{16}{a} + 4 = 0$, also a = 4

   $f_4(x) = -\frac{1}{8}x^4 + x^2 + 6$

   Das Schaubild von f_4 ist symmetrisch zur y-Achse.

   $f_4(x) \to -\infty$ für $|x| \to \infty$

   Aus $f_4'(x) = 0$ folgt $x_1 = 2$; $x_2 = 0$; $x_3 = -2$.

   Also waagerechte Tangenten an den Stellen $x_1 = 2$; $x_2 = 0$; $x_3 = -2$.
   An den Stellen x = 2 und x = −2 hat das Schaubild von f globale Hochpunkte, an der Stelle x = 0 hat das Schaubild von f einen lokalen Tiefpunkt.

141

9. a) Das Schaubild von f entsteht aus dem Schaubild der Funktion g mit $g(x) = \frac{1}{2}x^2 - 8$, indem
   - zuerst der Teil des Schaubildes von g, der zwischen $x = -4$ und $x = 4$ unterhalb der x-Achse liegt, an der x-Achse gespiegelt wird.
   - anschließend das neue Schaubild um 2 Einheiten nach unten verschoben wird.

   Das Schaubild von g hat den Extrempunkt $(0 \mid -8)$ und Nullstellen $N_1(-4 \mid 0)$ und $N_2(4 \mid 0)$.

   Damit: Das Schaubild von f hat globale Tiefpunkte $T_1(-4 \mid -2)$ und $T_2(4 \mid -2)$ sowie einen lokalen Hochpunkt $H(0 \mid 6)$.

   b) Das Schaubild von f entsteht aus dem Schaubild der Funktion g mit $g(x) = 4x - x^3 = x(2-x)(2+x)$, indem die Teile des Schaubildes von g, die zwischen $x = -2$ und $x = 0$ bzw. für $x \geq 2$ unterhalb der x-Achse liegen, an der x-Achse gespiegelt werden. Deshalb liegen an den Nullstellen von g die globalen Tiefpunkte von f.
   An den Extremstellen von g liegen die lokalen Hochpunkte von f.
   Damit:
   - globale Tiefpunkte $T_1(-2 \mid 0)$, $T_2(0 \mid 0)$, $T_3(2 \mid 0)$
   - lokale Hochpunkte: $g'(x) = 4 - 3x^2 = 0$, also $x_1 = -\sqrt{\frac{4}{3}}$, $x_2 = +\sqrt{\frac{4}{3}}$,

   $H_1\left(-\sqrt{\frac{4}{3}} \mid \frac{16}{9}\sqrt{3}\right)$, $H_2\left(\sqrt{\frac{4}{3}} \mid \frac{16}{9}\sqrt{3}\right)$

10. $f_t'(x) = \frac{3}{2}x^2 + 2tx + 6$, also sind die Stellen x_1, x_2 mit $x_{1,2} = \frac{-2t \pm 2\sqrt{t^2 - 9}}{3}$ mögliche Stellen mit waagerechter Tangente.

    a) Es gibt keinen Punkt mit waagerechter Tangente, falls $t^2 - 9 < 0$, d. h. für $-3 < t < 3$.

    b) Es gibt genau einen Punkt mit waagerechter Tangente, falls $t^2 - 9 = 0$, also für $t_1 = -3$ und $t_2 = 3$.
    In beiden Fällen ist der Punkt mit waagerechter Tangente ein Sattelpunkt.

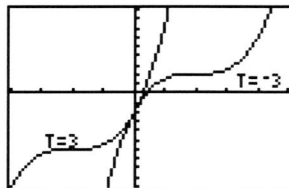

11. Das Schaubild einer quadratischen Funktion ist symmetrisch zu einer Parallelen zur y-Achse durch den Scheitelpunkt der Parabel.
    Damit ist die Extremstelle x_e die Mitte zwischen den Nullstellen, also $x_e = -1$
    Zwei mögliche Schaubilder:

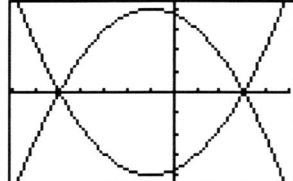

141

12. Aufgrund der Achsensymmetrie muss ein zweiter Hochpunkt vorhanden sein, nämlich H_2 (10 | 4).

Zwischen zwei Hochpunkten muss ein Tiefpunkt liegen. Dieser muss auf der Symmetrieachse liegen, da eine ganzrationale Funktion 4. Grades höchstens drei Extremstellen besitzen kann.
(Begründung: Ist f Funktion 4. Grades, dann ist f′ Funktion 3. Grades und f′(x) = 0 hat höchstens 3 Nullstellen.)
Also hat das Schaubild von f einen Tiefpunkt an der Stelle x = 6.

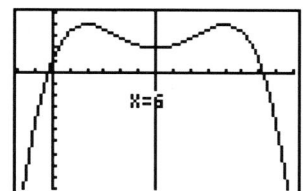

13. a) 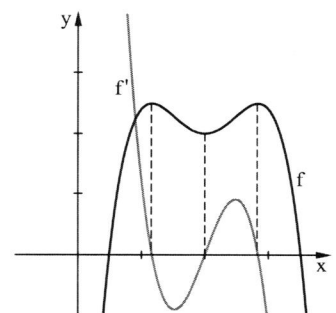   b)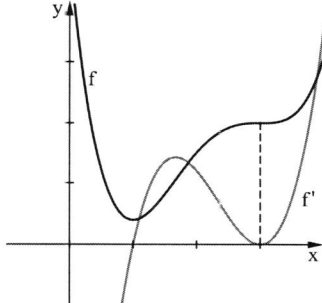

14. a) Beispiel: $f(x) = x^2 + \frac{1}{x}$ (s. Aufgabe 7 f))

  b) Jedes globale Extremum ist gleichzeitig auch ein lokales Extremum. Deshalb hat jede Funktion, die ein globales Minimum hat, auch ein lokales Minimum.

15. Notwendige Bedingung: $f'(x_0) = 0$

  a) $g'(x_0) = f'(x_0) = 0$

  Das Schaubild von g entsteht aus dem Schaubild von f durch eine Verschiebung um c in Richtung der y-Achse. Also hat g an der Stelle x_0 ebenfalls ein lokales Minimum.

  b) $g'(x_0) = a \cdot f'(x_0) = 0$

  a > 0: Das Schaubild von g entsteht aus dem Schaubild von f durch eine Streckung in Richtung der y-Achse mit Streckfaktor a. Also hat g an der Stelle x_0 ebenfalls ein lokales Minimum.

  a < 0: Das Schaubild von g entsteht aus dem Schaubild von f durch eine Streckung in Richtung der y-Achse mit Streckfaktor | a | und einer Spiegelung an der x-Achse. Also hat die Funktion g an der Stelle x_0 ein lokales Maximum.

141 15. c) $g'(x_0) = -f(x_0) = 0$
Das Schaubild von g entsteht aus dem Schaubild von f durch eine Spiegelung an der x-Achse.
Damit hat g an der Stelle x_0 ein lokales Maximum.

d) Das Schaubild von g entsteht aus dem Schaubild von f, indem alle Teile des Schaubildes von f, die unterhalb der x-Achse liegen, an der x-Achse gespiegelt werden.
 1. Fall $f(x_0) \geq 0$: Das Schaubild von g hat an der Stelle x_0 ebenfalls ein lokales Minimum.
 2. Fall $f(x_0) < 0$: Das Schaubild von g hat an der Stelle x_0 ein lokales Maximum.

3.2 Hinreichende Kriterien für Extremstellen – Monotoniesatz

3.2.1 Vorzeichenwechsel der 1. Ableitung als hinreichende Bedingung für Extremstellen

144 2. a) (1) Wenn eine Zahl durch 4 teilbar ist, dann ist sie auch durch 2 teilbar.
Die Teilbarkeit einer Zahl durch 4 ist hinreichend für ihre Teilbarkeit durch 2.
(2) Wenn in einem Viereck die Diagonalen orthogonal sind und sich gegenseitig halbieren, dann ist es eine Raute.
Die Tatsache, dass in einem Viereck die Diagonalen orthogonal sind und sich gegenseitig halbieren, ist hinreichend dafür, dass es eine Raute ist.

b) (1) Die Teilbarkeit einer Zahl durch 10 ist hinreichend für ihre Teilbarkeit durch 5.
Die Teilbarkeit einer Zahl durch 5 ist notwendig für ihre Teilbarkeit durch 10.
(2) Die Tatsache, dass in einem Viereck alle vier Seiten gleich lang sind, ist hinreichend dafür, dass das Viereck eine Raute ist.
Die Tatsache, dass das Viereck eine Raute ist, ist notwendig dafür, das alle vier Seiten des Vierecks gleich lang sind.

3. $f'(x) = \frac{1}{2}x^3 + \frac{1}{2}x^2 - 3x = \frac{1}{2}x \cdot (x^2 + x - 6) = \frac{1}{2}x(x-2)(x+3)$
$f'(x) = 0$ führt auf $x_1 = 0$; $x_2 = 2$; $x_3 = -3$
Wir betrachten den Vorzeichenwechsel von f' in der Umgebung der drei Stellen.
$x < -3$: $f'(x) < 0$
$-3 < x < 0$: $f'(x) > 0$
$0 < x < 2$: $f'(x) < 0$
$x > 2$: $f'(x) > 0$

144

3. Fortsetzung

Also: - an der Stelle x = −3 Vorzeichenwechsel von − nach +, deshalb liegt an der Stelle x = −3 ein Tiefpunkt
- an der Stelle x = 0 Vorzeichenwechsel von + nach −, deshalb liegt an der Stelle x = 0 ein Hochpunkt
- an der Stelle x = 2 Vorzeichenwechsel von − nach +, deshalb liegt an der Stelle x = 2 ein Tiefpunkt.

4. a) $f'(x) = x^2 - 4 = (x+2)(x-2)$

Setze $f'(x) = 0$, also $x = -2$ oder $x = 2$

$x < -2$: $\quad f'(x) > 0$

$-2 < x < 2$: $\quad f'(x) < 0$

$x > 2$: $\quad f'(x) > 0$

- an der Stelle $x = -2$ Hochpunkt (Vorzeichenwechsel von f' von + nach −)
- an der Stelle $x = 2$ Tiefpunkt (Vorzeichenwechsel von f' von − nach −)

Nullstellen:

Setze $f(x) = \frac{1}{3}x\left(x^2 - 12\right) = 0$, also

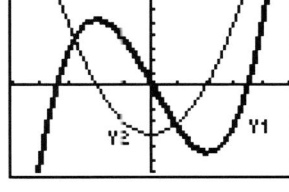

$x_1 = 0$, $x_{2,3} = \pm\sqrt{12}$

b) $f'(x) = 3x^2 - 12x + 9$

Setze $f'(x) = 0$, also $x = 1$ oder $x = 3$. Damit ist $f'(x) = 3 \cdot (x-1)(x-3)$.

$x < 1$: $\quad f'(x) > 0$

$1 < x < 3$: $\quad f'(x) < 0$

$x > 3$: $\quad f'(x) > 0$

- an der Stelle $x = 1$ Hochpunkt (Vorzeichenwechsel von + nach −)
- an der Stelle $x = 3$ Tiefpunkt (Vorzeichenwechsel von − nach +)

Nullstellen: Setze $f(x) = x\left(x^2 - 6x + 9\right) = x(x-3)^2 = 0$, also

$x_1 = 0$ und $x_2 = 3$

Bei der doppelten Nullstelle $x = 3$ berührt das Schaubild von f die x-Achse (Tiefpunkt).

144   4. c) $f'(x) = \frac{1}{4}x^4 - 2x = \frac{1}{4}x(x^3 - 8)$

Setze $f'(x) = 0$, also $x = 0$ oder $x = 2$.
$x < 0$: $f'(x) > 0$
$0 < x < 2$: $f'(x) < 0$
$x > 2$: $f'(x) > 0$
- an der Stelle $x = 0$ Hochpunkt (Vorzeichenwechsel von + nach −)
- an der Stelle $x = 2$ Tiefpunkt (Vorzeichenwechsel von − nach +)

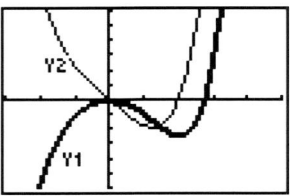

Nullstellen: Setze $f(x) = \frac{1}{20}x^2(x^3 - 20) = 0$, also $x_1 = 0$ doppelte Nullstelle, $x_2 = \sqrt[3]{20}$

d) $f'(x) = x^3 - 4x = x(x^2 - 4) = x(x-2)(x+2)$

Setze $f'(x) = 0$, also $x = 0$ oder $x = 2$ oder $x = -2$.
$x < -2$: $f'(x) < 0$
$-2 < x < 0$: $f'(x) > 0$
$0 < x < 2$: $f'(x) < 0$
$x > 2$: $f'(x) > 0$
- an der Stelle $x = -2$ Tiefpunkt (Vorzeichenwechsel von − nach +)
- an der Stelle $x = 0$ Hochpunkt (Vorzeichenwechsel von + nach −)
- an der Stelle $x = 2$ Tiefpunkt (Vorzeichenwechsel von − nach +)

Nullstellen: Setze $f(x) = \frac{1}{4}x^4 - 2x^2 + 2 = 0$,

Lösung durch Substitution $x^2 = u$, also $\frac{1}{4}u^2 - 2u + 2 = 0$ mit

$u_1 = 4 + 2\sqrt{2}$; $u_2 = 4 - 2\sqrt{2}$

Rücksubstitution ergibt die Nullstellen

$x_1 = \sqrt{4 + 2\sqrt{2}}$; $x_2 = -\sqrt{4 + \sqrt{2}}$;
$x_3 = \sqrt{4 - 2\sqrt{2}}$; $x_4 = -\sqrt{4 - 2\sqrt{2}}$

bzw. näherungsweise
$x_1 \approx 2{,}61$; $x_2 \approx -2{,}61$; $x_3 \approx 1{,}08$; $x_4 \approx -1{,}08$

e) $f'(x) = 1 - \frac{1}{x^2} = \frac{x^2 - 1}{x^2} = \frac{(x+1)(x-1)}{x^2}$; $x \neq 0$

Setze $f'(x) = 0$, also $x = -1$ oder $x = 1$.
$x < -1$: $f'(x) > 0$
$-1 < x < 0$: $f'(x) < 0$
$0 < x < 1$: $f'(x) < 0$
$x > 1$: $f'(x) > 0$
- an der Stelle $x = -1$ Hochpunkt (Vorzeichenwechsel von + nach −)
- an der Stelle $x = 1$ Tiefpunkt (Vorzeichenwechsel von − nach +)

144

4. e) Fortsetzung

Nullstellen: Setze $f(x) = \frac{x^2+1}{x} = 0$, keine Lösung, also hat das Schaubild f keine Nullstellen.

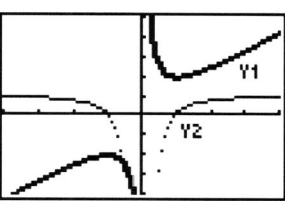

f) $f'(x) = 1 - \frac{1}{\sqrt{x}} = \frac{\sqrt{x}-1}{\sqrt{x}}$; $x > 0$

Setze $f'(x) = 0$, also $\sqrt{x} - 1 = 0$ und damit $x = 1$

$0 < x < 1$: $\quad f'(x) < 0$

$x > 1$: $\quad f'(x) > 0$

Damit an der Stelle $x = 1$ Tiefpunkt (Vorzeichenwechsel von − nach +)

Nullstellen: Setze $f(x) = \sqrt{x}\left(\sqrt{x} - 2\right) = 0$, also $x = 0$ oder $x = 4$.

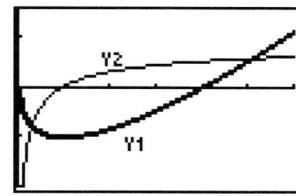

5. Das Schaubild von f hat
- an der Stelle $x = -3$ einen Hochpunkt (Vorzeichenwechsel von f' von + nach −)
- an der Stelle $x = -1$ einen Tiefpunkt (Vorzeichenwechsel von f' von − nach +)
- an der Stelle $x = 2$ einen Hochpunkt (Vorzeichenwechsel von f' von + nach −)

Ohne die letzte Angabe kann das Schaubild von f gegenüber dem gezeichneten Schaubild nach oben oder nach unten verschoben sein.

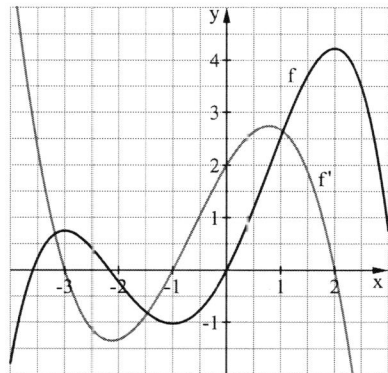

6. Die Funktion f ist die Ableitungsfunktion. Begründung:
(1) Vermutlich ist die Funktion f eine ganzrationale Funktion 3. Grades, die Funktion g eine ganzrationale Funktion 4. Grades.
(2) Die Nullstellen der Funktion f stimmen mit den Extremstellen der Funktion g überein.

Das Schaubild von g hat Punkte mit waagerechter Tangente im Intervall $[-3; -2]$ sowie an den Stellen $x = 0$ und $x = 3$.
- an der Stelle $x = 0$ Hochpunkt (Vorzeichenwechsel von f von + nach −)
- an der Stelle $x = 3$ Tiefpunkt (Vorzeichenwechsel von f von − nach +)
- im Intervall $[-3; -2]$ Tiefpunkt (Vorzeichenwechsel von f von − nach +)

145

7. **a)** $f'(0) = 0$
   $x < 0$: $f'(x) > 0$
   $x > 0$: $f'(x) > 0$
   An der Stelle $x = 0$ erfolgt kein Vorzeichenwechsel von f', also liegt an der Stelle $x = 0$ kein Extrempunkt, sondern ein Sattelpunkt.

   b) $f'(x) = \frac{3}{10}x^2 - x = x\left(\frac{3}{10}x - 1\right)$
   $f'(0) = 0$
   $x < 0$: $\quad f'(x) > 0$
   $0 < x < \frac{10}{3}$: $f'(x) < 0$
   f' hat einen Vorzeichenwechsel von + nach − an der Stelle $x = 0$, an der Stelle $x = 0$ hat das Schaubild von f einen Hochpunkt.

   c) $f'(x) = \frac{3}{2}x^2 + 3$
   $f'(0) = 3 \neq 0$, die notwendige Bedingung für ein Extremum ist nicht erfüllt, also liegt kein Extremum an der Stelle $x = 0$ vor.

   d) $f(x) = |x(x-3)|$
   $x = 0$ ist Nullstelle der Betragsfunktion, damit liegt an dieser Stelle ein Tiefpunkt.

   e) $f'(x) = \frac{2}{3} \cdot x^{-\frac{1}{3}} = \frac{2}{3x^{\frac{1}{3}}}$; $x \neq 0$
   f ist an der Stelle $x = 0$ nicht differenzierbar, also lässt sich das notwendige Kriterium nicht anwenden.
   Es gilt:
   $f(0) = 2$
   $f(x) = 2 + \sqrt[3]{x^2} > 2$ für $x \neq 0$, also liegt an der Stelle $x = 0$ das globale Minimum von f.

   f) $f(x) = 1 - |x|$
   $f(0) = 1$, $f(x) < 1$ für alle $x \neq 0$, d. h. $f(0) \leq f(x)$ für alle $x \in \mathbb{R}$.
   Also liegt an der Stelle $x = 0$ das globale Maximum von f.

8. **a)** $f'(x) = \begin{cases} 2x - 4 & \text{für } x < 4 \\ \frac{1}{2}x - 3 & \text{für } x > 4 \end{cases}$
   f ist an der Stelle $x = 4$ zwar stetig, aber nicht differenzierbar.
   Setze $f'(x) = 0$, also $x = 2$ und $x = 6$.
   $x < 2$: $\quad f'(x) < 0$
   $2 < x < 4$: $\quad f'(x) > 0$
   $4 < x < 6$: $\quad f'(x) < 0$
   $x > 6$: $\quad f'(x) > 0$
   Damit hat das Schaubild von f Tiefpunkte an den Stellen $x = 2$ und $x = 6$.

145

8. a) Fortsetzung
   $f(4) = 5$
   $2 < x < 4$: $1 < f(x) < 5$
   $4 < x < 6$: $4 < f(x) < 5$
   Also gilt: $f(4) \geq f(x)$ für $x \in [2; 6]$, d. h. an der Stelle $x = 4$ liegt ein Hochpunkt.

   b) $f'(x) = \begin{cases} -\frac{1}{x^2} & \text{für } 0 < x < 2 \\ -\frac{3}{16}x^2 + \frac{27}{16}x - \frac{27}{8} & \text{für } x > 2 \end{cases}$

   f ist an der Stelle $x = 2$ stetig, aber nicht differenzierbar.
   Setze $f'(x) = 0$
   $-\frac{1}{x^2} \neq 0$ für $0 < x < 2$
   $-\frac{3}{16}x^2 + \frac{27}{16}x - \frac{27}{8} = 0$, also $x = 3$ oder $x = 6$
   Zerlegung in Linearfaktoren
   $f'(x) = \begin{cases} -\frac{1}{x^2} & \text{für } 0 < x < 2 \\ -\frac{3}{16}(x-3)(x-6) & \text{für } x > 2 \end{cases}$

   $2 < x < 3$: $f'(x) < 0$
   $3 < x < 6$: $f'(x) > 0$
   $x > 6$: $f'(x) < 0$

   Damit hat das Schaubild von f an der Stelle $x = 3$ einen Tiefpunkt sowie an der Stelle $x = 6$ einen Hochpunkt.

9. a) Damit f einen Sattelpunkt hat, muss f' eine doppelte Nullstelle haben.
   Damit f einen Extrempunkt hat, muss f' eine einfache Nullstelle haben.
   f' hat also z. B. den Funktionsterm
   $f'(x) = (x-c)^2 \cdot (x-d)$ mit $c, d \in \mathbb{R}$.

   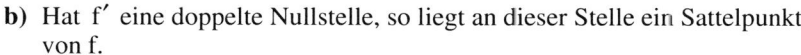

   Dieses f' ist vom Grad 3 und hat damit f vom Grad 4, und f hat die geforderten Eigenschaften.

   b) Hat f' eine doppelte Nullstelle, so liegt an dieser Stelle ein Sattelpunkt von f.
   Also muss f' vom Grad 5 und damit f vom Grad 6 sein.

10. a) Wenn ein Viereck drei rechte Winkel hat, ist es ein Parallelogramm.
    b) Wenn eine Zahl durch 100 teilbar ist, ist sie auch durch 25 teilbar.
    c) Wenn ein Viereck ein Quadrat ist, dann sind seine Diagonalen Symmetrieachsen.

11. a) Regen ist hinreichend dafür, dass die Straße nass ist.
    b) Die Eigenschaft, dass ein Viereck ein Rechteck ist, ist hinreichend dafür, dass es ein Trapez ist.

145

12. **a)** Ganzrationale Funktion 2. Grades: $f(x) = ax^2 + bx + c$, $a \neq 0$
Setze $f'(x) = 2ax + b = 0$.
Damit: $x = -\frac{b}{2a}$; Lösung existiert wegen $a \neq 0$ für jede quadratische Funktion. Die Aussage ist richtig.
b) Für eine konstante Funktion f gilt für alle $x_1, x_2 \in D$:
$f(x_1) = f(x_2)$, damit also auch $f(x_1) \leq f(x_2)$ bzw. $f(x_1) \geq f(x_2)$.
Damit liegt an jeder Stelle sowohl ein Maximum als auch ein Minimum vor, d. h. die Aussage ist falsch.
c) Die Aussage ist falsch.
Gegenbeispiel: $f(x) = x^3$; die Funktion f hat keine Extremstelle.
d) Die Aussage gilt nur für diejenigen Stellen, an den f differenzierbar ist. Im Allgemeinen ist diese Aussage falsch.
Gegenbeispiel:
Die Funktion f mit $f(x) = \begin{cases} 2x + 1 & \text{für } x \leq 3 \\ -x + 10 & \text{für } x > 3 \end{cases}$
hat an der Stelle $x = 3$ ein globales Maximum, ist aber an dieser Stelle nicht differenzierbar.

3.2.2 Monotonie und Vorzeichen der Ableitung

148

2. Umkehrung des Monotoniesatzes:
Für eine Funktion f, welche im Intervall I differenzierbar ist, gilt:
Ist die Funktion f im Intervall I streng monoton wachsend (bzw. streng monoton fallend), dann ist $f'(x) > 0$ für alle $x \in I$ (bzw. $f'(x) < 0$ für alle $x \in I$).
Beispiel:
$f(x) = x^3 - 3x^2 + 3x$
$f'(x) = 3x^2 - 6x + 3 = 3(x^2 - 2x + 1) = 3 \cdot (x-1)^2 \geq 0$ für alle $x \in \mathbb{R}$

Wegen $f'(x) > 0$ für $x \neq 1$ ist f streng monoton wachsend für $x \neq 1$.
Wir untersuchen die Funktionswerte in der Umgebung von $x = 1$:
$f(1) = 1$
Für $h > 0$: $f(1-h) = (1-h)^3 - 3(1-h)^2 + 3(1-h) = 1 - h^3 < 1$
$f(1+h) = (1+h)^3 - 3(1+h)^2 + 3(1-h) = 1 + h^3 > 1$
D. h. alle Funktionswerte links von $x = 1$ sind kleiner als $f(1)$, alle Funktionswerte rechts von $x = 1$ größer als $f(1)$.
Damit ist f streng monoton wachsend für $x \in \mathbb{R}$. Also zeigt dieses Beispiel, dass die Umkehrung des Monotoniesatzes im Allgemeinen nicht gültig ist.

148

3. *Voraussetzung:*
Es gilt $f'(x_e) = 0$ und die 1. Ableitung f' hat an der Stelle x_e einen Vorzeichenwechsel von $-$ nach $+$.
Beweis:
Es gibt eine Umgebung U von x_e, sodass für alle $x \in U$ gilt:
Für $x < x_e$ ist $f'(x) < 0$, damit ist f streng monoton fallend.
Für $x > x_e$ ist $f'(x) > 0$, damit ist f streng monoton wachsend.
D. h. für $x < x_e$ gilt: $f(x) > f(x_e)$
für $x > x_e$ gilt: $f(x) > f(x_e)$
Damit gilt für alle $x \in U$: $f(x) > f(x_e)$, also hat f an der Stelle x_e einen Tiefpunkt.

4. Die Eigenschaft, dass bei einer differenzierbaren Funktion f für alle $x \in I$ $f'(x) > 0$ $[f'(x) < 0]$ ist, ist hinreichend dafür, dass die Funktion f streng monoton wachsend [streng monoton fallend] ist.

5. a) $f'(x) = x^3 - 4x = x(x^2 - 4) = x(x+2)(x-2)$
für $x < -2$: $f'(x) < 0$
für $-2 < x < 0$: $f'(x) > 0$
für $0 < x < 2$: $f'(x) < 0$
für $x > 2$: $f'(x) > 0$
Damit gilt: f streng monoton wachsend für $-2 < x < 0$ und $x > 2$
             f streng monoton fallend für $x < -2$ und $0 < x < 2$

b) $f'(x) = x^2 + \frac{7}{2}x - 2 = (x+4)\left(x - \frac{1}{2}\right)$
für $x < -4$: $f'(x) > 0$
für $-4 < x < \frac{1}{2}$: $f'(x) < 0$
für $x > \frac{1}{2}$: $f'(x) > 0$
Damit gilt: f streng monoton wachsend für $x < -4$ und $x > \frac{1}{2}$
             f streng monoton fallend für $-4 < x < \frac{1}{2}$

c) $f'(x) = x^3 - 3x^2 - x + 3 = (x+1) \cdot (x-1)(x-3)$
für $x < -1$: $f'(x) < 0$
für $-1 < x < 1$: $f'(x) > 0$
für $1 < x < 3$: $f'(x) < 0$
für $x > 3$: $f'(x) > 0$
Damit gilt: f streng monoton wachsend für $-1 < x < 1$ und $x > 3$
             f streng monoton fallend für $x < -1$ und $1 < x < 3$

148

5. **d)** $f'(x) = 3x^2 + 5 > 0$ für alle $x \in \mathbb{R}$
   Damit ist f für $x \in \mathbb{R}$ streng monoton wachsend.

6. **a)** Das Schaubild von f geht aus dem Schaubild von $g(x) = x^3$ hervor durch
   - eine Verschiebung um eine Einheit nach links
   - eine Streckung mit dem Faktor $\frac{1}{5}$ in Richtung der y-Achse
   - eine Verschiebung um 2 Einheiten nach unten.

   Dabei bleibt das Monotonieverhalten erhalten.
   Also ist f für $x \in \mathbb{R}$ streng monoton wachsend.

   b) $f(x) = \frac{3}{4}(x^2 - 12x) + 6 = \frac{3}{4}(x - 6)^2 - 21$

   Das Schaubild von f entsteht aus dem Schaubild von $y = x^2$ durch
   - eine Verschiebung um 6 Einheiten nach rechts
   - eine Streckung mit dem Faktor $\frac{3}{4}$ in Richtung der y-Achse
   - eine Verschiebung um 21 Einheiten nach unten.

   Das Schaubild von f ist eine nach oben geöffnete Parabel mit dem Scheitelpunkt S (6 | −21).
   Damit gilt: f ist streng monoton fallend für $x < 6$ und streng monoton steigend für $x > 6$.

7. Beispiel: $f(x) = \frac{1}{20}x^5 - \frac{1}{8}x^4 - \frac{1}{4}x^3 + \frac{1}{2}x^2 + x + 3$

149

8. **a)** (1) Die Aussage ist falsch.
   f ist auf dem Intervall [−1; 0] streng monoton fallend.
   (2) Die Aussage ist richtig.
   Das Schaubild hat an der Stelle $x = 0$ einen Tiefpunkt, an der Stelle $x = 4$ einen Hochpunkt.
   Damit hat f' an der Stelle $x = 0$ einen Vorzeichenwechsel von − nach +, an der Stelle $x = 4$ einen Vorzeichenwechsel von + nach −.
   Für $0 < x < 4$ gilt: $f'(x) > 0$.
   (3) Die Aussage ist falsch.
   An der Stelle $x = 4$ hat f' einen Vorzeichenwechsel von + nach −, d. h. für $x > 4$ gibt es auf jeden Fall ein Intervall, auf dem $f'(x) < 0$ gilt.
   In diesem Intervall ist f streng monoton fallend.
   (4) Die Aussage ist richtig.
   f hat an der Stelle $x = 4$ ein Maximum. Notwendige Bedingung hierfür ist $f'(4) = 0$.

   b) Für die Funktion f aus a) gilt:
   für $x < 0$: $f'(x) < 0$
   für $0 < x < 4$: $f'(x) > 0$
   für $x > 4$: $f'(x) < 0$
   Damit scheidet das rote Schaubild als Schaubild der Ableitungsfunktion f' aus.

149   9.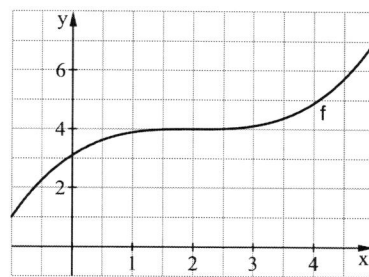

10. a) $f_a'(x) = a - 3x^2 = 0$, also $x^2 = \frac{a}{3}$

   für $a < 0$: keine Lösung; $f_a'(x) < 0$ für $x \in \mathbb{R}$
   für $a = 0$: $x = 0$ doppelte Nullstelle von f'
   für $a > 0$: $x_{1,2} = \pm\sqrt{\frac{a}{3}}$

   Damit:
   $a < 0$: f streng monoton fallend für $x \in \mathbb{R}$ (kein Sattelpunkt)
   $a = 0$: f streng monoton fallend für $x \in \mathbb{R}$ (Sattelpunkt an der Stelle $x = 0$)

   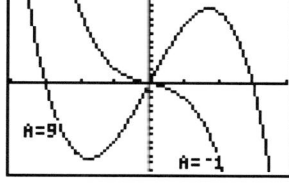

   $a > 0$: f streng monoton fallend für $x < -\sqrt{\frac{a}{3}}$ und $x > \sqrt{\frac{a}{3}}$.
   f streng monoton wachsend für $-\sqrt{\frac{a}{3}} < x < \sqrt{\frac{a}{3}}$

b) $f_a'(x) = x^3 - 2ax = x(x^2 - 2a) = 0$

   für $a < 0$: $x = 0$
   für $a = 0$: $x = 0$
   für $a > 0$: $x_1 = 0$; $x_{2,3} = \pm\sqrt{2a}$

   $a \leq 0$: f streng monoton fallend für $x < 0$ und streng monoton wachsend für $x > 0$.

   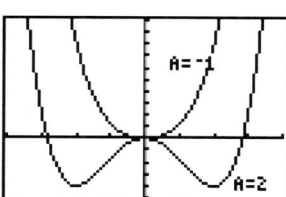

   $a > 0$: f streng monoton fallend für $x < -\sqrt{2a}$ und $0 < x < \sqrt{2a}$, streng monoton wachsend für $-\sqrt{2a} < x < 0$ und $x > \sqrt{2a}$

149

10. c) $f_a'(x) = -\frac{2}{a}x^3 + \frac{3}{a}x^2 = \frac{1}{a}x^2(-2x+3) = 0$, also $x_1 = 0$; $x_2 = \frac{3}{2}$

für a < 0: $f_a(x) \to \infty$ für $|x| \to \infty$

für a > 0: $f_a(x) \to -\infty$ für $|x| \to \infty$

Damit:
für a < 0: f_a streng monoton fallend für $x < \frac{3}{2}$ und streng monoton wachsend für $x > \frac{3}{2}$

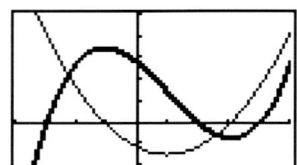

Sattelpunkt im Ursprung

für a > 0: f_a streng monoton wachsend für $x < \frac{3}{2}$ und streng monoton fallend für $x > \frac{3}{2}$

Sattelpunkt im Ursprung

11.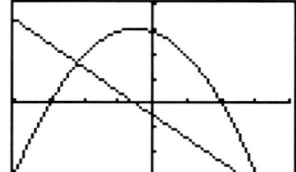

3.2.3 Hinreichendes Kriterium für lokale Extremstellen mittels der 2. Ableitung

151

2. a) $f'(x) = \frac{2}{5}x^3$; $f''(x) = \frac{6}{5}x^2$

Aus $f'(x) = 0$ folgt $x = 0$.
$f''(0) = 0$; $f''(0)$ liefert also keine Information darüber, welche Art von Punkt mit waagerechter Tangente vorliegt.
Wir verwenden das Vorzeichenkriterium:
für $x < 0$: $f'(x) < 0$
für $x > 0$: $f'(x) > 0$
f' hat an der Stelle $x = 0$ einen Vorzeichenwechsel von − nach +, es liegt also ein Tiefpunkt vor.

b) Das hinreichende Kriterium mittels der 2. Ableitung ist nicht anwendbar, wenn mögliche Extremstellen von f $(f'(x_e) = 0)$ mit möglichen Extremstellen von f' $(f''(x_e) = 0)$ zusammenfallen.

151

3. Nach Voraussetzung gilt: $f'(x_e) = 0$ und $f''(x_e) > 0$

Also gilt: $f''(x_e) = \lim\limits_{x \to x_e} \frac{f'(x) - f'(x_e)}{x - x_e} = \lim\limits_{x \to x_e} \frac{f'(x)}{x - x_e} > 0$

Also muss auch $\frac{f'(x)}{x - x_e} > 0$ für alle x aus einer Umgebung von x_e gelten.

Das bedeutet, dass Zähler und Nenner des Bruches gleiche Vorzeichen besitzen.

Für $x < x_e$, also $x - x_e < 0$ gilt: $f'(x_e) < 0$.

Für $x > x_e$, also $x - x_e > 0$ gilt: $f'(x_e) > 0$.

Also hat f' an der Stelle x_e einen Vorzeichenwechsel von − nach +, an der Stelle x_e hat f ein Minimum.

4. a) $f'(x) = 3x^2 + 6x$; $f''(x) = 6x + 6$; $f'''(x) = 6 \neq 0$

Setze $f'(x) = 3x(x+2) = 0$, also $x = 0$ oder $x = -2$

$f''(0) = 6 > 0$, also Tiefpunkt T (0 | −4)

$f''(-2) = -6 < 0$, also H (−2 | 0)

Nullstellen: Setze $f(x) = 0$

$x = -2$ bekannt, also Polynomdivision

$(x^3 + 3x^2 - 4) : (x+2) = x^2 + x - 2$

Setze $x^2 + x - 2 = 0$, also $x = -2$ oder $x = 1$.

Damit: N_1 (−2 | 0) = H, N_2 (1 | 0)

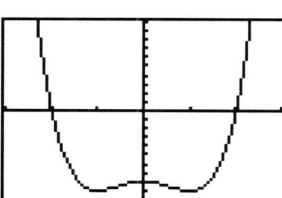

b) $f'(x) = 4x^3 - 4x$; $f''(x) = 12x^2 - 4$; $f'''(x) = 24x$

Setze $f'(x) = 4x(x^2 - 1) = 0$, also $x = 0$ oder $x = -1$ oder $x = 1$

$f''(0) = -4 < 0$, also H (0 | −8)

$f''(-1) = 8 > 0$, also T_1 (−1 | −9)

Das Schaubild von f ist achsensymmetrisch zur y-Achse, also T_2 (1 | −9).

Nullstellen:

Setze $f(x) = 0$; Substitution $x^2 = u$,

also $u^2 - 2u - 8 = 0$, damit $u = 4$ oder $u = -2$

$x^2 = 4$, also $x = -2$ oder $x = 2$

$x^2 = -2$ hat keine Lösung

N_1 (−2 | 0); N_2 (2 | 0)

151

4. c) $f'(x) = x^4 - 3x^3 + 4x = x(x^3 - 3x^2 + 4)$; $f''(x) = 4x^3 - 9x^2 + 4$

Setze $f'(x) = 0$, also $x_1 = 0$ oder $x^3 - 3x^2 + 4 = 0$.
Durch Probieren erhält man $x_2 = -1$.
Polynomdivision: $(x^3 - 3x^2 + 4) : (x+1) = x^2 - 4x + 4 = (x-2)^2$
Damit: $x_1 = 0$, $x_2 = -1$, $x_3 = 2$
$f''(0) = 4 > 0$, Tiefpunkt an der Stelle $x = 0$, T (0 | 0)
$f''(-1) = -9 < 0$, Hochpunkt an der Stelle $x = -1$, $H\left(-1 \mid \frac{21}{20}\right)$
$f''(2) = 0$, keine Entscheidung möglich
$f''(x)$ lässt sich umformen zu $f''(x) = (x-2)(4x^2 - x - 2)$
Wir betrachten den Vorzeichenwechsel von f' an der Stelle $x = 2$:
$x < 2$: $f'(x) > 0$
$x > 2$: $f'(x) < 0$
An der Stelle $x = 2$ hat f' keinen Vorzeichenwechsel, also liegt kein Extrempunkt, sondern ein Sattelpunkt $W\left(2 \mid \frac{12}{5}\right)$ vor.

Nullstellen:
Setze $f(x) = x^2\left(\frac{1}{5}x^3 - \frac{3}{4}x^2 + 2\right) = 0$, also $x_1 = 0$ oder
$\frac{1}{5}x^3 - \frac{3}{4}x^2 + 2 = 0$, bzw.
$4x^3 - 15x^2 + 40 = 0$
Diese Gleichung hat eine weitere Lösung, die näherungsweise mit dem GTR bestimmt werden kann.
Also $N_1 (0 | 0) = T$, $N_2 (\approx -1{,}39 | 0)$

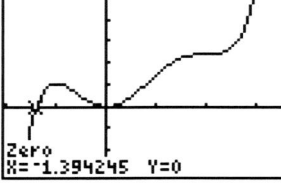

5. a) $f'(x) = \frac{3}{7}x^2 - 3 = 0$, also $x = -\sqrt{7}$ oder $x = \sqrt{7}$

$f''(x) = \frac{6}{7}x$

$f\left(-\sqrt{7}\right) = -\frac{6}{7}\sqrt{7} < 0$, also $H\left(-\sqrt{7} \mid 2\sqrt{7} + 2\right)$

$f\left(\sqrt{7}\right) = \frac{6}{7}\sqrt{7} > 0$, also $T\left(\sqrt{7} \mid 2 - 2\sqrt{7}\right)$

b) $f'(x) = 4x^3 - 16x = 4x(x^2 - 4) = 4x(x+2)(x-2) = 0$,
also $x_1 = 0$; $x_2 = -2$; $x_3 = 2$
$f''(x) = 12x^2 - 16$
$f''(0) = -16$, also H (0 | 2)
$f''(\pm 2) = 32 > 0$, also $T_1 (-2 | -14)$, $T_2 (2 | -14)$

151   5. c) $f'(x) = x^3 - 2x^2 - 3x = x(x^2 - 2x - 3) = x(x+1)(x-3) = 0$,
also $x_1 = 0$; $x_2 = -1$; $x_2 = 3$
$f''(x) = -3$, also H (0 | 5), $f''(-1) = 4$, also $T\left(-1 \Big| \frac{53}{12}\right)$,
$f''(3) = 12$, also $T\left(3 \Big| -\frac{25}{4}\right)$

d) $f'(x) = \frac{1}{5}x^4 - \frac{3}{5}x^3 - 3x^2 + \frac{19}{5}x + 6 = 0$ bzw.
$x^4 - 3x^3 - 15x^2 + 19x + 30 = 0$
Durch Probieren: $x_1 = -1$, damit
$\left(x^4 - 3x^3 - 15x^2 + 19x + 30\right) : (x+1) = x^3 - 4x^2 - 11x + 30$
Erneutes Probieren: $x_2 = 2$, damit
$\left(x^3 - 4x^2 - 11x + 30\right) : (x-2) = x^2 - 2x - 15$
$x^2 - 2x - 15 = 0$, damit $x_3 = -3$; $x_4 = 5$
$f''(x) = \frac{4}{5}x^3 - \frac{9}{5}x^2 - 6x + \frac{19}{5}$
$f''(-1) = \frac{36}{5} > 0$, also $T_1\left(-1 \Big| -\frac{129}{100}\right)$, $f''(2) = -9 < 0$, also $H_1\left(2 \Big| \frac{312}{25}\right)$,
$f''(-3) = -16 < 0$, also $H_2\left(-3 \Big| \frac{623}{100}\right)$, $f''(5) = \frac{144}{5} > 0$, also $T_2\left(5 \Big| -\frac{57}{4}\right)$,

e) Das Schaubild von f entsteht aus dem Schaubild von $y = x^4$ durch eine Verschiebung um eine Einheit nach links, also T (−1 | 0).

152   6. a) $f'(x) = x + \frac{1}{x^2} = \frac{x^3+1}{x^2} = 0$, also $x^3 + 1 = 0$, damit $x = -1$.
$f''(x) = 1 - \frac{2}{x^3}$
$f''(-1) = 3 > 0$, also $T\left(-1 \Big| \frac{3}{2}\right)$

b) $f'(x) = 2x - \frac{1}{2\sqrt{x}} = \frac{4x\sqrt{x}-1}{2\sqrt{x}} = 0$, also $x = \frac{1}{\sqrt[3]{16}} \approx 0{,}40$
$f''(x) = 2 + \frac{1}{4x^{\frac{3}{2}}}$
$f''\left(\frac{1}{\sqrt[3]{16}}\right) = 3 > 0$, also $T\left(\frac{1}{\sqrt[3]{16}} \Big| -\frac{3}{8}\sqrt[3]{2}\right)$

c) $f'(x) = 2x - \frac{1}{2x^{\frac{3}{2}}} = \frac{4x^{\frac{5}{2}}-1}{2x^{\frac{3}{2}}} = 0$, also $x = \frac{1}{\sqrt[5]{16}}$
$f''(x) = 2 + \frac{3}{4x^{\frac{5}{2}}}$
$f''\left(\frac{1}{\sqrt[5]{16}}\right) = 5 > 0$, also $T\left(\frac{1}{\sqrt[5]{16}} \Big| \frac{5}{4}\sqrt[5]{4}\right)$

152

7. $f'(x) = -\frac{1}{2}x^5$; $f''(x) = -\frac{5}{2}x^4$

   Aus $f'(x) = 0$ folgt $x = 0$

   $f''(0) = 0$, d. h. keine Entscheidung nach Satz 4 von Seite 150 möglich.
   Wir verwenden das Vorzeichenwechselkriterium:
   $x < 0$: $f'(x) > 0$ $\qquad$ $x > 0$: $f'(x) < 0$

   Damit liegt an der Stelle $x = 0$ ein lokales Maximum, da f' einen Vorzeichenwechsel von + nach − erfährt.

8. $f'(x) = -x^3 + 4x = x(-x^2 + 4) = x(2+x)(2-x) = 0$, also:

   $x_1 = 0$; $x_2 = -2$; $x_3 = 2$

   $f''(x) = -3x^2 + 4$, $f''(0) = 4 > 0$, also $T\left(0 \mid \frac{9}{4}\right)$

   $f''(-2) = -8 < 0$, also $H_1\left(-2 \mid \frac{25}{4}\right)$

   Aufgrund der Achsensymmetrie des Schaubildes von f: $H_2\left(2 \mid \frac{25}{4}\right)$

   Tangente im Tiefpunkt: $y = \frac{9}{4}$

   Schnittpunkte von Tangente und Schaubild von f:

   $-\frac{1}{4}x^4 + 2x^2 + \frac{9}{4} = \frac{9}{4}$, also $-\frac{1}{4}x^2(x^2 - 8) = 0$, $x_1 = 0$; $x_{2,3} = \pm\sqrt{8}$

   Die Tangente im Tiefpunkt schneidet das Schaubild von f an den Stellen $x = \sqrt{8}$ und $x = -\sqrt{8}$.

9. Positive Differenz: $d(x) = g(x) - f(x) = \frac{1}{4}x^2 - \frac{1}{2}x + 3$

   $d'(x) = \frac{1}{2}x - \frac{1}{2} = 0$, also $x = 1$

   $d''(x) = \frac{1}{2} > 0$.

   An der Stelle $x = 1$ ist die positive Differenz der Funktionswerte am geringsten.

10. Bedingung: $\sqrt{x} > x$, $x > 0$

    Also $\sqrt{x}(1 - \sqrt{x}) > 0$

    Wegen $\sqrt{x} > 0$ muss $1 - \sqrt{x} > 0$ gelten, also $\sqrt{x} < 1$ bzw. $x < 1$.
    Für $0 < x < 1$ ist die Quadratwurzel einer Zahl größer als die Zahl selbst.
    Positive Differenz: $d(x) = \sqrt{x} - x$, $0 < x < 1$

    $d'(x) = \frac{1}{2\sqrt{x}} - 1 = 0$, also $x = \frac{1}{4}$

    $d''(x) = -\frac{1}{4x^{\frac{3}{2}}}$; $d''\left(\frac{1}{4}\right) = -2 < 0$

    Die Differenz ist für $x = \frac{1}{4}$ am größten.

11. a) Stückkosten $S(x) = \frac{K(x)}{x} = 0{,}98x^2 - 12{,}46x + 65{,}3 + \frac{41{,}27}{x}$, $x > 0$

b) Betriebsoptimum: $S'(x) = 1{,}96x - 12{,}46 - \frac{41{,}27}{x^2}$; $S''(x) = 1{,}95 + \frac{82{,}54}{x^3}$

$S'(x) = 0$, damit $1{,}96x^3 - 12{,}46x^2 - 41{,}27 = 0$, also $x \approx 6{,}81$

$S''(6{,}81) \approx 2{,}2 > 0$

Bei ca. 6,8 Produktionseinheiten werden die Stückkosten am geringsten.

12.

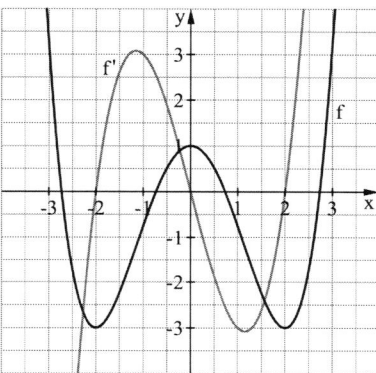

a) Die Aussage ist richtig. f hat drei Extrema an den Stellen $x_1 = -2$, $x_2 = 0$ und $x_3 = 2$, für die jeweils $f'(x) = 0$ gilt.

b) Die Aussage ist falsch. f hat an der Stelle $x = 0$ ein lokales Maximum, also hat f' an der Stelle $x = 0$ einen Vorzeichenwechsel von + nach −. f' ist also in der Umgebung von $x = 0$ streng monoton fallend, also ist $f''(0) < 0$.

c) Die Aussage ist falsch. Es gilt: $f'(-2) = 0$ und $f'(0) = 0$. Damit gilt nur: $f'(x) > 0$ für $x \in\ ]-2; 0[$.

13. Die Extremstelle x_e liegt in der Mitte zwischen den Nullstellen x_1 und x_2, es gilt also: $x_e = \frac{x_1 + x_2}{2}$.

Begründung: $f(x) = ax^2 + bx + c$

$f'(x) = 2ax + b = 0$, also $x_e = -\frac{b}{2a}$, $a \neq 0$

Nullstellen: $f(x) = 0$, damit $x_{1,2} = \frac{-b \pm \sqrt{b^2 - 4ac}}{2a}$

$x_1 + x_2 = \frac{-b+\sqrt{b^2-4ac}}{2a} + \frac{-b-\sqrt{b^2-4ac}}{2a} = -\frac{b}{a}$, also $\frac{x_1 - x_2}{2} = -\frac{b}{2a} = x_e$

3.3 Linkskurve, Rechtskurve – Wendepunkte

156

2. a) Für eine Funktion f, die auf dem Intervall I zweimal differenzierbar ist, gilt: Wenn an der Stelle x_W ein Sattelpunkt liegt, so ist
$f'(x_W) = 0$ und $f''(x_W) = 0$.

   b) Für eine Funktion f, die auf dem Intervall I dreimal differenzierbar ist, gilt: Wenn $f'(x_W) = 0$, $f''(x_W) = 0$ und $f'''(x_W) \neq 0$ gelten, dann liegt an der Stelle x_W ein Sattelpunkt.

   c) $f'(x) = 5x^4$; $f''(x) = 20x^3$; $f'''(x) = 60x^2$
   Aus $f'(x) = 0$ folgt $x = 0$.
   $f''(0) = 0$, $f'''(x) = 0$, also ist das 1. hinreichende Kriterium für einen Sattelpunkt nicht erfüllt.
   Für $x < 0$: $\quad f''(x) < 0$
   Für $x > 0$: $\quad f''(x) > 0$
   Damit erfährt f'' an der Stelle $x = 0$ einen Vorzeichenwechsel, das 2. hinreichende Kriterium für einen Sattelpunkt ist erfüllt.
   An der Stelle $x = 0$ liegt ein Sattelpunkt.

157

3. a) Gegenbeispiel: $f(x) = x^6$
   Es gilt: $f'(0) = 0$ und $f''(0) = 0$, aber an der Stelle $x = 0$ liegt kein Sattelpunkt, sondern ein Tiefpunkt.

   b) Gegenbeispiel: $f(x) = x^7$
   Es gilt: $f'(0) = f''(0) = f'''(0) = 0$, d. h. das hinreichende Kriterium für einen Sattelpunkt an der Stelle $x = 0$ ist nicht erfüllt. Dennoch liegt an der Stelle $x = 0$ ein Sattelpunkt, wie der Vorzeichenwechsel von f'' zeigt.

4. a) $f'(x) = \frac{2}{3}x^3 - 1$; $f''(x) = 2x^2$; $f'''(x) = 4x$
   Aus $f''(x) = 0$ folgt $x = 0$, $f'''(0) = 0$.
   Für $x < 0$ gilt: $f''(x) > 0$.
   Für $x > 0$ gilt: $f''(x) > 0$.
   An der Stelle $x = 0$ erfährt f'' keinen Vorzeichenwechsel.
   Es gilt $f''(x) > 0$ für alle $x \in \mathbb{R}^*$, d. h. das Schaubild von f bildet eine Linkskurve und besitzt keinen Wendepunkt.

   b) $f'(x) = 4ax^3 + 3bx^2 + 2cx + d$; $f''(x) = 12ax^2 + 6bx + 2c$
   Aus $f''(x) = 0$ folgt $x_{1,2} = \frac{-3b \pm \sqrt{9b^2 - 24ac}}{12a}$.
   Das Schaubild von f hat keine Wendestellen, falls $9b^2 - 24ac < 0$.
   Beispiel: $a = 3$, $b = 4$, $c = 5$; d, e beliebig
   Also: $f(x) = 3x^4 + 4x^3 + 5x^2 - 3x - 5$

157

5. (1) $f_1(x) = \frac{1}{3}x^3 - x^2 - 3x$; $f_1'(x) = x^2 - 2x - 3$; $f_1''(x) = 2x - 2$

Aus $f_1'(x) = 0$ folgt $x = -1$ oder $x = 3$ (f hat zwei einfache Nullstellen)

$f''(-1) = -4 < 0$, also $H\left(-1 \mid \frac{5}{3}\right)$

$f''(3) = 4 > 0$, also $T(3 \mid -9)$

Aus $f''(x) = 0$ folgt $x = 1$ (einfache Nullstelle von f'')

$f'''(1) = 2 \neq 0$, also $W\left(1 \mid -\frac{11}{3}\right)$

(2) $f_2(x) = \frac{1}{4}x^4 - \frac{4}{3}x^3 + 2x^2 - 4$; $f_2'(x) = x^3 - 4x^2 + 4x$; $f_2''(x) = 3x^2 - 8x + 4$

Aus $f_2'(x) = 0$ folgt $x_1 = 0$; $x_{2,3} = 2$ (doppelte Nullstelle von f')

$f_2''(0) = 4 > 0$, also $T(0 \mid -4)$

$f_2''(2) = 0$, weitere Untersuchung notwendig.

Aus $f''(x) = 0$ folgt $x = 2$ oder $x = \frac{2}{3}$

$f'''(x) = 6x - 8$

$f'''(2) = 4 \neq 0$, also $W_1\left(2 \mid -\frac{8}{3}\right)$ Sattelpunkt

$f'''\left(\frac{2}{3}\right) = -\frac{4}{3} \neq 0$, also $W_2\left(\frac{2}{3} \mid -\frac{280}{81}\right)$

(3) $f_3(x) = \frac{1}{5}x^5 - \frac{2}{3}x^3 + x$; $f_3'(x) = x^4 - 2x^2 + 1$; $f_3''(x) = 4x^3 - 4x$

Aus $f_3'(x) = 0$ folgt $x_1 = 1$; $x_2 = -1$ (doppelte Nullstellen)

$\left.\begin{array}{l} f_3''(1) = 0 \\ f_3''(-1) = 0 \end{array}\right\}$ weitere Untersuchung notwendig

Aus $f_3''(x) = 0$ folgt $x_1 = 1$; $x_2 = -1$; $x_3 = 0$

$f_3'''(x) = 12x^2 - 4$

$f_3'''(1) = 8 \neq 0$, also $W_1\left(1 \mid \frac{8}{15}\right)$ Sattelpunkt

$f_3'''(-1) = 8 \neq 0$, also $W_2\left(-1 \mid -\frac{8}{15}\right)$ Sattelpunkt

$f_3'''(0) = -4 \neq 0$, also $W_3(0 \mid 0)$

Beobachtung:
Liegt an der Stelle x_0 eine doppelte Nullstelle von f' vor, so ist x_0 Extremstelle von f', d. h. es gilt: $f''(x_0) = 0$, und f'' erfährt einen Vorzeichenwechsel an der Stelle x_0. Damit liegt an der Stelle x_0 ein Sattelpunkt des Schaubildes von f.

157

6. a) $f''(x) = 2x - 2 = 0$, also $x = 1$
$f'''(1) = 2 \neq 0$, $f'(1) = -1 \neq 0$
Wendepunkt W (1 | 2), kein Sattelpunkt
$f''(x) < 0$ für $x < 1$, also Rechtskurve für $x < 1$
$f''(x) > 0$ für $x > 1$, also Linkskurve für $x > 1$

b) $f'(x) = \frac{1}{3}x^3 - \frac{1}{2}x^2 - 2x$; $f''(x) = x^2 - x - 2$; $f'''(x) = 2x - 1$
Aus $f''(x) = 0$ folgt $x = -1$ oder $x = 2$
$f'''(-1) = -3 \neq 0$; $f'(-1) = \frac{7}{6} \neq 0$, also Wendepunkt $W_1\left(-1 \mid \frac{5}{4}\right)$
$f'''(2) = 3 \neq 0$; $f'(2) = -\frac{10}{3} \neq 0$, also Wendepunkt W_2 (2 | −2)
Beide Wendepunkte sind keine Sattelpunkte.
$f''(x) > 0$ für $x < -1$ und für $x > 2$
$f''(x) < 0$ für $-1 < x < 2$
also hat das Schaubild von f eine Linkskurve für $x < -1$ und für $x > 2$, eine Rechtskurve für $-1 < x < 2$.

c) $f''(x) = \frac{1}{2}x^2 - 2 = 0$, also $x = -2$ oder $x = 2$
$f'''(-2) = -2 \neq 0$, $f'(-2) = \frac{8}{3} \neq 0$, also W_1 (−2 | −2)
$f'''(2) = 2 \neq 0$, $f'(2) = -\frac{8}{3} \neq 0$, also W_2 (2 | −2)
$f''(x) = \frac{1}{2}(x+2)(x-2) > 0$ für $x < -2$ oder $x > 2$,
also hat das Schaubild von f eine Linkskurve für $x < -2$ und $x > 2$
$f''(x) < 0$ für $-2 < x < 2$, also hat das Schaubild von f eine Rechtskurve für $-2 < x < 2$

d) $f''(x) = 2x^3 - 6x^2 + 6x - 2 = 0$, also $x = 1$
$f'''(1) = 0$
$f''(x) = 2 \cdot (x - 1)^3$
Für $x < 1$: $f''(x) < 0$.
Für $x > 1$: $f''(x) > 0$.
Also liegt an der Stelle $x = 1$ ein Wendepunkt vor.
$f'(1) = 0$, damit ist W (1 | 3) Sattelpunkt.
Schaubild von f hat Rechtskurve für $x < 1$, Linkskurve für $x > 1$.

e) $f''(x) = \frac{1}{2} > 0$ für alle $x \in \mathbb{R}$, d. h. das Schaubild von f hat keinen Wendepunkt, es bildet eine Linkskurve für alle $x \in \mathbb{R}$.

7. a) $f'(x) = \frac{3}{4}x^2 + 3x$; $f''(x) = \frac{3}{2}x + 3$; $f'''(x) = \frac{3}{2}$
Aus $f''(x) = 0$ folgt $x = -2$.
$f'''(-2) \neq 0$; $f'(-2) = -3 \neq 0$, also W (−2 | 4)
Wendepunkt, aber kein Sattelpunkt.
Wendetangente: $\frac{y-4}{x+2} = -3$ bzw. $y = -3x - 2$

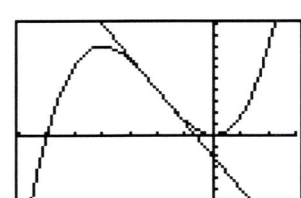

157

7. b) $f'(x) = \frac{1}{4}x^4 - \frac{2}{3}x^3$; $f''(x) = x^3 - 2x^2$; $f'''(x) = 3x^2 - 4x$

Aus $f''(x) = 0$ folgt $x = 0$ oder $x = 2$

$f'''(2) = 4 \neq 0$; $f'(2) = -\frac{4}{3} \neq 0$, also $W\left(2 \mid -\frac{16}{15}\right)$, kein Sattelpunkt.

Für $x < 0$: $f''(x) = x^2(x-2) < 0$,

für $0 < x < 2$: $f''(x) < 0$,

d. h. f'' erfährt an der Stelle $x = 0$ keinen Vorzeichenwechsel.
Untersuchung des Vorzeichenwechsels von f'

Für $x < 0$: $f'(x) = \frac{1}{4}x^3\left(x - \frac{8}{3}\right) > 0$, für $0 < x < \frac{8}{3}$: $f'(x) < 0$

$f'(0) = 0$

Also liegt an der Stelle $x = 0$ kein Wendepunkt, sondern ein Hochpunkt $H(0 \mid 0)$.
Gleichung der Wendetangente:

$\frac{y + \frac{16}{15}}{x - 2} = -\frac{4}{3}$ bzw. $y = -\frac{4}{3}x + \frac{8}{5}$

c) $f'(x) = x^3 - 4x^2 + 4x$; $f''(x) = 3x^2 - 8x + 4$; $f'''(x) = 6x - 8$

Aus $f''(x) = 0$ folgt $x = \frac{2}{3}$ oder $x = 2$.

$f'''\left(\frac{2}{3}\right) = -4 \neq 0$; $f'\left(\frac{2}{3}\right) = \frac{32}{27} \neq 0$, also Wendepunkt $W_1\left(\frac{2}{3} \mid \frac{206}{81}\right)$,

kein Sattelpunkt
$f'''(2) = 4 \neq 0$; $f'(2) = 0$,

also Sattelpunkt $W_2\left(2 \mid \frac{10}{3}\right)$

Wendetangenten:

t_1: $\frac{y - \frac{206}{81}}{x - \frac{2}{3}} = \frac{32}{27}$ bzw. $y = \frac{32}{27}x + \frac{142}{81}$

t_2: $y = \frac{10}{3}$

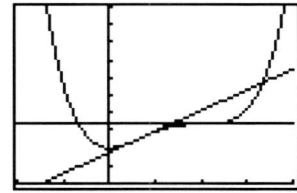

d) $f'(x) = \frac{1}{4}x^4 - \frac{1}{3}x^3 - x^2$; $f''(x) = x^3 - x^2 - 2x$; $f'''(x) = 3x^2 - 2$

Setze $f''(x) = x(x^2 - x - 2) = 0$, also $x = 0$ oder $x = -1$ oder $x = 2$.

$f'''(0) = -2 \neq 0$; $f'(0) = 0$, also Sattelpunkt $W_1(0 \mid 4)$

$f'''(-1) = 1 \neq 0$; $f'(-1) = -\frac{5}{12}$, also Wendepunkt $W_2\left(-1 \mid \frac{21}{5}\right)$,

kein Sattelpunkt
$f'''(2) = 10 \neq 0$; $f'(2) = -\frac{8}{3}$, also Wendepunkt $W_3\left(2 \mid \frac{8}{5}\right)$,

kein Sattelpunkt
Wendetangenten:
t_1: $y = 4$

t_2: $\frac{y - \frac{21}{5}}{x + 1} = -\frac{5}{12}$, bzw. $y = -\frac{5}{12}x + \frac{227}{60}$

t_3: $\frac{y - \frac{8}{5}}{x - 2} = -\frac{8}{3}$ bzw. $y = -\frac{8}{3}x + \frac{104}{15}$

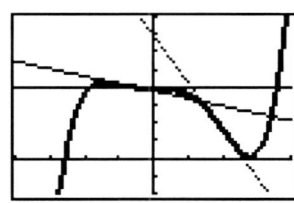

157

7. e) $f'(x) = 3x^2 - 12x$; $f''(x) = 6x - 12$; $f'''(x) = 6$
Aus $f''(x) = 0$ folgt $x = 2$
$f'''(2) \neq 0$; $f'(2) = -12$, also W (2 | –16),
kein Sattelpunkt
Wendetangente:
$\frac{y+16}{x-2} = -12$ bzw. $y = -12x + 8$

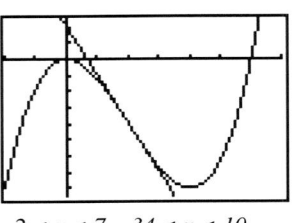

$-2 < x < 7, -34 < y < 10$

f) $f'(x) = \frac{3}{8}x^4 - 3x^2$; $f''(x) = \frac{3}{2}x^3 - 6x$; $f'''(x) = \frac{9}{2}x^2 - 6$
Aus $f''(x) = 0$ folgt $x = -2$ oder $x = 0$ oder $x = 2$
$f'''(-2) = 12 \neq 0$; $f'(-2) = -6$, also $W_1\left(-2 \mid \frac{28}{5}\right)$, kein Sattelpunkt
$f'''(0) = -6 \neq 0$; $f'(0) = 0$, also W_2 (0 | 0), Sattelpunkt
$f'''(2) = 12 \neq 0$; $f'(2) = -6$, also $W_3\left(2 \mid -\frac{28}{5}\right)$, kein Sattelpunkt

Wendetangenten:

$t_1: \frac{y - \frac{28}{5}}{x+2} = -6$ bzw. $y = -6x - \frac{32}{5}$

$t_2: y = 0$

$t_3: \frac{y + \frac{28}{5}}{x-2} = -6$ bzw. $y = -6x + \frac{32}{5}$

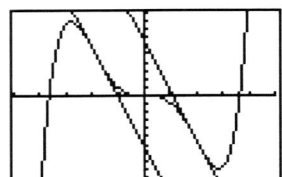

8. a) Das Schaubild von f ist an der Stelle x_0 am steilsten, an der f' ein Maximum besitzt, also $f''(x_0) = 0$ und $f'''(x_0) < 0$ gilt.
Setze $f''(x) = -\frac{9}{2}x + 9 = 0$, also $x = 2$.
$f'''(2) = -\frac{9}{2} < 0$
Das Schaubild von f ist an der Stelle $x = 2$ am steilsten.

b) $f(2) = 1$; $f'(2) = 5$
Gleichung der Wendetangente: $\frac{y-1}{x-2} = 5$ bzw. $y = 5x - 9$

158

9. a) Nullstellen von f' sind mögliche Extremstellen von f, also
$x_1 \in [-5; 4]$, $f'(x_1) = 0$, $f''(x_1) > 0$;
$x_2 = 0$, $f'(0) = 0$, $f''(0) < 0$;
$x_3 \in [1; 2]$, $f'(x_3) = 0$, $f''(x_3) > 0$
An den Stellen x_1 und x_3 hat das Schaubild von f jeweils einen Tiefpunkt, an der Stelle $x_2 = 0$ einen Hochpunkt.

158

9. a) Fortsetzung
Nullstellen von f'' sind mögliche Wendestellen von f, also
$x_4 = -3$: $f''(-3) = 0$,
f'' hat Vorzeichenwechsel von + nach −,
$x_5 = 1$: $f''(1) = 0$,
f'' hat Vorzeichenwechsel von − nach +.
An den Stellen $x_4 = -3$ und $x_5 = 1$ hat das Schaubild von f Wendepunkte.

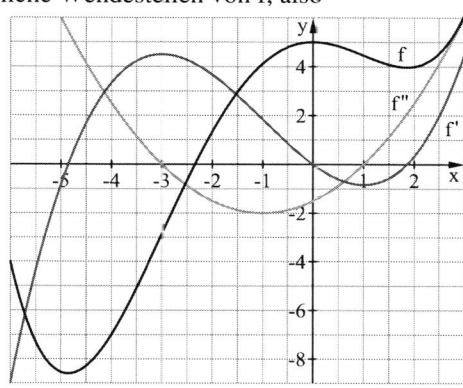

b) $x_1 = 0$: $f'(0) = f''(0) = 0$; f' hat Vorzeichenwechsel von + nach −, f'' hat keinen Vorzeichenwechsel, also hat das Schaubild von f einen Hochpunkt an der Stelle $x = 0$.
$x_2 \in [2; 3]$: $f'(x_2) = 0$, $f''(x_2) > 0$, also hat das Schaubild von f einen Tiefpunkt an der Stelle x_2.
$x_3 = 2$: $f''(2) = 0$, f'' hat Vorzeichenwechsel von − nach +, also hat das Schaubild von f einen Wendepunkt an der Stelle x_3.

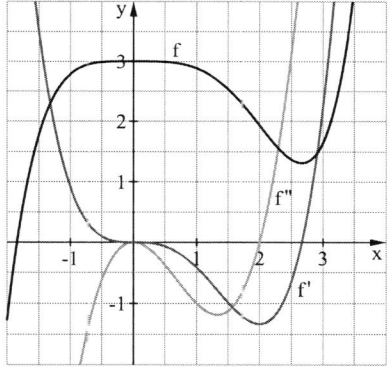

10. Aus $f''(x) = 6x + 6 = 0$ folgt $x = -1$
$f'''(-1) = 6 \neq 0$; $f'(-1) = -3$; also W$(-1 \mid -2)$
Wendetangente: $\frac{y+2}{x+1} = -3$ bzw. $y = -3x - 5$
Schnittpunkte der Wendetangente mit den Koordinatenachsen:
P$(0 \mid -5)$, Q$\left(-\frac{5}{3} \mid 0\right)$
Länge der Strecke $\overline{PQ}$: $\sqrt{\left(0+\frac{5}{3}\right)^2 + (-5-0)^2} = \sqrt{\frac{250}{9}} = \frac{5}{3}\sqrt{10} \approx 5{,}3$

158

11. Aus $f''(x) = \frac{1}{4}x^2 - \frac{1}{4}x - \frac{3}{2} = 0$ folgt $x = -2$ oder $x = 3$

$f'''(-2) = -\frac{5}{4} \neq 0$; $f'(-2) = \frac{11}{16}$, also $W_1\left(-2 \mid -\frac{11}{6}\right)$

$f'''(3) = \frac{5}{4} \neq 0$; $f'(3) = -\frac{27}{8}$, also $W_2\left(3 \mid -\frac{91}{16}\right)$

Gleichungen der Wendetangenten:

$t_1: \frac{y + \frac{11}{6}}{x+2} = \frac{11}{6}$ bzw. $y = \frac{11}{6}x + \frac{11}{6}$

$t_2: \frac{y + \frac{91}{16}}{x-3} = -\frac{27}{8}$ bzw. $y = -\frac{27}{8}x + \frac{71}{16}$

Schnittpunkt der Wendetangenten: $\frac{11}{6}x + \frac{11}{6} = -\frac{27}{8}x + \frac{71}{16}$, also $x = \frac{1}{2}$

Damit $S\left(\frac{1}{2} \mid \frac{11}{4}\right)$

Schnittwinkel: $\tan(\delta) = \frac{-\frac{27}{8} - \frac{11}{6}}{1 + \frac{11}{6} \cdot \left(-\frac{27}{8}\right)}$, also $\delta \approx 45{,}1°$

12. Aus $f''(x) = 0$ folgt $x = 2$
für $x < 2$: $f''(x) < 0$
für $x > 2$: $f''(x) > 0$
Damit bildet das Schaubild
von f für $x < 2$ eine
Rechtskurve, für $x > 2$
eine Linkskurve.

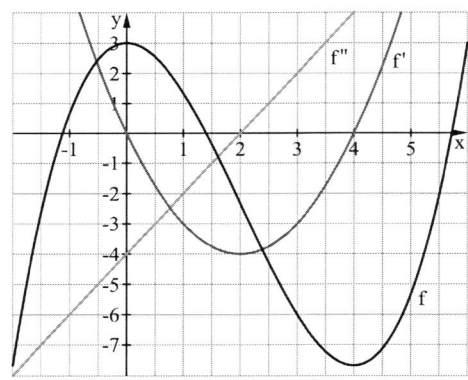

13. Aus $f''(x) = 6x^3 - 24x = 6x(x^2 - 4)$ folgt $x = -2$ oder $x = 0$ oder $x = 2$

$f'''(-2) = 48 \neq 0$, also $W_1\left(-2 \mid \frac{17}{5}\right)$

$f'''(0) = -24 \neq 0$, also $W_2(0 \mid 1)$

$f'''(2) = 48 \neq 0$, also $W_3\left(2 \mid -\frac{7}{5}\right)$

Gerade g durch W_1 und W_2: $\frac{y-1}{x} = \frac{\frac{17}{5} - 1}{-2}$ bzw. $y = -\frac{6}{5}x + 1$

Punktprobe W_3 auf g: $-\frac{7}{5} = -\frac{6}{5} \cdot 2 + 1$

$ -\frac{7}{5} = -\frac{7}{5}$ richtig

Damit lautet die Gleichung der Geraden g, auf der die drei Wendepunkte liegen: $g: y = -\frac{6}{5}x + 1$

158

14. a) Die Aussage ist falsch. Gegenbeispiel: $f(x) = x^5$
An der Stelle $x = 0$ liegt ein Wendepunkt, obwohl $f''(0) = f'''(0) = 0$

b) Die Aussage ist richtig. Für eine Extremstelle x_0 von f' gilt:
$f''(x_0) = 0$ und f'' erfährt einen Vorzeichenwechsel.
Damit ist ein hinreichendes Kriterium für Wendestellen erfüllt.

c) Die Aussage ist falsch. Gegenbeispiel: $f(x) = x^4$
An der Stelle $x = 0$ liegt ein Tiefpunkt, obwohl $f'(0) = f''(0) = 0$ gilt.

d) Die Aussage ist richtig.
In der Umgebung eines Hochpunktes ist das Schaubild einer Funktion f rechtsgekrümmt, in der Umgebung eines Tiefpunktes linksgekrümmt. Bei einer stetigen Funktion liegt zwischen einer Linkskurve und einer Rechtskurve immer ein Wendepunkt.

15. a) Aus $f_t''(x) = 12tx^2 + 24x + 4 = 0$ folgt $x_{1,2} = \frac{-3 \pm \sqrt{9-3t}}{3t}$

$f_t''(x) = 0$ hat zwei verschiedene Lösungen, falls $9 - 3t > 0$, also für $t < 3$.

$f_t'''\left(\frac{-3 \pm \sqrt{9-3t}}{3t}\right) = \pm 8\sqrt{9-3t} \neq 0$ für $t < 3$

Also hat f_t für $t < 3$ zwei Wendestellen.

b) Aus $f_t''(x) = x^3 - (t-1) \cdot x = x\left(x^2 - (t-1)\right) = 0$ folgt

$x_1 = 0$; $x_{2,3} = \pm\sqrt{t-1}$ für $t \geq 1$

$f'''(0) = -t + 1 \neq 0$ für $t \neq 1$

$f'''\left(\pm\sqrt{t-1}\right) = 2t - 2 \neq 0$ für $t = 1$

Für $t < 1$: Das Schaubild von f_t hat eine Wendestelle $x = 0$.

Für $t = 1$: Das Schaubild von f_t hat eine Wendestelle $x = 0$

(Vorzeichenwechsel von f_t'' an der Stelle $x = 0$)

Für $t > 1$: Das Schaubild von f_t hat drei Wendestellen $x_1 = 0$;
$x_{2,3} = \pm\sqrt{t-1}$

159

16.

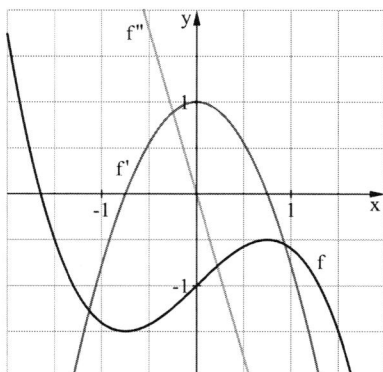

17. $f(x) = ax^3 + bx^2 + cx + d$

Aus $f''(x) = 6ax + 2b = 0$ folgt $x = -\frac{b}{3a}$.

Der Wendepunkt liegt auf der y-Achse, falls $-\frac{b}{3a} = 0$, also falls $b = 0$.

Bei ganzrationalen Funktionen dritten Grades der Form $f(x) = ax^3 + cx + d$ liegt der Wendepunkt auf der x-Achse.

18. **a)** Die Aussage ist richtig.
Die Stellen $x = -1$, $x = 1$ und $x = 3$ sind Extremstellen von f', es gilt also: $f''(x) = 0$.
An den Stellen $x = -1$ und $x = 3$ erfährt f'' jeweils einen Vorzeichenwechsel von − nach +.
An der Stelle $x = 1$ erfährt f'' einen Vorzeichenwechsel von + nach − und es gilt $f'(1) = 0$.
Damit ist an den drei Stellen die hinreichende Bedingung für einen Wendepunkt erfüllt. An den Stellen $x = -1$ und $x = 3$ liegen Wendepunkte, an der Stelle $x = 1$ ein Sattelpunkt.

b) Die Aussage ist falsch.
$x = 1$ ist Extremstelle von f', also $f''(1) = 0$.

c) Die Aussage ist richtig.
f' ist im Intervall $[1; 3]$ streng monoton fallend, es gilt:
$f''(x) < 0$ für $1 < x < 3$ und
$f''(x) = 0$ für $x = 1$ oder $x = 3$
D. h., das Schaubild von f bildet im Intervall $]1; 3[$ eine Rechtskurve, an den Stellen $x = 1$ und $x = 3$ liegen Wendepunkte.

d) Die Aussage ist richtig.
Es gilt: $f'(x) < 0$ für $-1 \leq x < 1$ oder $1 < x \leq 3$ und $f'(1) = 0$.
An der Stelle $x = 1$ liegt ein Sattelpunkt, also ist f streng monoton fallend auf dem ganzen Intervall $[-1; 3]$.

19. a) b) c)

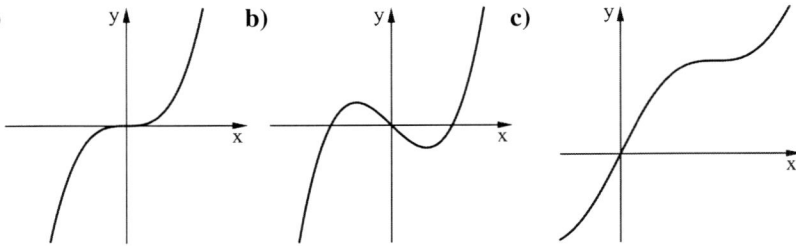

20. **a)** „Die Zuwachsraten sinken."
Grafisch bedeutet dies, dass die Steigungen geringer werden, dass sich also das Schaubild in einer Rechtskurve befindet.

b) „Der Aufschwung erlahmt."
Hier gilt gleiches wie in a).

20. c) „Eine Trendwende ist eingetreten."
Eine Trendwende tritt im Wendepunkt eines Schaubildes ein. Hier kann man 4 Fälle unterscheiden:
(1) Das Schaubild steigt, die Steigung wird zunächst flacher; nach der Trendwende wird die Steigung wieder steiler (Übergang von Rechts- in Linkskurve).
(2) Das Schaubild fällt, die Steigung wird zunächst steiler; nach der Trendwende wird die Steigung wieder flacher (Übergang von Rechts- in Linkskurve).
(3) Das Schaubild steigt, die Steigung wird zunächst steiler; nach der Trendwende wird die Steigung wieder flacher (Übergang von Links- in Rechtskurve).
(4) Das Schaubild fällt, die Steigung wird zunächst flacher; nach der Trendwende wird die Steigung wieder steiler (Übergang von Links- in Rechtskurve).
d) „Die Talfahrt ist gebremst."
Entspricht c) (2)

21. $f''(x) > 0$ für $x \in I$ bedeutet:
(1) f' ist streng monoton wachsend für $x \in I$.
(2) Das Schaubild von f bildet für $x \in I$ eine Linkskurve.

22. $f''(x_0) = 0$ bedeutet, dass das Schaubild von f' an der Stelle x_0 einen Punkt mit waagerechter Tangente besitzt.

1. Möglichkeit: An der Stelle x_0 hat das Schaubild von f' einen Extrempunkt.

2. Möglichkeit: An der Stelle x_0 hat das Schaubild von f' einen Sattelpunkt.

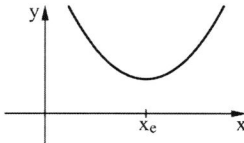
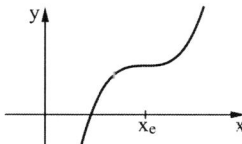

23. Das Schaubild von f ist an der Stelle x_0 am steilsten, an der f' ein Maximum besitzt, also an der gilt:
$f''(x_0) = 0$ und $f'''(x_0) < 0$.
Aus $f''(x) = -x + 2$ folgt $x = 2$.
$f'''(2) = -1 < 0$, d. h. das Schaubild von f steigt am stärksten an der Stelle $x = 2$.

160

24. (Ergänzung für 1. und 2. Auflage des Lehrbuchs: In der zweiten Zeile der GTR-Bilder ist links das Schaubild zur Funktion i, in der Mitte zur Funktion k und rechts das zur Funktion l abgebildet.)
(1) Zu f gehört als Ableitungsfunktion l.
f ist eine ganzrationale Funktion 3. Grades, l eine quadratische Funktion. Die Nullstellen von l stimmen mit den Extremstellen von f, die Extremstelle von l mit der Wendestelle von f überein.
(2) Zu g gehört als Ableitungsfunktion k.
g ist eine ganzrationale Funktion 3. Grades, k eine quadratische Funktion.
Die Nullstellen von k stimmen mit den Extremstellen von g, die Extremstelle von k mit der Wendestelle von g überein.
(3) Zu h gehört als Ableitungsfunktion i.
h ist eine quadratische, i eine lineare Funktion.
Die Nullstelle von i stimmt mit der Extremstelle von h überein. i hat an dieser Stelle einen Vorzeichenwechsel von + nach −, d. h. das Schaubild von h hat an dieser Stelle einen Hochpunkt.

25. a)

$0 \leq x \leq 10, \ 0 \leq y \leq 25\,000$

b)

Tag	Anzahl der Erkrankten	Änderungsrate (in Erkrankten pro Tag)	Änderungsrate der Änderungsrate (in Mehr-Erkrankten pro Tag)
1	70	70	70
2	220	150	80
3	700	480	330
4	2 200	1 500	1 020
5	6 100	3 900	2 400
6	13 000	6 900	3 000
7	20 000	7 000	100
8	23 000	3 000	−4 000
9	24 500	1 500	−1 500

Der Zeitpunkt, zu dem die Zahl der zusätzlichen Erkrankungen pro Tag abnimmt, kennzeichnet die Trendwende.
Auch in diesem Beispiel kennzeichnet die Stelle, an der die Steigung des Schaubildes flacher wird, den Zeitpunkt, zu dem die Trendwende eintritt. Hier tritt die Trendwende am 6. Tag ein.

3.4 Ausführliche Untersuchung ganzrationaler Funktionen

165

3. a) $f'(x) = x^2 - 4x + 3{,}99$; $f''(x) = 2x - 4$
Extremstellen: Setze $f'(x) = 0$; damit ist $x_e = 1{,}9$ oder $x_e = 2{,}1$
$f''(1{,}9) = -0{,}2 < 0$, also H $(1{,}9 \mid \approx 1{,}6473)$
$f''(2{,}1) = 0{,}2 > 0$, also T $(2{,}1 \mid 1{,}646)$
Wendestelle: Setze $f''(x) = 0$; damit ist $x_W = 2$
$f'''(2) = 2 \neq 0$, also W $(2 \mid \approx 1{,}6467)$
Die Vermutung ist falsch, das Schaubild von f hat keinen Sattelpunkt, sondern einen Hoch-, einen Tief- und einen Wendepunkt, die sehr dicht beieinander liegen.

b)
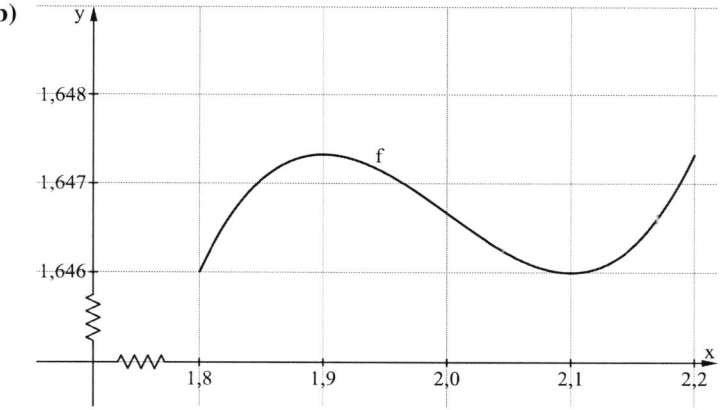

4. a) $f(x) = ax^3 + bx^2 + cx + d$; $f'(x) = 3ax^2 + 2bx + c$; $f''(x) = 6ax + 2b$, $a \neq 0$
Extremstellen: Setze $f'(x) = 0$; damit ist $x_{1,2} = \frac{-b \pm \sqrt{b^2 - 3ac}}{3a}$
keine Extremstelle, falls $b^2 - 3ac < 0$, also $b^2 < 3ac$
eine mögliche Extremstelle, falls $b^2 = 3ac$
zwei mögliche Extremstellen, falls $b^2 > 3ac$
Wendestellen: Setze $f''(x) = 0$; damit ist $x_W = -\frac{b}{3a}$
$f'''\left(-\frac{b}{3a}\right) = 6a \neq 0$, da $a \neq 0$
D. h. das Schaubild jeder ganzrationalen Funktion 3. Grades besitzt genau einen Wendepunkt.
Beispiele:
(1) $b^2 < 3ac$: Keine Extrempunkte, ein Wendepunkt
Beispiel: $f(x) = x^3 - 3x^2 + 5x - 2$

165

4. a) (2) $b^2 = 3ac$

Die mögliche Extremstelle $x_1 = -\frac{b}{3a}$ stimmt mit Wendestelle überein, d. h. an der Stelle $x_1 = -\frac{b}{3a}$ liegt ein Sattelpunkt.

Beispiel: $f(x) = x^3 - 3x^2 + 3x - 2$

(3) $b^2 > 3ac$; zwei Extrempunkte, ein Sattelpunkt

Beispiel: $f(x) = x^3 - 4x^2 + 3x - 2$

b) Wir betrachten den Fall $b^2 > 3ac$:

Beispiel: $f(x) = \frac{1}{3}x^3 + \frac{1}{2}x^2 - 2x + 2$

$H\left(-2 \mid \frac{16}{3}\right)$, $T\left(1 \mid \frac{5}{6}\right)$, $W\left(-\frac{1}{2} \mid \frac{37}{12}\right)$

W ist der Mittelpunkt der Strecke $\overline{HT}$.
Wir vermuten: Das Schaubild einer ganzrationalen Funktion 3. Grades ist punktsymmetrisch zum Wendepunkt.

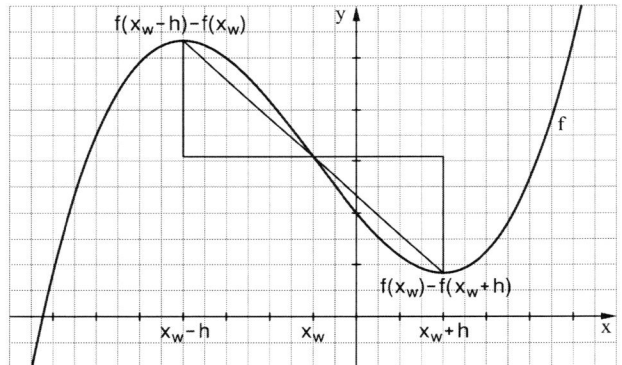

Zu zeigen ist: $f(x_W + h) - f(x_W) = f(x_W) - f(x_W - h)$ bzw.
$f(x_W + h) + f(x_W - h) = 2 \cdot f(x_W)$ für $h \in \mathbb{R}$.

$x_W = -\frac{b}{3a}$; $f(x_W) = -\frac{bc}{3a} + \frac{2b^3}{27a^2} + d$

$f(x_W + h) = f\left(-\frac{b}{3a} + h\right) = a\left(-\frac{b}{3a} + h\right)^3 + b\left(-\frac{b}{3a} + h\right)^2 + c\left(-\frac{b}{3a} + h\right) + d$

$= ah^3 - \frac{b^2h}{3a} - \frac{bc}{3a} + \frac{2b^3}{27a^2} + ch + d$

Entsprechend:

$f\left(-\frac{b}{3a} - h\right) = -ah^3 + \frac{b^2h}{3a} - \frac{bc}{3a} + \frac{2b^3}{27a^2} - ch + d$, also

$f(x_W + h) + f(x_W - h) = -2 \cdot \frac{bc}{3a} + 2 \cdot \frac{2b^3}{27a^2} + 2 \cdot d$

$= 2 \cdot \left(-\frac{bc}{3a} + \frac{2b^3}{27a^2} + d\right) = 2 \cdot f(x_W)$

165

5. a) $f'(x) = x^2 - 3$; $f''(x) = 2x$; $f'''(x) = 3$
Das Schaubild von f ist punktsymmetrisch zum Koordinatenursprung.
Nullstellen: $\frac{1}{3}x_0(x_0^2 - 9) = 0$, also $x_0 = 0$ oder $x_0 = -3$ oder $x_0 = 3$.
$N_1(0 \mid 0)$; $N_2(-3 \mid 0)$; $N_3(3 \mid 0)$
Extrempunkte: $x_e^2 - 3 = 0$, also $x_e = -\sqrt{3}$ oder $x_e = \sqrt{3}$
$f''(-\sqrt{3}) = -2\sqrt{3} < 0$, also $H(-\sqrt{3} \mid 2\sqrt{3})$
Aufgrund der Punktsymmetrie zum Koordinatenursprung:
$T(\sqrt{3} \mid -2\sqrt{3})$

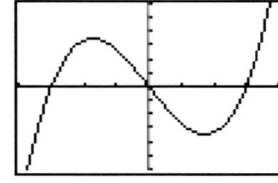

Wendepunkt: $2x_W = 0$, also $x_W = 0$
$f'''(0) \neq 0$, damit $W(0 \mid 0) = N_1$

b) $f'(x) = 3x^2 - 12x + 9$; $f''(x) = 6x - 12$; $f'''(x) = 6 \neq 0$
Keine Symmetrie zum Koordinatenursprung oder zur y-Achse erkennbar.
Nullstellen: $x_0^3 - 6x_0^2 + 9x_0 - 4 = 0$
Durch Probieren erhält man $x = 1$.
Polynomdivision $(x^3 - 6x^2 + 9x - 4) : (x - 1) = x^2 - 5x + 4$
Setze $x^2 - 5x + 4 = 0$, also $x_0 = 1$ oder $x_0 = 4$.
Damit $N_1(1 \mid 0)$; $N_2(4 \mid 0)$
Extrempunkte: $3x_e^2 - 12x_e + 9 = 0$,
also $x_e = 1$ oder $x_e = 3$
$f''(1) = -6 < 0$, also $H(1 \mid 0) = N_1$
$f''(3) = 6 > 0$, also $T(3 \mid -4)$

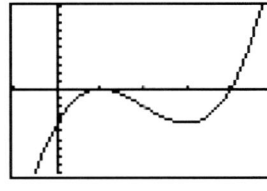

Wendepunkt: $6x_W - 12 = 0$, also $x_W = 2$
$f'''(2) \neq 0$, damit $W(2 \mid -2)$

c) $f'(x) = \frac{3}{16}x^2 + \frac{1}{4}$; $f''(x) = \frac{3}{8}x$; $f'''(x) = \frac{3}{8} \neq 0$
Keine Symmetrie zum Koordinatenursprung oder zur y-Achse erkennbar.
Nullstellen: $\frac{1}{16}x_0^3 + \frac{1}{4}x_0 + 1 = 0$ bzw. $x_0^3 + 4x_0 + 16 = 0$
$x_0 = -2$ ist einzige Lösung; $N(-2 \mid 0)$
Extrempunkte: $\frac{3}{16}x_e^2 + \frac{1}{4} = 0$
hat keine Lösung,
also hat f keine Extrempunkte.

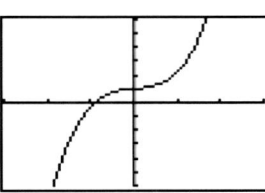

Wendepunkt: $\frac{3}{8}x_W = 0$, also $x_W = 0$
$f'''(0) \neq 0$; damit ist $W(0 \mid 1)$ Wendepunkt.

165 5. d) $f'(x) = \frac{1}{6}x^3 - \frac{3}{2}x$; $f''(x) = \frac{1}{2}x^2 - \frac{3}{2}$; $f'''(x) = x$

Das Schaubild von f ist achsensymmetrisch zur y-Achse.

Nullstellen: $\frac{1}{24}x_0^4 - \frac{3}{4}x_0^2 + \frac{7}{3} = 0$ bzw. $x_0^4 - 18x_0^2 + 56 = 0$

Substitution: $x_0^2 = u$, $u^2 - 18u + 56 = 0$, also u = 4 oder u = 14.

Damit $x_{1,2} = \pm 2$; $x_{3,4} = \pm\sqrt{14}$

$N_{1,2}(\pm 2 \mid 0)$; $N_{3,4}(\pm\sqrt{14} \mid 0)$

Extrempunkte: $\frac{1}{6}x_e(x_e^2 - 9) = 0$, also $x_e = 0$ oder $x_e = -3$ oder $x_e = 3$

$f''(0) = -\frac{3}{2} < 0$, also $H\left(0 \mid \frac{7}{3}\right)$

$f''(-3) = 3 > 0$, also $T_1\left(-3 \mid -\frac{25}{24}\right)$

Aufgrund der Achsensymmetrie: $T_2\left(3 \mid -\frac{25}{24}\right)$

Wendepunkte: $\frac{1}{2}x_W^2 - \frac{3}{2} = 0$,

also $x_W = -\sqrt{3}$ oder $x_W = \sqrt{3}$

$f'''(\pm\sqrt{3}) = \pm\sqrt{3} \neq 0$, also $W_{1,2}\left(\pm\sqrt{3} \mid \frac{11}{24}\right)$

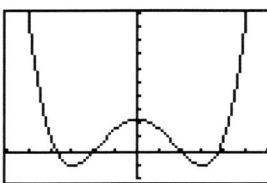

e) $f'(x) = 4x^3 - 12x$; $f''(x) = 12x^2 - 12$; $f'''(x) = 24x$

Das Schaubild von f ist achsensymmetrisch zur y-Achse.

Nullstellen: $x_0^4 - 6x_0^2 + 5 = 0$;

Substitution $x_0^2 = u$, also $u^2 - 6u + 5 = 0$; damit ist u = 1 oder u = 5 und

$x_{1,2} = \pm 1$; $x_{3,4} = \pm\sqrt{5}$

$N_{1,2}(\pm 1 \mid 0)$; $N_{3,4}(\pm\sqrt{5} \mid 0)$

Extrempunkte: $4x_e(x_e^2 - 3) = 0$, also $x_e = 0$ oder $x_e = -\sqrt{3}$ oder $x_e = \sqrt{3}$

$f''(0) = -12 < 0$, also $H(0 \mid 5)$

$f''(-\sqrt{3}) = 24 > 0$, also $T_1(-\sqrt{3} \mid -4)$

Aufgrund der Achsensymmetrie: $T_2(\sqrt{3} \mid -4)$

Wendepunkte: $12(x_W^2 - 1) = 0$,

also $x_W = -1$ oder $x_W = 1$

$f'''(\pm 1) = \pm 24 \neq 0$, also $W_{1,2}(\pm 1 \mid 0) = N_{1,2}$

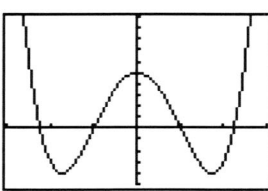

165 5. f) $f'(x) = \frac{4}{9}x^3 + \frac{8}{3}x^2 + 4x$; $f''(x) = \frac{4}{3}x^2 + \frac{16}{3}x + 4$; $f'''(x) = \frac{8}{3}x + \frac{16}{3}$

Keine Symmetrie zum Koordinatenursprung oder zu y-Achse erkennbar.

Nullstellen: $x_0^2 \left(\frac{1}{9}x_0^2 + \frac{8}{9}x_0 + 2 \right) = 0$, also $x_0 = 0$ einzige Lösung.

N (0 | 0)

Extrempunkte: $x_e \left(\frac{4}{9}x_e^2 + \frac{8}{3}x_e + 4 \right) = 0$, also $x_e = 0$ oder $x_e = -3$

$f''(0) = 4 > 0$, also T (0 | 0) = N

$f''(-3) = 0$, weitere Untersuchungen notwendig (s.u.)

Wendepunkte: $\frac{4}{3}x_W^2 + \frac{16}{3}x_W + 4 = 0$,

also $x_W = -3$ oder $x_W = -1$

$f'''(-3) = -\frac{8}{3} \neq 0$, also Sattelpunkt W_1 (-3 | 3)

$f'''(-1) = \frac{8}{3} \neq 0$, also $W_2 \left(-1 \bigg| \frac{11}{9} \right)$

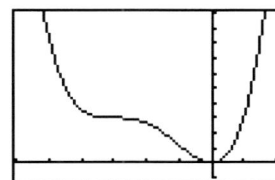

g) $f'(x) = \frac{2}{3}x^3 - 2x + \frac{4}{3}$; $f''(x) = 2x^2 - 2$; $f'''(x) = 4x$

Keine Symmetrie zum Koordinatenursprung oder zu y-Achse erkennbar.

Nullstellen: $x_0^4 - 6x_0^2 + 8x_0 - 3 = 0$, durch Probieren erhält man $x_0 = -3$

Polynomdivision:
$\left(x^4 - 6x^2 + 8x - 3 \right) : (x + 3) = x^3 - 3x^2 + 3x - 1 = (x-1)^3$,

also $x_0 = -3$ oder $x_0 = 1$; N_1 (-3 | 0); N_2 (1 | 0)

Extrempunkte: $2x_e^3 - 6x_e + 4 = 0$, durch Probieren erhält man $x_e = 1$

Polynomdivision: $\left(2x^3 - 6x + 4 \right) : (x - 1) = 2x^2 + 2x - 4$

Setze $2x_e^2 + 2x_e - 4 = 0$, also $x_e = 1$ oder $x_e = -2$

$f''(1) = 0$; weitere Untersuchungen notwendig (s. u.)

$f''(-2) = 6 > 0$, also $T \left(-2 \bigg| -\frac{9}{2} \right)$

Wendepunkte: $2 \left(x_W^2 - 1 \right) = 0$,

also $x_W = -1$ oder $x_W = 1$

$f'''(-1) = -4 \neq 0$, $W_1 \left(-1 \bigg| -\frac{8}{3} \right)$

$f'''(1) = 4 \neq 0$, Sattelpunkt W_2 (1 | 0)

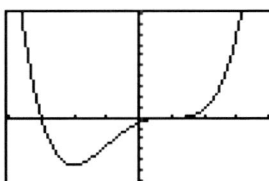

5. h) $f'(x) = \frac{3}{2}x^2 + x - \frac{5}{2}$; $f''(x) = 3x + 1$; $f'''(x) = 3 \neq 0$

Nullstellen: $\frac{1}{2}(x_0 - 1)^2 \cdot (x_0 + 3) = 0$, also $x_0 = 1$ oder $x_0 = -3$

$N_1(1 \mid 0)$; $N_2(-3 \mid 0)$

Extrempunkte: $3x_e^2 + 2x_e - 5 = 0$, also $x_e = -\frac{5}{3}$ oder $x_e = 1$

$f''\left(-\frac{5}{3}\right) = -4 < 0$, also $H\left(-\frac{5}{3} \mid \frac{128}{27}\right)$

$f''(1) = 4 > 0$, also $T(1 \mid 0)$

Wendepunkt: $3x_W + 1 = 0$, also $x_W = -\frac{1}{3}$

$f'''\left(-\frac{1}{3}\right) \neq 0$, also $W\left(-\frac{1}{3} \mid \frac{64}{27}\right)$

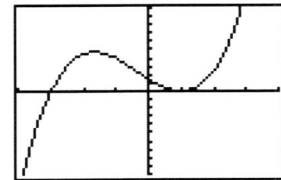

i) $f'(x) = \frac{1}{4}x^4 - 2x^2 + 4$; $f''(x) = x^3 - 4x$; $f'''(x) = 3x^2 - 4$

Das Schaubild von f ist punktsymmetrisch zum Ursprung.

Nullstellen: $x_0\left(\frac{1}{20}x_0^4 - \frac{2}{3}x_0^2 + 4\right) = 0$; $x_0 = 0$ einzige Lösung

$N(0 \mid 0)$

Extrempunkte: $x_e^4 - 8x_e^2 + 16 = 0$ bzw. $\left(x_e^2 - 4\right)^2 = 0$, also

$x_e = -2$ oder $x_e = 2$

$f''(-2) = 0$ und $f''(2) = 0$, weitere Untersuchung notwendig (s. u.)

Wendepunkte: $x_W\left(x_W^2 - 4\right) = 0$, also $x_W = 0$ oder $x_W = 2$ oder

$x_W = -2$

$f'''(0) = -4 \neq 0$, also $W_1(0 \mid 0) = N$

$f'''(-2) = 8 \neq 0$,

also Sattelpunkt $W_2\left(-2 \mid -\frac{64}{15}\right)$

Aufgrund der Punktsymmetrie:

Sattelpunkt $W_3\left(2 \mid \frac{64}{15}\right)$

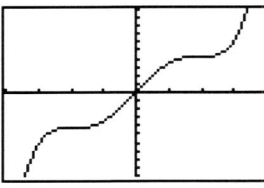

6. a) $f'(x) = \frac{3}{2}x^2 - 4x$; $f''(x) = 3x - 4$; $f'''(x) = 3$

Keine Symmetrie zum Koordinatenursprung oder zur y-Achse erkennbar.

Nullstellen: $N_1(\approx -1{,}09 \mid 0)$,

$N_2(\approx 1{,}57 \mid 0)$, $N_2(\approx 3{,}51 \mid 0)$

Extrempunkte: $H(0 \mid 3)$, $T\left(\frac{8}{3} \mid -\frac{47}{27}\right)$

Wendepunkt: $W\left(\frac{4}{3} \mid \frac{17}{27}\right)$

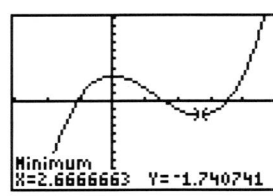

165 6. b) $f'(x) = x^3 - 4x$; $f''(x) = 3x^2 - 4$; $f'''(x) = 6x$
Das Schaubild von f ist symmetrisch zur y-Achse.
Nullstellen: $N_1 (\approx -2{,}61 \mid 0)$,
$N_2 (\approx -1{,}08 \mid 0)$, $N_3 (\approx 1{,}08 \mid 0)$,
$N_4 (\approx 2{,}61 \mid 0)$
Extrempunkte:
H (0 | 2), T_1 (−2 | −2), T_2 (2 | −2)
Wendepunkte:
$W_1 \left(-\frac{2}{\sqrt{3}} \mid -\frac{2}{9}\right)$, $W_2 \left(\frac{2}{\sqrt{3}} \mid -\frac{2}{9}\right)$

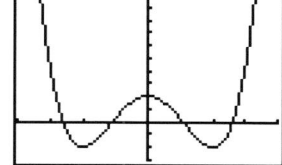

c) $f'(x) = \frac{1}{4}x^4 - 2x^2 + 3$; $f''(x) = x^3 - 4x$; $f'''(x) = 3x^2 - 4$
Das Schaubild von f ist punktsymmetrisch zum Ursprung.
Nullstellen: N (0 | 0)
Extrempunkte:
$H_1 \left(-\sqrt{6} \mid -\frac{4}{5}\sqrt{6}\right)$, $H_2 \left(\sqrt{2} \mid \frac{28}{15}\sqrt{2}\right)$,
$T_1 \left(-\sqrt{2} \mid -\frac{28}{15}\sqrt{2}\right)$, $T_2 \left(\sqrt{6} \mid \frac{4}{5}\sqrt{6}\right)$
Wendepunkte:
$W_1 \left(-2 \mid -\frac{34}{15}\right)$, $W_2 (0 \mid 0)$, $W_3 \left(2 \mid \frac{34}{15}\right)$

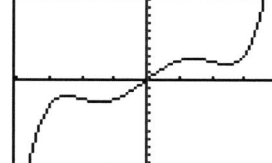

d) $f'(x) = \frac{3}{16}x^2 - \frac{3}{4}x - \frac{1}{4}$; $f''(x) = \frac{3}{8}x - \frac{3}{4}$; $f'''(x) = \frac{3}{8}$
Keine Symmetrie zum Koordinatenursprung oder zur y-Achse erkennbar.
Nullstellen: N_1 (−2 | 0), N_2 (2 | 0),
N_3 (6 | 0)
Extrempunkte:
H ($\approx$ −0,31 | $\approx$ 1,54), T ($\approx$ 4,31 | $\approx$ −1,54)
Wendepunkt: W (2 | 0) = N_2

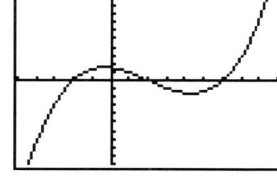

e) $f'(x) = x^3 + x^2 - 2x$; $f''(x) = 3x^2 + 2x - 2$; $f'''(x) = 6x + 2$
Keine Symmetrie zum Koordinatenursprung oder zur y-Achse erkennbar.
Nullstellen: $N_1 (\approx -2{,}89 \mid 0)$,
$N_2 (\approx 1{,}74 \mid 0)$
Extrempunkte: H (0 | −1),
$T_1 \left(-2 \mid -\frac{11}{3}\right)$, $T_2 \left(1 \mid -\frac{17}{12}\right)$
Wendepunkte: $W_1 (\approx -1{,}22 \mid \approx -2{,}53)$,
$W_2 (\approx 0{,}55 \mid \approx -1{,}22)$

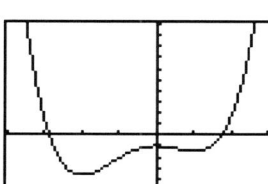

165

6. f) $f'(x) = \frac{1}{2}x^3 - \frac{3}{2}x^2 + \frac{3}{5}x$; $f''(x) = \frac{3}{2}x^2 - 3x + \frac{3}{5}$; $f'''(x) = 3x - 3$

Keine Symmetrie zum Koordinatenursprung oder zur y-Achse erkennbar.

Nullstellen: $N_1 (\approx -1{,}03 \mid 0)$, $N_2 (\approx 3{,}50 \mid 0)$

Extrempunkte: $H (\approx 0{,}48 \mid \approx -0{,}98)$, $T_1 (0 \mid -1)$, $T_2 (\approx 2{,}52 \mid \approx -2{,}06)$

Wendepunkte: $W_1 (\approx 0{,}23 \mid \approx -0{,}99)$, $W_2 (\approx 1{,}77 \mid \approx -1{,}61)$

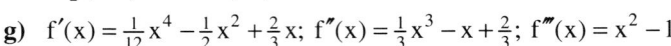

g) $f'(x) = \frac{1}{12}x^4 - \frac{1}{2}x^2 + \frac{2}{3}x$; $f''(x) = \frac{1}{3}x^3 - x + \frac{2}{3}$; $f'''(x) = x^2 - 1$

Keine Symmetrie zum Koordinatenursprung oder zur y-Achse erkennbar.

Nullstellen: $N_1 (\approx -3{,}77 \mid 0)$, $N_2 (\approx -1{,}39 \mid 0)$, $N_3 (\approx 2{,}44 \mid 0)$

Extrempunkte: $H (\approx -2{,}95 \mid \approx 2{,}46)$, $T (0 \mid -1)$

Wendepunkt: $W\left(-2 \mid \frac{17}{15}\right)$

An der Stelle $x = 1$ gilt $f''(1) = 0$, aber $f''(x) > 0$ für $x > -2$, $x \neq 1$, d. h. das Schaubild von f bildet für $x > -2$ eine Linkskurve, an der Stelle $x = 1$ liegt kein Wendepunkt.

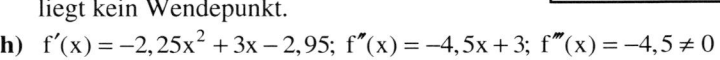

h) $f'(x) = -2{,}25x^2 + 3x - 2{,}95$; $f''(x) = -4{,}5x + 3$; $f'''(x) = -4{,}5 \neq 0$

Keine Symmetrie zum Koordinatenursprung oder zur y-Achse erkennbar.

Nullstellen: $N (\approx 1{,}61 \mid 0)$

Keine Extrempunkte

Wendepunkt: $W\left(\frac{2}{3} \mid \approx 2{,}48\right)$

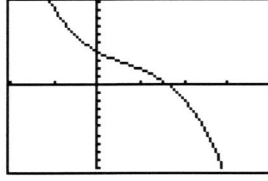

7. a) Setze $f''(x) = -3x^2 + 6x = 0$, also $x = 0$ oder $x = 2$

$f'''(0) = 6 \neq 0$, $f'(0) = 0$, also Sattelpunkt $W_1 (0 \mid 1)$

$f'''(2) = -6 \neq 0$, $f'(2) = 4$, $W_2 (2 \mid 5)$

Gleichungen der Wendetangenten:

t_1: $y = 1$

t_2: $\frac{y-5}{x-2} = 4$, also $y = 4x - 3$

Schnittwinkel: $\tan(\delta) = 4$, also $\delta \approx 76{,}0°$

b) Länge der Strecke $\overline{W_1 W_2}$:

$d = \sqrt{(2-0)^2 + (5-1)^2} = \sqrt{20}$

166

8. Setze $f'(x) = 3x^2 + 26x = 0$, also $x = 0$ oder $x = -\frac{2}{3}b$

   $f''(0) = 2b$; $f''\left(-\frac{2}{3}b\right) = -2b$

   Für $b > 0$: An der Stelle $x = 0$ liegt ein Tiefpunkt, an der Stelle $x = -\frac{2}{3}b$ ein Hochpunkt, also $T(0 \mid 1)$, $H\left(-\frac{2}{3}b \mid \frac{4}{27}b^3 + 1\right)$.
   Der Tiefpunkt liegt oberhalb der x-Achse.
   Für $b < 0$: An der Stelle $x = 0$ liegt ein Hochpunkt, an der Stelle $x = -\frac{2}{3}b$ ein Tiefpunkt, also $H(0 \mid 1)$, $T\left(-\frac{2}{3}b \mid \frac{4}{27}b^3 + 1\right)$. Der Tiefpunkt liegt unterhalb der x-Achse, falls $\frac{4}{27}b^3 + 1 < 0$, also falls $b^3 < -\frac{27}{4}$, also für $b < -\frac{3}{\sqrt[3]{4}} \approx -1{,}89$.
   Für $b = 0$ hat das Schaubild von f keine Extrempunkte.

9. Setze $f'(x) = -12x^2 + 12x = 0$, also $x = 0$ oder $x = 1$.
   $f''(0) = 12 > 0$, also $T(0 \mid -1)$
   $f''(1) = -12 < 0$, also $H(1 \mid 1)$
   Tangente im Hochpunkt: $y = 1$
   Schnitt von Tangente und Kurve im Punkt x_s: $-4x_s^3 + 6x_s^2 - 1 = 1$, also
   $4x_s^3 - 6x_s^2 + 2 = 0$
   $x_s = 1$ ist Berührstelle, also ermittelt man den Schnittpunkt durch
   Polynomdivision: $\left(4x^3 - 6x^2 + 2\right) : \left(x^2 - 2x + 1\right) = 4x + 2$
   Damit ist $x_s = -\frac{1}{2}$ Schnittstelle und $S\left(-\frac{1}{2} \mid 1\right)$.

10. a) 1. Möglichkeit: Rechnung anhand der Ableitungen von f
    2. Möglichkeit: Grafische Lösung anhand der Schaubilder der Ableitungsfunktionen f' und f'' bei entsprechender Ausschnittsvergrößerung (ZoomBox)

    b) $f'(x) = \frac{1}{4}x^3 - \frac{3}{2}x^2 + \frac{51}{20}x - \frac{13}{10}$; $f''(x) = \frac{3}{4}x^2 - 3x + \frac{51}{20}$
    Setze $f'(x) = 0$, also $5x^3 - 30x^2 + 51x - 26 = 0$.
    Durch Probieren erhält man $x_1 = 1$.
    Polynomdivision $\left(5x^3 - 30x^2 + 51x - 26\right) : (x - 1) = 5x^2 - 25x + 26$
    Setze $5x^2 - 25x + 26 = 0$; damit ist $x_{2,3} = \frac{25 \pm \sqrt{105}}{10}$
    Setze $f''(x) = 0$, also $5x^2 - 20x + 17 = 0$, damit ist $x_{4,5} = \frac{10 \pm \sqrt{15}}{5}$
    Die drei möglichen Extremstellen stimmen nicht mit den möglichen Wendestellen überein, somit hat das Schaubild drei Extrempunkte und keinen Sattelpunkt.

11. (1) Verhalten für $|x| \to \infty$
für $x \to -\infty$: $f(x) \to -\infty$, für $x \to +\infty$: $f(x) \to \infty$
(2) Nullstellen: $x^3\left(\frac{1}{5}x^2 - \frac{4}{3}\right) = 0$; damit ist $x_1 = 0$ dreifache Nullstelle (Sattelpunkt).

$x_{2,3} = \pm\sqrt{\frac{20}{3}} \approx \pm 2{,}58$

Für $x < -\sqrt{\frac{20}{3}}$: $f(x) < 0$.

Für $-\sqrt{\frac{20}{3}} < x < 0$: $f(x) > 0$, das Schaubild von f hat einen Hochpunkt in diesem Intervall.

$x = 0$ Sattelpunkt im Ursprung.

Für $0 < x < \sqrt{\frac{25}{3}}$: $f(x) < 0$, das Schaubild von f hat einen Tiefpunkt in diesem Intervall.

$x > \sqrt{\frac{20}{3}}$: $f(x) > 0$

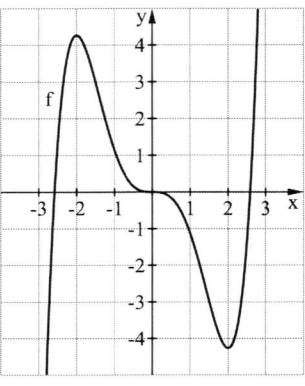

12. a) $f(x) = x^2(ax + b)$
Nullstellen: $x_1 =$ doppelte Nullstelle, also Extremstelle;
für $b \neq 0$: $x_2 = -\frac{b}{a}$.

(1) $b = 0$, $a > 0$ (2) $b = 0$, $a < 0$

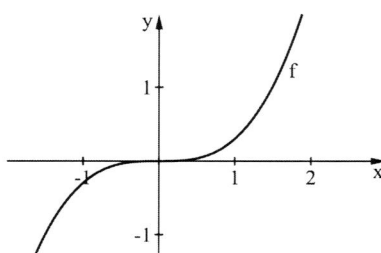 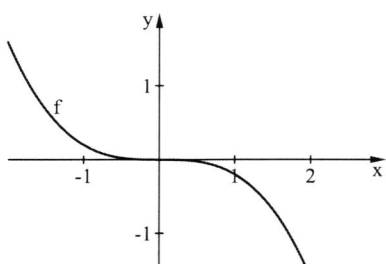

(3) $a > 0$, $b < 0$ (4) $a > 0$, $b > 0$

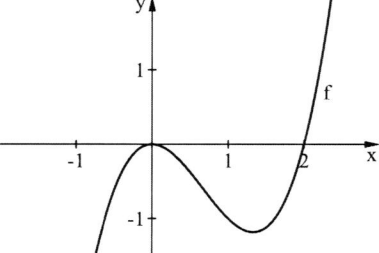 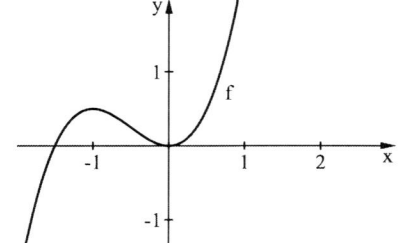

166

12. a) Fortsetzung
   (5) $a < 0, b > 0$ (6) $a < 0, b < 0$

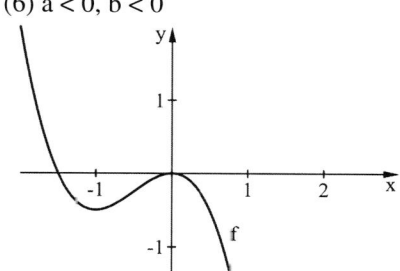

b) $f(x) = x^3(ax+b)$
   Nullstellen: $x_1 = 0$ dreifache Nullstelle (Sattelpunkt);
   für $b \neq 0$: $x_2 = -\frac{b}{a}$.

   (1) $b = 0, a > 0$ (2) $b = 0, a < 0$

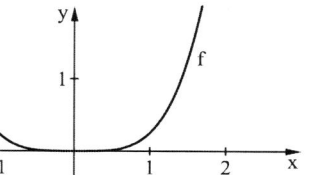
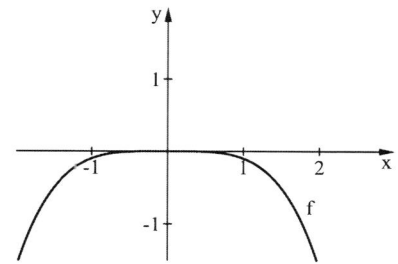

   (3) $a > 0, b < 0$ (4) $a > 0, b > 0$

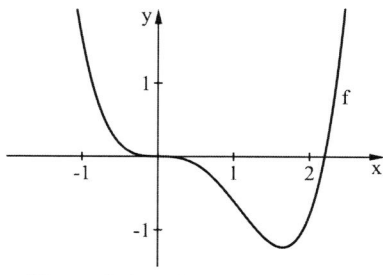
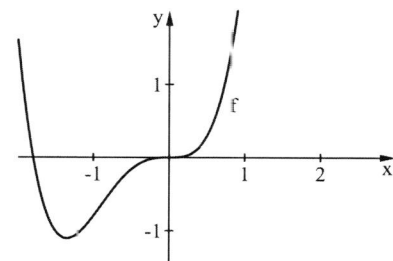

   (5) $a < 0, b > 0$ (6) $a < 0, b < 0$

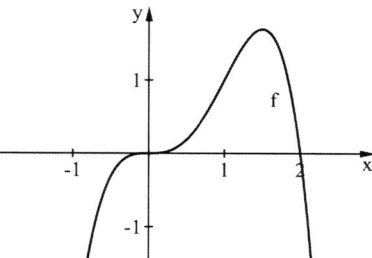
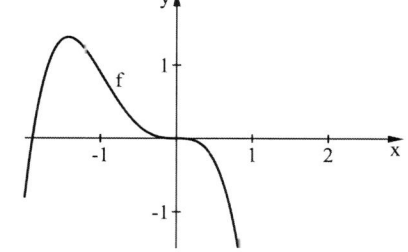

166

13. a) C ist das Schaubild von f, da $f(x) \to \infty$ für $x \to \infty$.
 K ist das Schaubild von g, da $g(x) \to -\infty$ für $x \to \infty$.
 b) Wendepunkte von C:
 $f''(x) = \frac{6}{5}(x-2) = 0$; damit ist $x_W = 2$; $f'''(2) = \frac{6}{5} \neq 0$, also $W_C(2 \mid 0)$.
 Wendepunkt von K:
 $g''(x) = 3 - \frac{3}{2}x = 0$; damit ist $x_W = 2$; $f'''(2) = -\frac{3}{2} \neq 0$, also $W_K(2 \mid 0)$.
 Die beiden Wendepunkte fallen zusammen.

14. Fehler in 1. und 2. Auflage des Schülerbandes. Richtig muss es heißen:
 „ ... anhand der Nullstellen von f und f' ...".
 $f(x) = \frac{1}{8}x^2(x^3 - 8)$, also ist $x_1 = 0$ doppelte und $x_2 = 2$ einfache Nullstelle
 von f, weitere Nullstellen von f gibt es nicht.
 Da $f(x) \to -\infty$ für $x \to -\infty$ und $f(x) \to \infty$ für $x \to \infty$, muss f an der Stelle
 $x_2 = 2$ einen Vorzeichenwechsel von – nach + haben und demnach das
 Schaubild von f im Koordinatenursprung einen Hochpunkt. Zwischen den
 beiden Nullstellen hat das Schaubild von f einen Tiefpunkt, zwischen Hoch-
 und Tiefpunkt einen Wendepunkt. Damit hat das Schaubild von f mindestens einen Hoch-, Tief- und Wendepunkt.
 $f'(x) = \frac{5}{8}x^4 - 2x = x\left(\frac{5}{8}x^3 - 2\right)$
 $f'(x)$ hat $x_3 = 0$ und $x_4 = \sqrt[3]{\frac{16}{5}}$ als Nullstellen. Damit kann das Schaubild
 von f höchstens an den Stellen x_3 und x_4 einen Extrempunkt haben.
 Mit der Aussage oben ergibt sich, dass das Schaubild von f genau einen
 Hochpunkt, einen Wendepunkt und einen Tiefpunkt hat.

167

15. Die Aussage ist falsch.
 Begründung: $f(x) \to \infty$ für $|x| \to \infty$, d. h. für $x > 6$ muss es noch eine
 vierte Nullstelle geben. Dann liegt im Intervall zwischen dritter und vierter
 Nullstelle ein weiterer Tiefpunkt, zwischen Hochpunkt und dem weiteren
 Tiefpunkt noch ein zweiter Wendepunkt.

16. (1) Die Aussage ist falsch.
 Das Schaubild der Funktion f mit $f(x) = \frac{1}{80}x^5 - \frac{1}{6}x^3 + x$ hat drei Wende-
 punkte, aber keine Extrempunkte.
 (2) Die Aussage ist richtig.
 $f(x) = ax^3 + bx^2 + cx + d$, $a \neq 0$.
 Aus $f''(x) = 6ax + 2b = 0$ folgt $x_W = -\frac{b}{3a}$, $f'''\left(-\frac{b}{3a}\right) = 6a \neq 0$
 Damit ist die hinreichende Bedingung für einen Wendepunkt für alle
 Werte von b und $a \neq 0$ erfüllt.

167

17. a) $f'(x) = 3(x^2 - 4x + 3) = 3(x-3) \cdot (x-1)$

$f'(x) > 0$ für $x < 1$ oder $x > 3$

Das Schaubild fällt am stärksten, wenn f' ein Minimum besitzt, also an der Stelle, für die $f''(x_0) = 0$ und $f'''(x_0) > 0$ gilt.

$f''(x) = 6x - 12 = 0$, also $x = 2$

$f'''(2) = 6 > 0$

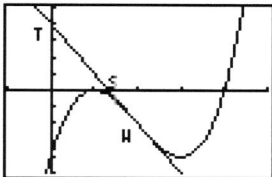

Das Schaubild von f fällt am stärksten an der Stelle $x = 2$.

b) $W(2 | -2)$; $f'(2) = -3$

Wendetangente: $\frac{y+2}{x-2} = -3$, also $y = -3 + 4$

Schnittpunkte der Wendetangente mit den Koordinatenachsen: $S\left(\frac{4}{3} | 0\right)$, $T(0 | 4)$

Flächeninhalt des rechtwinkligen Dreiecks OST: $A = \frac{1}{2} \cdot \frac{4}{3} \cdot 4 = \frac{8}{3}$ (FE)

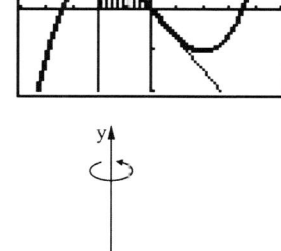

18. $H(-2 | 1)$, $T(2 | -1)$, $W(0 | 0)$; $f'(0) = -\frac{3}{4}$

Wendetangente: $y = -\frac{3}{4}x$

Das rechtwinklige Dreieck erzeugt bei der Rotation um die y-Achse einen Zylinder, aus dem ein auf dem Kopf stehender Kreiskegel herausgeschnitten wird.

Schnittpunkt S der Wendetangente mit der Parallelen zur y-Achse durch den Hochpunkt: $S\left(-2 | \frac{3}{2}\right)$

$V_{Zylinder} = \pi \cdot r^2 \cdot h = \pi \cdot 4 \cdot \frac{3}{2} = 6\pi$ (VE)

$V_{Kegel} = \frac{1}{3}\pi r^2 h = \frac{1}{3}\pi \cdot 4 \cdot \frac{3}{2} = 2\pi$ (VE)

Volumen des Rotationskörpers:
$V = V_{Zylinder} - V_{Kegel} = 4\pi$ (VE)

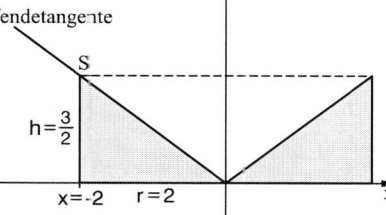

19. a) $f'(x) = 3x^2 - 8x + 4$; $f'(0) = 4$

Tangente im Ursprung: $y = 4x$

b) Gesucht: Berührpunkt $B(u | f(u))$ so, dass $f'(u) = f'(0)$, d. h.

$3u^2 - 8u + 4 = 4$, also $u(3u - 8) = 0$.

$u_1 = 0$, $u_2 = \frac{8}{3}$. Der Berührpunkt ist der Punkt $B\left(\frac{8}{3} | \frac{32}{27}\right)$.

c) Gesucht: Punkte, für die $f'(u) = -\frac{1}{f'(0)}$, d. h. $3u^2 - 8u + 4 = -\frac{1}{4}$.

Berührpunkte sind $C_1 (\approx 0{,}7324 | \approx 1{,}177)$ und $C_2 (\approx 1{,}934 | \approx 0{,}00836)$

167

20. $f'(x) = 5x^4 + 10 = 5(x^4 + 2) > 0$ für alle $x \in \mathbb{R}$, d. h. f ist streng monoton wachsend für alle $x \in \mathbb{R}$.
Für $x \to -\infty$: $f(x) \to -\infty$; für $x \to \infty$: $f(x) \to \infty$.
Damit muss f mindestens eine Nullstelle besitzen; da f streng monoton ist, hat es genau eine Nullstelle.
$f(0) = -1 < 0$ und $f(1) = 10 > 0$
Da f stetig ist, muss diese Nullstelle im Intervall $]0; 1[$ liegen.

21. a) Den gesuchten Berührpunkt nennen wir $B(u \mid f(u))$.

Für die Gleichung der Tangente in B gilt: $\frac{y - f(u)}{x - u} = f'(u)$.

Da die Tangente durch den Ursprung ($x = 0$; $y = 0$) geht, folgt
$\frac{0 - f(u)}{0 - u} = f'(u)$, also $f(u) = u \cdot f'(u)$.

D. h. $\frac{1}{3}u^3 - u + \frac{16}{3} = u \cdot (u^2 - 1)$, also $\frac{2}{3}u^3 = \frac{16}{3}$

bzw. $u^3 = 8$; damit ist $u = 2$ und $B(2 \mid 6)$ der gesuchte Berührpunkt.

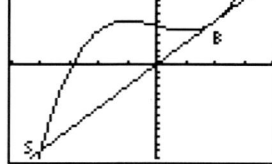

b) $f'(2) = 3$
Gleichung der Tangente: $\frac{y - 6}{x - 2} = 3$, also $y = 3x$.
Schnittpunkt der Tangente mit dem Schaubild von f:
$\frac{1}{3}x_S^3 - x_S + \frac{16}{3} = 3x_S$ bzw. $x_S^3 - 12x_S + 16 = 0$
Berührstelle $x_S = 2$ bekannt, damit Polynomdivision
$(x^3 - 12x + 16) : (x^2 - 4x + 4) = x + 4$
Die Tangente schneidet die Kurve im Punkt $S(-4 \mid -12)$

3.5 Funktionenscharen

171

3. a) $f_a'(x) = 2ax - 3x^2$; $f_a''(x) = 2a - 6x$; $f_a'''(x) = -6 \neq 0$
Nullstellen: $N_1(0 \mid 0)$, $N_2(a \mid 0)$

Extrempunkte: $T(0 \mid 0) = N_1$, $H\left(\frac{2}{3}a \mid \frac{4}{27}a^3\right)$

Wendepunkt: $W\left(\frac{1}{3}a \mid \frac{2}{27}a^3\right)$

Für $x \to \infty$ gilt $f(x) \to -\infty$ und
für $x \to -\infty$ gilt $f(x) \to \infty$.

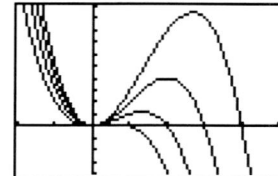

171

3. **b)** Gleichung der Wendetangente: $f'\left(\frac{1}{3}a\right) = \frac{1}{3}a^2$

$\frac{y - \frac{2}{27}a^3}{x - \frac{a}{3}} = \frac{a^2}{3}$, also $y = \frac{a^2}{3}x - \frac{a^3}{27}$

Wegen $a > 0$ ist $\frac{a^3}{27} > 0$; es gibt also keinen Wert von a, für den die Wendetangente eine Ursprungsgerade ist.

Es gilt: $\frac{y_T + y_H}{2} = \frac{0 + \frac{4}{27}a^3}{2} = \frac{2}{27}a^3 = y_W$ und $\frac{x_T + x_H}{2} = \frac{0 + \frac{2}{3}a}{2} = \frac{1}{3}a = x_W$,

also ist W die Mitte der Strecke $\overline{TH}$.

c) Es gilt: $x = \frac{1}{3}a$, also $a = 3x$ und $y = \frac{2}{27}a^3 = \frac{2}{27} \cdot (3x)^3 = 2x^3$

Alle Wendepunkte liegen auf dem Schaubild der Funktion mit $y = 2x^3$, $x > 0$.

4. **a)** $x(tx^2 - 3x + 8) = 0$, also $x_1 = 0$ oder

$tx^2 - 3x + 8 = 0$, also

$x_{2,3} = \frac{3 \pm \sqrt{9 - 32t}}{2t}$.

Für $t > \frac{9}{32}$: eine Nullstelle $x_1 = 0$.

Für $t = \frac{9}{32}$: zwei Nullstellen $x_1 = 0$; $x_2 = \frac{16}{3}$.

Für $t < \frac{9}{32}$: drei Nullstellen $x_1 = 0$; $x_{2,3} = \frac{3 \pm \sqrt{9 - 32t}}{2t}$.

Wendepunkt: $W\left(\frac{1}{t} \mid \frac{8}{t} - \frac{2}{t^2}\right)$

$\frac{1}{t} = 3$, also $t = \frac{1}{3}$

Der Wendepunkt von $K_{1/3}$ hat die x-Koordinate 3.

b) $W\left(\frac{1}{t} \mid \frac{8}{t} - \frac{2}{t^2}\right)$, also $x = \frac{1}{t}$; damit ist $t = \frac{1}{x}$,

$x > 0$ und $y = \frac{8}{t} - \frac{2}{t^2} = \frac{8}{\frac{1}{x}} - \frac{2}{\frac{1}{x^2}} = 8x - 2x^2$

Die Wendepunkte liegen auf dem Schaubild der Funktion mit $y = 8x - 2x^2$, $x > 0$.

171 5. a) $f_a'(x) = 3x^2 - 2ax$; $f_a''(x) = 6x - 2a$

Setze $f_a'(x) = 0$, also $x = 0$ oder $x = \frac{2}{3}a$.

Für $a = 0$ keine Extrempunkte, Sattelpunkt W (0 | 1).

Für $a > 0$: H (0 | 1), $T\left(\frac{2}{3}a \mid 1 - \frac{4}{27}a^3\right)$.

Für $a < 0$: T (0 | 1), $H\left(\frac{2}{3}a \mid 1 - \frac{4}{27}a^3\right)$.

Das Schaubild von f_a berührt die Gerade, y = 5 falls $y_H = 5$, d. h. $1 - \frac{4}{27}a^3 = 5$, also $a = -3$.

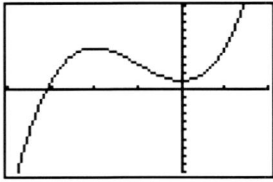

Vermutung: Das Schaubild von f_{-3} ist symmetrisch zum Wendepunkt W (−1 | 3).

Zu zeigen: $f_{-3}(-1-h) + f_{-3}(-1+h) = 2 \cdot f_{-3}(-1)$

$f_{-3}(-1-h) = (-1-h)^3 + 3(-1-h)^2 + 1 = -h^3 + 3h + 3$

$f_{-3}(-1+h) = h^3 - 3h + 3$, also $f_{-3}(-1-h) + f_{-3}(-1+h) = 6 = 2 \cdot f_{-3}(-1)$.

b) Für $a \leq 0$: eine Nullstelle.

Für $a > 0$: - zwei Nullstellen, falls $x_T = 0$, d. h. falls $1 - \frac{4}{27}a^3 = 0$, d. h.

$$a = \sqrt[3]{\frac{27}{4}} \approx 1{,}89$$

- eine Nullstelle, falls $x_T > 0$, also $a < \sqrt[3]{\frac{27}{4}}$

- drei Nullstellen, falls $1 - \frac{4}{27}a^3 < 0$, d. h. $a > \sqrt[3]{\frac{27}{4}}$

Ergebnis: eine Nullstelle für $a < \sqrt[3]{\frac{27}{4}}$

zwei Nullstellen für $a = \sqrt[3]{\frac{27}{4}}$

drei Nullstellen für $a > \sqrt[3]{\frac{27}{4}}$

c) g: y = mx + 1

Schnitt von g und dem Schaubild von f_{-3}:

$x^3 + 3x^2 + 1 = mx + 1$, also $x^3 + 3x^2 - mx = 0$, bzw. $x(x^2 + 3x - m) = 0$

Also, $x = 0$ oder $x^2 + 3x - m = 0$, damit $x_1 = 0$; $x_{2,3} = \frac{-3 \pm \sqrt{9+4m}}{2}$.

Für $m < -\frac{9}{4}$: eine Schnittstelle x = 0.

Für $m = -\frac{9}{4}$: zwei Schnittstellen $x_1 = 0$; $x_2 = -\frac{3}{2}$.

Für $m > -\frac{9}{4}$: drei Schnittstellen $x_1 = 0$; $x_{2,3} = \frac{-3 \pm \sqrt{9+4m}}{2}$

Für m = 0 fallen zwei Schnittstellen zusammen

171

6. a) Für $t = \frac{1}{4}$: $f_{\frac{1}{4}}(x) = \frac{1}{4}x^3 - 3x^2 + 9x$

$f'_{\frac{1}{4}}(x) = \frac{3}{4}x^2 - 6x + 9$; $f''_{\frac{1}{4}}(x) = \frac{3}{2}x - 6$;

$f'''_{\frac{1}{4}}(x) = \frac{3}{2}$

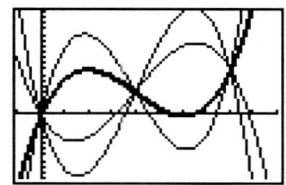

Nullstellen: $N_1(0 \mid 0)$; $N_2(6 \mid 0)$
Extrempunkte: $H(2 \mid 8)$, $T(6 \mid 0) = N_2$
Wendepunkt: $W(4 \mid 4)$

b) Für $t_1 \neq t_2$: $t_1 x^3 - 12 t_1 x^2 + (32 t_1 + 1)x = t_2 x^3 - 12 t_2 x^2 + (32 t_2 + 1)x$

$(t_1 - t_2)x^3 - 12(t_1 - t_2)x^2 + 32(t_1 - t_2)x = 0$

Wegen $t_1 - t_2 \neq 0$: $x^3 - 12x^2 + 32x = 0$, also $x = 0$ oder $x = 4$ oder $x = 8$.
$f_t(0) = 0$; $f_t(4) = 4$; $f_t(8) = 8$
Alle Schaubilder der Schar gehen durch die Punkte $P_1(0 \mid 0)$, $P_2(4 \mid 4)$
und $P_3(8 \mid 8)$. Diese liegen auf der Geraden $y = x$.

c) $f''_t(x) = 6tx - 24t = 0$, also $x_W = 4$

$f'''_t(4) = 6t \neq 0$, also ist $W(4 \mid 4)$ Wendepunkt aller Schaubilder der Schar.

Wendepunkt mit waagerechter Tangente: $f'_t(4) = 1 - 16t = 0$, also $t = \frac{1}{16}$

Für $t = \frac{1}{16}$ hat das Schaubild von f_t einen Sattelpunkt.

Das Schaubild von f_t berührt im Ursprung die 1. Winkelhalbierende,
falls $f'_t(0) = 1$. Dies ist für kein $t \in \mathbb{R}^*$ der Fall, also gibt es keine
Funktion der Schar, deren Schaubild die Winkelhalbierende im Ursprung
berührt.

d) $f_t(x) = x(tx^2 - 12tx + 32t + 1) = 0$

$x_1 = 0$; $x_{2,3} = \frac{6t \pm \sqrt{4t^2 - t}}{t}$

$f_t(x)$ hat eine Nullstelle $x_1 = 0$, falls $4t^2 - t < 0$, d. h. für $0 < t < \frac{1}{4}$.

172

7. **a)** $f_t(3) = -\frac{4}{3}$; $t = \frac{5}{3}$

b) Extrempunkte von K_t:

$H\left(-2 \mid t+\frac{16}{3}\right)$, $T\left(2 \mid t-\frac{16}{3}\right)$

- eine Nullstelle, falls H unterhalb der x-Achse oder T oberhalb der x-Achse liegt, also für $t+\frac{16}{3} < 0$ oder $t-\frac{16}{3} > 0$, d. h. für $t < -\frac{16}{3}$ oder $t > \frac{16}{3}$
- zwei Nullstellen, falls H oder T auf der x-Achse liegen, d. h. für $t = -\frac{16}{3}$ oder $t = \frac{16}{3}$
- drei Nullstellen, falls H oberhalb und T unterhalb der x-Achse liegen, d. h. für $-\frac{16}{3} < t < \frac{16}{3}$

c) Wendepunkt von K_t: $W(0 \mid t)$; $f_t'(0) = -4$

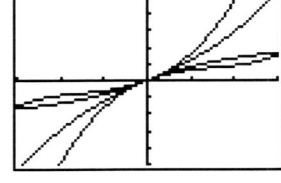

Wendetangente: $y = -4x + t$

Normale im Wendepunkt: $y = \frac{1}{4}x + t$

Schnittpunkte von Tangente und Normale mit der x-Achse $T\left(\frac{1}{4} \mid 0\right)$, $N(-4t \mid 0)$

Flächeninhalt des Dreiecks NTW:

$A = \frac{1}{2} \cdot |t| \cdot \left|\frac{1}{4} + 4t\right| = \frac{1}{2}\left|t\left(\frac{1}{4} + 4t\right)\right| = \frac{1}{2}\left|\frac{17}{4}t^2\right| = \frac{17}{8}t^2$

$A = 34$, also $\frac{17}{8}t^2 = 34$; damit ist $t = -2$ oder $t = 2$.

8. **a)** $f_t(0) = 0$, d. h. alle Kurven der Schar gehen durch den Ursprung.

$f_t'(0) = 1$, d. h. alle Kurven der Schar haben im Ursprung die gleiche Steigung, sie berühren sich im Ursprung.

gemeinsame Tangente: $y = x$

b) Bedingung: $f_t'(x) = 1$, also $\frac{4}{3}t^2x^2 + 2tx + 1 = 1$ bzw. $2tx\left(\frac{2}{3}tx + 1\right) = 0$,

also $x = 0$ oder $x = -\frac{3}{2t}$, $P_t\left(-\frac{3}{2t} \mid -\frac{3}{4t}\right)$ und $O(0 \mid 0)$.

Bestimmung der Kurve, auf der die Punkte P_t liegen:

(1) $x = -\frac{3}{2t}$, also $t = -\frac{3}{2x}$ \qquad (2) $y = -\frac{3}{2t} = -\frac{3}{2 \cdot \left(-\frac{3}{2x}\right)} = x$

Alle Punkte, in denen K_t die Steigung 1 hat, liegen auf der 1. Winkelhalbierenden $y = x$.

c) $f_t''(x) = 0$, also $x = -\frac{3}{4t}$

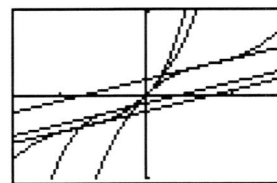

Damit $W\left(-\frac{3}{4t} \mid -\frac{3}{8t}\right)$; $f_t'\left(-\frac{3}{4t}\right) = \frac{1}{4}$

Alle Wendetangenten haben dieselbe Steigung, sie sind also parallel.

172

9. a) $f_2(x) = x^3 - 6x^2 + 8x$; $f_2'(x) = 3x^2 - 12x + 8$;
$f_2''(x) = 6x - 12$
$f(x) \to -\infty$ für $x \to -\infty$ und
$f(x) \to \infty$ für $x \to \infty$
Nullstellen: $N_1(0 \mid 0)$, $N_2(2 \mid 0)$, $N_3(4 \mid 0)$
Extrempunkte: $H(\approx 0{,}85 \mid \approx 3{,}08)$, $T(\approx 3{,}15 \mid \approx -3{,}08)$
Wendepunkt: $W(2 \mid 0)$

b) Wendetangente: $f'(2) = -4$
$\frac{y-0}{x-2} = -4$, also $y = -4x + 8$
Normale im Wendepunkt:
$\frac{y-0}{x-2} = \frac{1}{4}$, also $y = \frac{1}{4}x - \frac{1}{2}$
Volumen des Doppelkegels
$V = V_1 + V_2 = \frac{1}{3}\pi \cdot r^2 \cdot h_1 + \frac{1}{3}\pi \cdot r^2 \cdot h_2$
$= \frac{1}{3}\pi \cdot r^2 (h_1 + h_2)$
$= \frac{1}{3} \cdot \pi \cdot 4 \cdot \left(8 + \frac{1}{2}\right) = \frac{34}{3}\pi$ (VE)

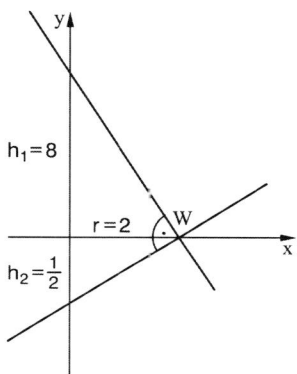

(Skizze nicht maßstabgerecht)

c) Berührpunkt $B(u \mid f_2(u))$
Für die Gleichung der Tangente in B gilt:
$\frac{y - f_2(u)}{x - u} = f_2'(u)$
Da die Tangente durch den Ursprung ($x = 0$; $y = 0$) geht, folgt
$\frac{0 - f_2(u)}{0 - u} = f_2'(u)$ bzw. $f_2(u) = u \cdot f_2'(u)$, also
$u^3 - 6u^2 + 8u = u \cdot (3u^2 - 12u + 8)$, damit $u = 0$ oder $u = 3$
Damit ist $B(3 \mid -3)$; $f'(3) = -1$.
Gleichung der Tangente: $\frac{y+3}{x-3} = -1$ bzw. $y = -x$

d) Schnitt zweier Kurven K_{t_1} und K_{t_2} mit $t_1 < t_2$
$x^3 - 3t_1 x^2 + 2t_1^2 x = x^3 - 3t_2 x^2 + 2t_2^2 x$ bzw.
$3(t_2 - t_1)x^2 + 2(t_1^2 - t_2^2)x = 0 \quad | : (t_2 - t_1) > 0$
$x \cdot (3x - (t_1 + t_2)) = 0$, also $x_1 = 0$; $x_2 = \frac{t_1 + t_2}{3}$
$x_2 \neq 0$, falls $t_1 \neq -t_2$
Damit haben zwei Kurven K_{t_1} und K_{t_2} zwei Schnittpunkte, falls $t_1 \neq -t_2$:
$S_1(0 \mid 0)$, $S_2\left(\frac{t_1+t_2}{3} \mid \frac{(t_1+t_2)(t_2^2 - 7t_1 t_2 + 10 t_1^2)}{27}\right)$

S_2 liegt auf der x-Achse, falls $t_2^2 - 7t_1 t_2 + 10 t_1^2 = 0$

172   **10. a)** $f_t'(x) = -x^2 + 2tx - (t^2-1)$; $f_t''(x) = -2x + 2t$

Wendepunkt $W\left(t \mid \frac{3t-t^3}{3}\right)$; $f_t'(t) = 1$

Alle Wendetangenten haben die Steigung 1, also sind sie alle parallel.

Hochpunkt $H\left(t+1 \mid -\frac{t^3}{3} + t + \frac{2}{3}\right)$

Länge der Strecke $\overline{HW}$: $d = \sqrt{(t+1-t)^2 + \left(-\frac{t^3}{3} + t + \frac{2}{3} - \frac{3t-t^3}{3}\right)^2}$

$= \sqrt{1 + \frac{4}{9}} = \sqrt{\frac{13}{9}} = \frac{1}{3}\sqrt{13}$

Bei jedem Schaubild beträgt die Länge der Strecke $\overline{HW}$ $\frac{1}{3}\sqrt{13}$ (LE).

b) Damit sich 2 Kurven K_{t_1} und K_{t_2} $(t_1 \neq t_2)$ im Ursprung berühren, muss gelten:

(1) $f_{t_1}(0) = f_{t_2}(0)$ für alle t_1, t_2

(2) $f_{t_1}'(0) = f_{t_2}'(0)$, also $-t_1^2 + 1 = -t_2^2 + 1$, also $(t_2 - t_1)(t_2 + t_1) = 0$

Wegen $t_2 - t_1 \neq 0$ folgt $t_1 = -t_2$. Hierfür gilt auch (1).

Schnitt zweier Kurven K_{t_1} und K_{t_2} und $t_1 \neq -t_2$

$-\frac{1}{3}x^3 + t_1 x^2 - (t_1^2 - 1)x = -\frac{1}{3}x^3 + t_2 x^2 - (t_2^2 - 1)x$ bzw.

$(t_1 - t_2)x^2 + (t_2^2 - t_1^2)x = 0$, bzw. $(t_1 - t_2)x \cdot [x - (t_1 + t_2)] = 0$, also

$x_1 = 0$; $x_2 = t_1 + t_2$

Da sich K_{t_1} und K_{t_2} nicht im Ursprung berühren, gilt $t_1 + t_2 \neq 0$, also schneiden sich die beiden Kurven in genau 2 verschiedenen Punkten.

11. a)

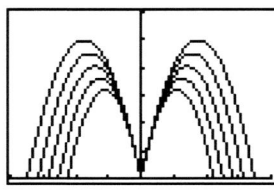

173

11. b) $f_v(x) = x\left(5{,}7 - \frac{163}{v^2}x\right)$

Nullstellen von f_v sind: $x_1 = 0$; $x_2 = \frac{5{,}7 v^2}{163}$

Die Fontänen treffen innerhalb des Beckens auf, falls $\frac{5{,}7 v^2}{163} < 6$, also $v^2 < \frac{6 \cdot 163}{5{,}7}$.

Damit $v < 13{,}1$.

Für $v < 13{,}1 \frac{m}{s}$ treffen die Fontänen im Becken auf.

Maximale Höhe der Fontänen bei $v \approx 13{,}1$.
Hochpunkt des Schaubildes $f_{13,1}$: $H (\approx 3{,}0 \mid \approx 8{,}55)$
Die Fontänen werden maximal 8,55 m hoch.

12. a) (1) Die Parabel muss nach oben geöffnet sein, also $t > 0$.
(2) Für den Scheitelpunkt S muss gelten: $0 < x_S < 500$

Aus $f_t'(x) = 2tx + 0{,}2 - 500t = 0$ folgt $x_S = 250 - \frac{1}{10t}$.

Aus $0 < x_S < 500$ folgt $t > 0{,}0004$.
Für den Parameter kommen Werte größer als 0,0004 in Frage.

$0 \leq x \leq 500,\ -80 \leq y \leq 120$
$t = 0{,}0005;\ 0{,}01;\ 0{,}0015;\ 0{,}002$

b) Das Seil kommt in der Bergstation unter einem Winkel von 45° an, falls $f_t'(500) = 1$, d. h. für $500t + 0{,}2 = 1$, also für $t = 0{,}0016$

Winkel des Seils in der Talstation:

$f_{0,0016}'(0) = -0{,}6$; $\tan(\alpha) = -0{,}6$, also $\alpha \approx -30{,}96°$

Das Seil verlässt unter einem Winkel von ca. 31° gegenüber der Horizontalen die Talstation.

c) Gerade zwischen Tal- und Bergstation: $g(x) = \frac{1}{5}x$

Durchhang: $d(x) = g(x) - f_{0,0016}(x) = -0{,}0016x^2 + 0{,}8x$, $0 < x < 500$

$d'(x) = -0{,}0032x + 0{,}8$
$d''(x) = -0{,}0032$

$d'(x_e) = 0$ führt auf $x_e = \frac{0{,}8}{0{,}0032} = 250$

$d''(250) < 0$

Der Durchhang ist nach 250 m am größten, er beträgt an dieser Stelle 100 m.

173 13. a)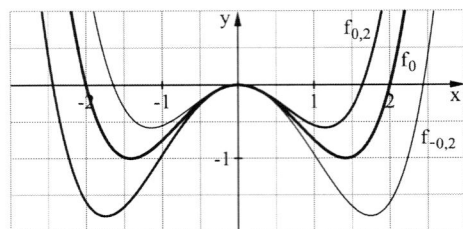

b) $f_0(x) = \frac{1}{4}x^4 - x^2$

K_0 ist achsensymmetrisch zur y-Achse, deshalb müssen sich die Wendetangenten auf der y-Achse schneiden.

Wendepunkte von K_0:

$W_{1,2}\left(\pm\frac{\sqrt{6}}{3} \mid -\frac{5}{9}\right)$

Wendetangente in $W_2\left(\frac{\sqrt{6}}{3} \mid -\frac{5}{9}\right)$:

$f_0'\left(\frac{\sqrt{6}}{3}\right) = -\frac{4}{9}\sqrt{6}$

$\frac{y+\frac{5}{9}}{x-\frac{\sqrt{6}}{3}} = -\frac{4}{9}\sqrt{6}$ bzw. $y = -\frac{4}{9}\sqrt{6} \cdot x + \frac{1}{3}$

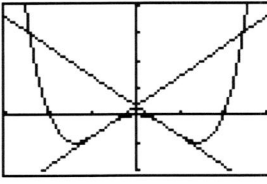

Die beiden Wendetangenten schneiden sich in $S\left(0 \mid \frac{1}{3}\right)$

c) $f_t(0) = 0$, also gehen alle Schaubilder K_t durch den Ursprung.

Gemeinsame Punkte von K_{t_1} und K_{t_2}, $t_1 \neq t_2$:

$\frac{1}{4}x^4 + t_1 x^3 - x^2 = \frac{1}{4}x^4 + t_2 x^3 - x^2$ bzw. $(t_1 - t_2)x^3 = 0$, also $x = 0$

Es gibt nur einen Punkt, nämlich den Ursprung, den alle Schaubilder K_t gemeinsam haben.

Nullstellen von K_t: $x^2\left(\frac{1}{4}x^2 + tx - 1\right) = 0$, also $x_1 = 0$ oder

$x^2 + 4tx - 4 = 0$, also $x_{2,3} = -2t \pm 2\sqrt{t^2 + 1}$.

Wegen $t^2 + 1 > 0$ für alle $t \in \mathbb{R}$ hat jedes Schaubild K_t drei Nullstellen (gemeinsame Punkte mit der x-Achse).

3.6 Bestimmen ganzrationaler Funktionen mit vorgegebenen Eigenschaften

179

3. $f(x) = ax^3 + bx^2 + cx + d$
   Bedingungen:
   (1) $f(-1) = 2$
   (2) $f'(-1) = 0$
   (3) $f(3) = 3$
   (4) $f''(0) = 0$
   Hieraus ergibt sich das Gleichungssystem
   (1) $-a + b - c + d = 2$
   (2) $3a - 2b + c = 0$
   (3) $27a + 9b + 3c + d = 3$
   (4) $2b = 0$
   mit der Lösung: $a = \frac{1}{16}$; $b = 0$; $c = -\frac{3}{16}$; $d = \frac{15}{8}$

   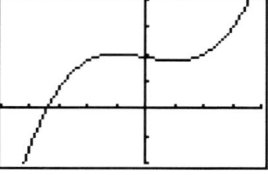

   Das Schaubild zeigt, dass an der Stelle $x = -1$ kein Tiefpunkt, sondern ein Hochpunkt liegt. Es gibt also keine ganzrationale Funktion 3. Grades mit den geforderten Eigenschaften.

4. $f(x) = ax^4 + bx^2 + c$
   Bedingungen: (1) $f(0) = 0$, also $c = 0$
   (2) $f'(0) = 0$ ist erfüllt für alle $a, b \in \mathbb{R}$

   Jede Funktion f mit $f(x) = ax^4 + bx^2$ erfüllt die geforderten Eigenschaften.

5. a) Ansatz: ganzrationale Funktion 3. Grades $f(x) = ax^3 + bx^2 + cx + d$
   Die geforderten Eigenschaften:
   (1) $f(-2) = 3$
   (2) $f(0) = 1$
   (3) $f(1) = -3$
   (4) $f(2) = -1$
   ergeben das Gleichungssystem
   (1) $-8a + 4b - 2c + d = 3$
   (2) $d = 1$
   (3) $a + b + c + d = -3$
   (4) $8a + 4b + 2c + d = -1$
   mit der Lösung: $a = 1$; $b = 0$; $c = -5$; $d = 1$
   $f(x) = x^3 - 5x + 1$

179 5. b) wie a)
Gleichungssystem
(1) $-8a + 4b - 2c + d = 9$
(2) $d = -3$
(3) $a + b + c + d = -3$
(4) $27a + 9b + 3c + d = -21$
mit der Lösung: $a = -1;\ b = 1;\ c = 0;\ d = -3$
$f(x) = -x^3 + x^2 - 3$

180 6. $f(x) = ax^3 + bx^2 + cx + d$
Bedingungen: (1) $f(-2) = -7$
                      (2) $f(0) = 5$
                      (3) $f(1) = 5$
                      (4) $f(3) = 23$
Gleichungssystem: (1) $-8a + 4b - 2c + d = -7$
                             (2) $d = 5$
                             (3) $a + b + c + d = 5$
                             (4) $27a + 9b + 3c + d = 23$
Lösung: $a = 1;\ b = -1;\ c = 0;\ d = 5$, also $f(x) = x^3 - x^2 + 5$
$f(-5) = -145 \neq -144$
Der Punkt P liegt nicht auf dem Schaubild.

7. $f(x) = ax^3 + bx$
Bedingung $f(3) = 0$, also $27a + 3b = 0$, also $b = -9a$
Damit ist die Gleichung der Funktionenschar gegeben durch
$f_a(x) = ax^3 - 9ax,\ a \neq 0$.
Setze $f_a'(x) = 3ax^2 - 9a = 0$, also $x = -\sqrt{3}$ oder $x = \sqrt{3}$.
Bedingung für Hochpunkt an der Stelle $\sqrt{3}$:
$f_a''\left(\sqrt{3}\right) = 6a\sqrt{3} < 0$, also muss $a < 0$ gelten.

Bedingung für den Funktionswert an der Stelle $\sqrt{3}$:
$f_a\left(\sqrt{3}\right) = -6a\sqrt{3} = -18$, also muss $a = \sqrt{3}$ gelten.

Dies ist ein Widerspruch zur Bedingung $a < 0$ für einen Hochpunkt, es gibt also keine Funktion der Schar mit $H\left(\sqrt{3}\,\vert\, -18\right)$.

180   8. $f(x) = ax^3 + bx^2 + cx + d$

a) Bedingungen: (1) $f(0) = 0$
                       (2) $f''(0) = 0$
                       (3) $f(3) = 2$
                       (4) $f'(3) = 0$

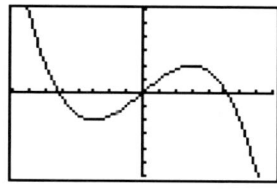

Gleichungssystem: (1) $d = 0$
                          (2) $2b = 0$
                          (3) $27a + 9b + 3c + d = 2$
                          (4) $27a + 6b + c = 0$

Lösung: $a = -\frac{1}{27}$; $b = 0$; $c = 1$; $d = 0$

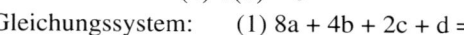

$$f(x) = -\frac{1}{27}x^3 + x$$

b) Bedingungen: (1) $f(2) = 1$
                       (2) $f'(2) = 0$
                       (3) $f''(2) = 0$
                       (4) $f(0) = 0$

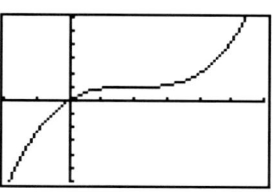

Gleichungssystem: (1) $8a + 4b + 2c + d = 1$
                          (2) $12a + 4b + c = 0$
                          (3) $12a + 2b = 0$
                          (4) $d = 0$

Lösung: $a = \frac{1}{8}$; $b = -\frac{3}{4}$; $c = \frac{3}{2}$; $d = 0$

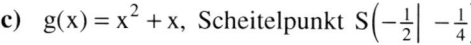

$$f(x) = \tfrac{1}{8}x^3 - \tfrac{3}{4}x^2 + \tfrac{3}{2}x$$

c) $g(x) = x^2 + x$, Scheitelpunkt $S\left(-\tfrac{1}{2} \mid -\tfrac{1}{4}\right)$

Bedingungen für f: (1) $f(0) = 1$
                        (2) $f''(0) = 0$
                        (3) $f\left(-\tfrac{1}{2}\right) = -\tfrac{1}{4}$
                        (4) $f'\left(-\tfrac{1}{2}\right) = 0$

Gleichungssystem: (1) $d = 1$
                          (2) $2b = 0$
                          (3) $-\tfrac{1}{8}a + \tfrac{1}{4}b - \tfrac{1}{2}c + d = -\tfrac{1}{4}$
                          (4) $\tfrac{3}{4}a - b + c = 0$

Lösung: $a = -5$; $b = 0$; $c = \tfrac{15}{4}$, $d = 1$

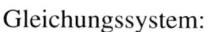

$$f(x) = -5x^3 + \tfrac{15}{4}x + 1$$

180

9. a) $f(x) = ax^4 + bx^2 + c$
   Bedingungen: (1) $f(0) = 2$
   (2) $f(2) = 0$
   (3) $f'(2) = 2$
   Gleichungssystem: (1) $c = 2$
   (2) $16a + 4b + c = 0$
   (3) $32a + 4b = 2$
   Lösung: $a = \frac{1}{4}$; $b = -\frac{3}{2}$; $c = 2$
   $$f(x) = \frac{1}{4}x^4 - \frac{3}{2}x^2 + 2$$

   b) $f(x) = ax^4 + bx^3 + cx^2 + dx + e$
   Wendetangente: $16x + 5y - 32 = 0$ bzw. $y = -\frac{16}{5}x + \frac{32}{5}$
   Wendepunkt liegt auf der Wendetangente, also W(2 | 0).
   Bedingungen: (1) $f(0) = 4$
   (2) $f'(0) = 0$
   (3) $f(2) = 0$
   (4) $f''(2) = 0$
   (5) $f'(2) = -\frac{16}{5}$
   Gleichungssystem: (1) $e = 4$
   (2) $d = 0$
   (3) $16a + 8b + 4c + 2d + e = 0$
   (4) $48a + 12b + 2c = 0$
   (5) $32a + 12b + 4c + d = -\frac{16}{5}$
   Lösung: $a = \frac{1}{20}$; $b = 0$; $c = -\frac{6}{5}$; $d = 0$; $e = 4$
   $$f(x) = \frac{1}{20}x^4 - \frac{6}{5}x^2 + 4$$

   c) $f(x) = ax^4 + bx^3 + cx^2 + dx + e = 0$
   Steigung der Normalen im Ursprung: $-\frac{1}{4}$, also $f'(0) = 4$
   Bedingungen: (1) $f(0) = 0$
   (2) $f'(0) = 4$
   (3) $f(2) = 0$
   (4) $f'(2) = 0$
   (5) $f''(2) = 0$
   Gleichungssystem: (1) $e = 0$
   (2) $d = 4$
   (3) $16a + 8b + 4c + 2d + e = 0$
   (4) $32a + 12b + 4c + d = 0$
   (5) $48a + 12b + 2c = 0$
   Lösung: $a = -\frac{1}{2}$; $b = 3$; $c = -6$; $d = 4$; $e = 0$
   $$f(x) = -\frac{1}{2}x^4 + 3x^3 - 6x^2 + 4x$$

180

10. a) $f(x) = ax^4 + bx^3 + cx^2 + dx + e$

Bedingungen:
(1) $f(0) = 0$
(2) $f''(0) = 0$
(3) $f'(0) = 0$
(4) $f'(t) = t$
(5) $f''(t) = 0$

Gleichungssystem:
(1) $e = 0$
(2) $2c = 0$
(3) $d = 0$
(4) $4t^3a + 3t^2b + 2tc + d = t$
(5) $12t^2a + 6tb + 2c = 0$

Lösung: $a = -\frac{1}{2t^2}$; $b = \frac{1}{t}$; $c = 0$; $d = 0$; $e = 0$

$f_t(x) = -\frac{1}{2t^2}x^4 + \frac{1}{t}x^3$

b) $f_t'(x) = -\frac{2}{t^2}x^3 + \frac{3}{t}x^2 = x^2\left(-\frac{2}{t^2}x + \frac{3}{t}\right) = 0$, also $x = 0$ oder $x = \frac{3}{2}t$.

Extrempunkt an der Stelle $x = 2$, falls $x = \frac{3}{2}t = 2$, also für $t = \frac{4}{3}$.

$f_{\frac{4}{3}}'(x) = -\frac{9}{8}x^3 + \frac{9}{4}x^2$; $f_{\frac{4}{3}}''(x) = -\frac{27}{8}x^2 + \frac{9}{2}x$

$f_{\frac{4}{3}}''(2) = -\frac{9}{2} < 0$

Für $t = \frac{4}{3}$ hat das zugehörige Schaubild einen Hochpunkt an der Stelle $x = 2$.

11. a) Vermutung:
f ganzrationale Funktion 3. Grades mit folgenden Eigenschaften:
(1) $f(0) = 0$
(2) $f(2) = 8$
(3) $f'(2) = 0$
(4) $f(6) = 0$

Gleichungssystem:
(1) $d = 0$
(2) $8a + 4b + 2c + d = 8$
(3) $12a + 4b + c = 0$
(4) $216a + 36b + 6c + d = 0$

Lösung: $a = \frac{1}{4}$; $b = -3$; $c = 9$; $d = 0$

$f(x) = \frac{1}{4}x^3 - 3x^2 + 9x$

180 11. b) Vermutung: f ganzrationale Funktion 4. Grades, deren Schaubild symmetrisch zur y-Achse ist, also: $f(x) = ax^4 + bx^2 + c$
Bedingungen: (1) $f(0) = 1$
(2) $f(2) = -3$
(3) $f'(2) = 0$
Gleichungssystem: (1) $c = 1$
(2) $16a + 4b + c = -3$
(3) $32a + 4b = 0$
Lösung: $a = \frac{1}{4}$; $b = -2$; $c = 1$
$$f(x) = \frac{1}{4}x^4 - 2x^2 + 1$$

c) Vermutung: f ganzrationale Funktion 3. Grades
$f(x) = ax^3 + bx^2 + cx + d$
Eigenschaften: (1) $f(-1) = 0$
(2) $f(1) = -1$
(3) $f'(1) = 0$
(4) $f''(1) = 0$
Gleichungssystem: (1) $-a + b - c + d = 0$
(2) $a + b + c + d = -1$
(3) $3a + 2b + c = 0$
(4) $6a + 2b = 0$
Lösung: $a = -\frac{1}{8}$; $b = \frac{3}{8}$; $c = -\frac{3}{8}$; $d = -\frac{7}{8}$
$$f(x) = -\frac{1}{8}x^3 + \frac{3}{8}x^2 - \frac{3}{8}x - \frac{7}{8}$$

181 12. a) Das Schaubild von f hat auf dem gezeichneten Intervall I keine Extrempunkte, da $f'(x) \neq 0$ für alle $x \in I$.
$f'(x) > 0$ für $x \in I$, also ist f streng monoton wachsend für $x \in I$.

b) Vermutung: f' ganzrationale Funktion 2. Grades, also f ganzrationale Funktion 3. Grades.
$f(x) = ax^3 + bx^2 + cx + d$
vermutete Eigenschaften: (1) $f'(0) = 3$
(2) $f'(2) = 1$
(3) $f''(2) = 0$

Gleichungssystem: (1) $c = 3$
(2) $12a + 4b + c = 1$
(3) $12a + 2b = 0$
Lösung: $a = \frac{1}{6}$; $b = -1$; $c = 3$
$$f(x) = \frac{1}{6}x^3 - x^2 + 3x + d$$
Schaubild von f geht durch den Punkt W (2 | 2) falls $f(2) = \frac{10}{3} + d = 2$, also für $d = -\frac{4}{3}$.

181

13. a) f_a ist Schar von quadratischen Funktionen, die alle durch den Punkt (0 | 1) gehen und ihren Scheitelpunkt an der Stelle x = 1 haben. Damit folgender Ansatz: $f(x) = a(x-1)^2 + c$, a > 0 mit f(0) = 1, also a + c = 1 bzw. c = 1 − a, also $f_a(x) = a \cdot (x-1)^2 + 1 - a$, a > 0.

b) f_a ist Schar ganzrationaler Funktionen 3. Grades mit folgenden
Eigenschaften: (1) f_a doppelte Nullstelle $x_1 = 0$
                     (2) f_a einfache Nullstelle $x_2 = 6$
                     (3) für x → ∞: $f_a(x) \to -\infty$

Damit folgender Ansatz: $f_a(x) = a \cdot x^2(x-6)$, a < 0.

14. a) Fehler in der 1. - 2. Auflage: Im Aufgabentext muss es heißen: „Der Brückenbogen wird bei geeigneter Wahl des Koordinatensystems durch eine Parabel der Form $ax^2 + b$ beschrieben." Der rechte senkrechte Wert in der Zeichnung muss 2 m (statt 0,2 m) betragen.
Festlegung eines Koordinatensystems: Die x-Achse legt man in die Höhe 0 m, die y-Achse verläuft durch den Scheitelpunkt.
$f(x) = ax^2 + b$ muss damit folgende Bedingungen genügen:
(1) f(0) = 5,5, also b = 5,5
(2) f(3) = 2,1, also 16a + 5,5 = 2,1; $a = -\frac{17}{80}$
Damit $f(x) = -\frac{17}{80}x^2 + 5,5$.
Brückenhöhe an der Bordsteinkante: f(3) = 3,5875 m.
Mit Berücksichtigung des Sicherheitsabstandes darf die Durchfahrt für eine maximale Durchfahrtshöhe von 3,38 m freigegeben werden.

b) Mit Berücksichtigung eines Sicherheitsabstandes von 20 cm müsste die Brückenhöhe an der Bordsteinkante 4,20 m betragen. Da die augenblickliche Höhe an dieser Stelle 3,5875 m beträgt, müsste die Straße um mindestens 0,6125 m tiefer gelegt werden.

182

15. a) $f(x) = ax^4 + bx^3 + cx^2 + dx + e$
Auswahl von 5 Punkten: (1) f(0) = 480
                               (2) f(30) = 1160
                               (3) f(60) = 1151
                               (4) f(90) = 1521
                               (5) f(120) = 1877
Gleichungssystem:
(1) e = 480
(2) 810 000a + 27 000b + 900c + 30d + e = 1160
(3) 12 960 000a + 216 000b + 3600c + 60d − e = 1151
(4) 65 610 000a + 729 000b + 8100c + 90d − e = 1521
(5) 207 360 000a + 1 728 000b + 14 400c + 120d + e = 1877
Näherungslösung: a ≈ −0,000075; b ≈ 0,02012; c ≈ −1,72014;
                          d ≈ 58,9167; e = 480

182

15. a) Fortsetzung
Damit ergeben sich rechnerisch folgende Flughöhen:

Zeit (in min)	0	10	20	30	40	50	60
Höhe (in m ü. NN)	480	909	1105	1160	1151	1136	1153

Zeit (in min)	70	80	90	100	110	120
Höhe (in m ü. NN)	1225	1356	1531	1718	1866	1908

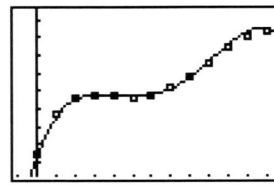

$-10 \leq x \leq 120, \; 0 \leq y \leq 2000$

b) Bestimmung der Extrempunkte von f mithilfe des GTR
Näherungswerte:
H_1 (32,2 | 1161,4), H_2 (117,9 | 1912,4), T (51,2 | 1135,2)
Das Flugzeug befand sich im Steilflug in den Zeitintervallen [0; 32,2] und [51,2; 117,9]; im Sinkflug im Intervall [32,2; 51,2] und ab 117,9.
Um den Höhengewinn zu beurteilen, betrachten wir das Schaubild der Ableitungsfunktion f':
Das globale Maximum von f' liegt am Rand bei x = 0, damit ist der Höhengewinn zum Zeitpunkt x = 0 am größten.

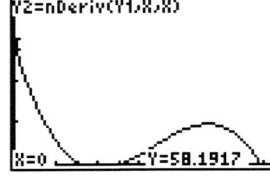

16. (1) Möglichst geschickte Wahl eines Koordinatensystems:
Wir verwenden, dass der Straßenverlauf punktsymmetrisch zum Mittelpunkt zwischen den beiden Anschlusspunkten sein muss.
(2) „Möglichst glatter" Anschluss bedeutet, dass das Schaubild der gesuchten Funktion f in den beiden Punkten P und Q jeweils einen Sattelpunkt besitzen muss.
Geforderte Bedingungen:
(1) Funktion f ist ungerade (und damit symmetrisch zum Koordinatenursprung.)
(2) $f(3) = 1,5$
(3) $f'(3) = 0$
(4) $f''(3) = 0$
Da wir für die ungerade Funktion f 3 Bedingungen aufgestellt haben, verwenden wir den Ansatz $f(x) = ax^5 + bx^3 + cx$

16. (2) Fortsetzung:
Gleichungssystem:
(1) $243a + 27b + 3c = \frac{3}{2}$
(2) $405a + 27b + c = 0$
(3) $540a + 18b = 0$
mit der Lösung: $a = \frac{1}{432}$; $b = -\frac{5}{72}$; $c = \frac{15}{16}$, also $f(x) = \frac{1}{432}x^5 - \frac{5}{72}x^3 + \frac{15}{16}x$

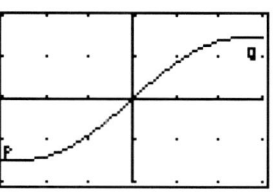

17. (1) Festlegung eines Koordinatensystems: Ursprung verläuft durch den Scheitelpunkt der unteren Parabel.
(2) Beschreibung der beiden Berandungsbögen durch Parabeln
- äußere Berandung: $f(x) = ax^2$
  Bedingung: $f(3,4) = 10,2$, also $11,56a = 10,2$ bzw. $a \approx 0,8824$
- innere Berandung: $g(x) = bx^2 + c$
  Bedingungen: (1) $g(3,3) = 10,2$
  (2) $g(0) = 1,2$
  also (1) $10,89b + c = 10,2$
  (2) $c = 1,2$
  Somit $b \approx 0,8264$, $c = 1,2$
  Ergebnis: äußere Berandung:
  $f(x) = 0,8824x^2$, $-3,4 \leq x \leq 3,4$
  innere Berandung:
  $g(x) = 0,8264x^2 + 1,2$, $-3,3 \leq x \leq 3,3$

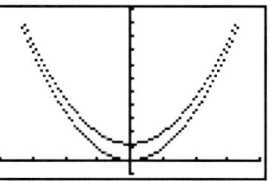

18. a) Koordinatenursprung im Ausgangspunkt
$h(x) = ax^3 + bx^2 + cx + d$
Bedingungen: (1) $h(0) = 0$
(2) $h'(0) = 0$
(3) $h(12) = 4$
(4) $h'(12) = 0$
Gleichungssystem: (1) $d = 0$
(2) $c = 0$
(3) $1728a + 144b = 4$
(4) $432a + 24b = 0$
Lösung: $a = -\frac{1}{216}$; $b = \frac{1}{12}$; $c = 0$; $d = 0$ $h(x) = -\frac{1}{216}x^3 + \frac{1}{12}x^2$

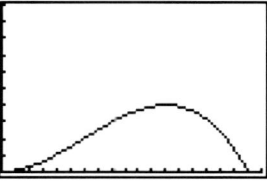

b) $h(9,15) \approx 3,4$
Die „Mauer" aus den hochspringenden Gegenspielern darf maximal 3,4 m hoch sein.

182 18. c) $h(x) = -\frac{1}{216}x^3 + \frac{1}{12}x^2 = 2$, $x > 9{,}15$

Lösung mithilfe des GTR: $x_1 = 6$; $x_2 \approx 16{,}4$
Von den möglichen Lösungen kommt wegen $x > 9{,}15$ nur $x_2 \approx 16{,}4$ in Frage. Der Freistoß war also ca. 16,4 m vom Tor entfernt.

d) $h(x) = x^2 \left(-\frac{1}{216}x + \frac{1}{12}\right)$, $x > 9{,}15$

$x_0 = 18$ ist Nullstelle von $h(x)$.

$h'(18) = -\frac{3}{2}$ $\qquad$ $\tan(\alpha) = -\frac{3}{2}$, also $\alpha \approx 56{,}3°$

Der Ball wäre in einer Entfernung von 18 m vom Freistoßpunkt unter einem Winkel von ca. 56,3° auf dem Boden aufgekommen.

3.7 Extremwertprobleme

185 2. Eckpunkt $P(x \mid f(x))$ mit $0 \leq x \leq 3$ und $2{,}5 \leq f(x) \leq 11{,}5$

Flächeninhalt eines möglichen Rechtecks:
$A(x) = x \cdot f(x) = x^3 - 6x^2 + 11{,}5 \cdot x$; $0 \leq x \leq 3$
Extrema von $A(x)$:
$A'(x) = 3x^2 - 12x + 11{,}5$; $A''(x) = 6x - 12$
Setze $A'(x) = 0$, also $x_1 = \frac{12-\sqrt{6}}{6} \approx 1{,}59$, $x_2 = \frac{12+\sqrt{6}}{6} \approx 2{,}41$
$A''(x_1) = -\sqrt{6}$, lokales Maximum an der Stelle $x_1 = \frac{12-\sqrt{6}}{6}$, $A(x_1) \approx 7{,}136$
$A''(x_2) = \sqrt{6}$, lokales Minimum an der Stelle $x_1 = \frac{12+\sqrt{6}}{6}$
Untersuchung auf Randextrema: $A(3) = 7{,}5$
globales Maximum für $x = 3$
Den größten Flächeninhalt hat das Rechteck, bei dem P der Punkt
$P(3 \mid 2{,}5)$ ist.

186 3. a) $P(x \mid f(x))$ ist ein beliebiger Punkt des Schaubildes von f.

Abstand des Punktes P zum Ursprung:
$d(x) = \sqrt{(x-0)^2 + (f(x)-0)^2} = \sqrt{x^4 + 6x^3 + 16x^2 + 18x + 9}$
Zur Bestimmung der Extrema der Funktion d benötigen wir die Ableitung einer Wurzelfunktion.
Da der Wert dieser Quadratwurzel dann am größten ist, wenn der Radikand am größten ist, verwenden wir statt der Funktion d die Funktion des Radikanden, also $(d(x))^2$ und nennen sie $D(x)$.

$D(x) = (d(x))^2 = x^4 + 6x^3 + 16x^2 + 18x + 9$
$D'(x) = 4x^3 + 18x^2 + 32x + 18$; $D''(x) = 12x^2 + 36x + 32$

186

3. a) Fortsetzung
Setze $D'(x) = 0$; $x_e = -1$ einzige Lösung
$D''(-1) = 8 > 0$, also lokales Minimum von D und damit auch von d an der Stelle $x = -1$.
Wegen $D(x) \to \infty$ für $|x| \to \infty$ liegt an der Stelle $x = -1$ ein globales Minimum. Der Punkt $P(-1 | 1)$ des Schaubildes von f liegt dem Ursprung am nächsten.

b) Für ein Maximum gilt:
$f(x_0) \geq f(x)$ für alle $x \in [a; b]$
Wegen $f(x) > 0$ für alle $x \in \mathbb{R}$ gilt dann auch:
$[f(x_0)]^2 \geq [f(x)]^2$ für alle $x \in [a; b]$,
d. h. $g(x_0) \geq g(x)$ für alle $x \in [a; b]$.
Damit hat auch die Funktion $g = f^2$ an der Stelle x_0 ein Maximum.
Entsprechendes gilt auch für ein Minimum.

4. $A = x \cdot y$; Nebenbedingung $U = 2 \cdot (x + y) = 20$, also $y = 10 - x$
Zielfunktion: $A(x) = x(10 - x) = 10x - x^2$
Bestimmen der Extrema der Funktion A: $A'(x) = 10 - 2x$; $A''(x) = -2$
Setze $A'(x) = 0$, also $x = 5$ und damit $y = 5$.
Für $x = 5$ globales Maximum.
Der Flächeninhalt des Rechtecks ist am größten, wenn es ein Quadrat mit der Seitenlänge 5 cm ist.

5. $U = 2 \cdot (x + y)$; Nebenbedingung: $A = x \cdot y = 500$, also $y = \frac{500}{x}$
Zielfunktion: $U(x) = 2 \cdot \left(x + \frac{500}{x}\right)$, $x > 0$
Bestimmen der Extrema der Zielfunktion: $U'(x) = 2\left(1 - \frac{500}{x^2}\right)$; $U''(x) = \frac{2000}{x^3}$
Aus $U'(x) = 0$ folgt $x = 10\sqrt{5}$ oder $x = -10\sqrt{5}$.
Die negative Lösung entfällt.
$U''(10\sqrt{5}) > 0$, also lokales Minimum an der Stelle $x = 10\sqrt{5}$.
Für $x \to 0$ gilt $U(x) \to \infty$; für $x \to \infty$ gilt $U(x) \to \infty$
Randminima liegen also nicht vor.
Der Schäfer muss als Maße für den Pferch $x = 10\sqrt{5}$ m $\approx 22,4$ m und $y = 10\sqrt{5}$ m $\approx 22,4$ m wählen, d. h. ein quadratischer Pferch benötigt am wenigsten Zaun.

6. $V = a^2 \cdot b$

Nebenbedingung: $8a + 4b = 100$, also $b = 25 - 2a$

Zielfunktion: $V(a) = a^2 \cdot (25 - 2a) = 25a^2 - 2a^3$; $0 < a < 12{,}5$

Bestimmen der Extrema der Zielfunktion:

$V'(a) = 50a - 6a^2$; $V''(a) = 50 - 12a$, $V'(a) = 0$ führt auf $a = 0$ oder $a = \frac{25}{3}$

Nur $a = \frac{25}{3}$ erfüllt die Einschränkung $0 < a < 12{,}5$.

$V''\left(\frac{25}{3}\right) = -50$, also lokales Maximum an der Stelle $a = \frac{25}{3}$.

Es liegen keine Randmaxima vor.

Das Volumen des Quaders wird maximal für $a = b = \frac{25}{3}$, also für einen Würfel mit der Seitenlänge $\frac{25}{3}$.

7. a) $V = \frac{1}{3}\pi b^2 \cdot a$

Nebenbedingung $a^2 + b^2 = 100$, also $b^2 = 100 - a^2$

Zielfunktion: $V(a) = \frac{1}{3}\pi \cdot (100 - a^2)a$
$= \frac{1}{3}\pi(100a - a^3)$, $0 < a < 10$

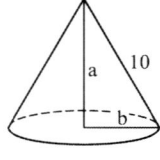

Bestimmen der Extrema der Zielfunktion:

$V'(a) = \frac{1}{3}\pi(100 - 3a^2)$; $V''(a) = \frac{1}{3}\pi(-6a) = -2\pi a$

$V'(a) = 0$ führt auf $a = \frac{10}{3}\sqrt{3}$ oder $a = -\frac{10}{3}\sqrt{3}$.

Die negative Lösung entfällt.

$V''\left(\frac{10}{3}\sqrt{3}\right) = -\frac{20}{3}\pi\sqrt{3} < 0$; V hat lokales Maximum für $a = \frac{10}{3}\sqrt{3}$.

Keine Randmaxima vorhanden, also:

Der Drehkörper hat maximales Volumen, falls $a = \frac{10}{3}\sqrt{3}$ und $b = \frac{10}{3}\sqrt{6}$.

b) Bei der Drehung um die Hypotenuse entsteht ein Doppelkegel.

$V = V_1 + V_2 = \frac{1}{3}\pi \cdot r^2 \cdot x + \frac{1}{3}\pi r^2 \cdot (10 - x)$
$= \frac{1}{3}\pi r^2 (x + 10 - x)$
$= \frac{10}{3}\pi r^2$

Nach dem Höhensatz von Euklid gilt im rechtwinkligen Dreieck: $r^2 = x \cdot (10 - x)$

Zielfunktion $V(x) = \frac{10}{3}\pi \cdot x(10 - x) = \frac{10}{3}\pi \cdot (10x - x^2)$, $0 < x < 10$

Bestimmen der Extrema von V: $V'(x) = \frac{10}{3}\pi(10 - 2x)$; $V''(x) = -\frac{20}{3}\pi$

$V'(x) = 0$ führt auf $x = 5$; $V''(5) < 0$

Damit hat V ein Maximum für $x = 5$. Keine Randmaxima vorhanden. Das Volumen des Drehkörpers wird bei einem gleichschenklig-rechtwinkligen Dreieck mit der Kathetenlänge $5\sqrt{2}$ cm am größten.

8. Flächeninhalt des Rechtecks: A = 2x · y
Nebenbedingung:
Nach dem 2. Strahlensatz gilt: (6 − y) : 6 = x : 2,
also y = 6 − 3y
Zielfunktion: $A(x) = 2x(6-3x) = 12x - 6x^2$,
0 < x < 2
Bestimmen der Extrema von A:
$A'(x) = 12 - 12x$; $A''(x) = -12$
$A'(x) = 0$, also x = 1, $A''(1) < 0$, d. h. A hat
lokales Maximum für x = 1.
Keine Randmaxima vorhanden.
Der Flächeninhalt des Rechtecks wird am größten, wenn als Seitenlängen
2 cm (auf der Basis) und 3 cm gewählt werden.

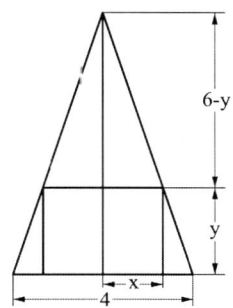

9. (1) Wahl eines geeigneten Koordinatensystems.
(2) A = x · y
(3) Nebenbedingung:
P liegt auf der Strecke zwischen den Punkten R (45 | 40) und S (60 | 30).
Gerade durch R und S: $\frac{y-40}{x-45} = \frac{40-30}{45-60}$,
also $y = -\frac{2}{3}x + 70$, also P (x | y) mit
$y = -\frac{2}{3}x + 70$; $45 \leq x \leq 60$

(4) Zielfunktion: $A(x) = x \cdot \left(-\frac{2}{3}x + 70\right) = -\frac{2}{3}x^2 + 70x$

(5) Bestimmen der Extrema von A: $A'(x) = -\frac{4}{3}x + 70$; $A''(x) = -\frac{4}{3}$

$A'(x) = 0$, also x = 52,5; $A''(52,5) < 0$
lokales Maximum A = 1 837,5 für x = 52,5

(6) Untersuchung an den Rändern.
P = R, also x = 45:   A(45) = 1 800
P = S, also x = 60:   A(60) = 1 800
Die neue rechteckige Platte hat den größten Flächeninhalt, wenn der
Punkt in der Mitte der schrägen Bruchkante liegt.
Die Seitenlängen der neuen Platte betragen dann 52,5 cm und 35 cm.

187

10. $P(x\,|\,f(x))$ im 2. Feld; also $-3 < x < 0$; $f(x) > 0$

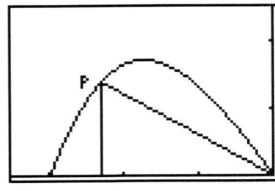

$A = \frac{1}{2}|x| \cdot f(x) = -\frac{1}{2}x \cdot f(x)$

Zielfunktion: $A(x) = -\frac{1}{2}x\left(\frac{1}{6}x^3 - \frac{3}{2}x\right)$
$= -\frac{1}{12}x^4 + \frac{3}{4}x^2$; $-3 < x < 0$

Bestimmen der Extrema: $A'(x) = -\frac{1}{3}x^3 + \frac{3}{2}x$; $A''(x) = -x^2 + \frac{3}{2}$

$A'(x_e) = 0$, also $x_e = 0$ oder $x_e = -\frac{3}{2}\sqrt{2}$ oder $x_e = \frac{3}{2}\sqrt{2}$

Aufgrund der Einschränkung $-3 < x < 0$ kommt nur $x = -\frac{3}{2}\sqrt{2}$ in Frage.

$A''\left(-\frac{3}{2}\sqrt{2}\right) = -3 < 0$, an der Stelle $x = -\frac{3}{2}\sqrt{2}$ hat der Flächeninhalt des Dreiecks ein lokales und auch globales Maximum.

11. Flächeninhalt des Trapezes $A = \frac{f(u)+f(u+1)}{2} \cdot 1$

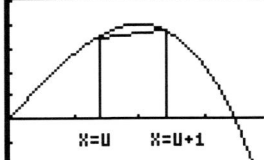

Zielfunktion: $A(u) = -\frac{1}{4}u^3 - \frac{3}{8}u^2 + \frac{21}{8}u + \frac{11}{8}$,

$0 < u < \sqrt{12} - 1$

Bestimmen der Extrema: $A'(u) = -\frac{3}{4}u^2 - \frac{3}{4}u + \frac{21}{8}$;

$A''(u) = -\frac{3}{2}u - \frac{3}{4}$

$A'(u_e) = 0$, also $u_e = \frac{-1+\sqrt{15}}{2}$ oder $u_e = \frac{-1-\sqrt{15}}{2} < 0$

$A''\left(\frac{-1+\sqrt{15}}{2}\right) = -\frac{3}{4}\sqrt{15} < 0$

lokales Maximum für $u_e = \frac{-1+\sqrt{15}}{2} \approx 1{,}44$, $A\left(\frac{-1+\sqrt{15}}{2}\right) = \frac{15}{16}\sqrt{15} \approx 3{,}63$

Untersuchung an den Rändern:

$u \to 0$: $A(u) \to \frac{11}{8}$

$u \to \sqrt{12} - 1$: $A(u) \to \frac{25-6\sqrt{3}}{8} \approx 1{,}83$

Maximaler Trapezinhalt für $u_e = \frac{-1+\sqrt{15}}{2}$

187

12. Aus $f_t''(x_w) = 0$ folgt $x_w = \frac{3}{2}$;

$f'''(t) \neq 0$ für $t \neq 0$, also $W\left(\frac{3}{2} \mid \frac{t}{4}+3\right)$

$f_t'\left(\frac{3}{2}\right) = -\frac{3}{4}t$

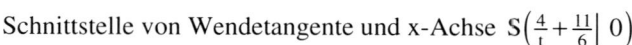

Gleichung der Wendetangente:

$\frac{y-\left(\frac{t}{4}+3\right)}{x-\frac{3}{2}} = -\frac{3}{4}t$, also $y = -\frac{3}{4}tx + \frac{11}{8}t + 3$

Schnittstelle von Wendetangente und x-Achse $S\left(\frac{4}{t}+\frac{11}{6} \mid 0\right)$

Flächeninhalt des Dreiecks:

$A(t) = \frac{1}{2}\left(\frac{4}{t}+\frac{11}{6}\right) \cdot \left(\frac{11}{8}t+3\right) = \frac{121}{96}t + \frac{6}{t} + \frac{11}{2}$, $t > 0$

Bestimmen der Extrema: $A'(t) = \frac{121}{96} - \frac{6}{t^2}$; $A''(t) = \frac{12}{t^3}$

$A'(t) = 0$, also $t = \frac{24}{11}$ oder $t = -\frac{24}{11} < 0$

$A''\left(\frac{24}{11}\right) > 0$, damit lokales Minimum für $t = \frac{24}{11}$

Für $t \to 0$ bzw. $t \to \infty$: $A(t) \to \infty$

Minimaler Flächeninhalt des Dreiecks für $t = \frac{24}{11}$.

13. Schnittstellen der Schaubilder von f und g: $x_1 = 0$; $x_2 = 4$
    Länge der Strecke $\overline{RS}$: $d(x) = |g(x) - f(x)| = x^2 - 4x$, $0 < x < 4$
    $d(x)$ hat lokales und globales Maximum für $x = 2$.
    Also: p hat die Gleichung $x = 2$.

14. (1) Flächeninhalt
    $A(u) = u \cdot f(u) = u \cdot \frac{1}{6}u^2(6-u) = u^3 - \frac{1}{6}u^4$, $0 < u < 6$
    $A'(u) = 3u^2 - \frac{2}{3}u^3$; $A''(u) = 6u - 2u^2$
    $A'(u) = 0$ führt auf $u = 0$ oder $u = \frac{9}{2}$
    $u = 0$ kommt wegen $0 < u < 6$ nicht in Frage.
    $A''\left(\frac{9}{2}\right) = -\frac{27}{2} < 0$, also lokales Maximum für $u = \frac{9}{2}$.
    Für $u \to 0$ bzw. $u \to 6$: $A(u) \to 0$
    Der Flächeninhalt des Rechtecks wird maximal für $u = \frac{9}{2}$.

187

14. (2) Umfang
$$U(u) = 2(u + f(u)) = -\tfrac{1}{3}u^3 + 2u^2 + 2u, \ 0 < u < 6$$
$$U'(u) = -u^2 + 4u + 2; \ U''(u) = -2u + 4$$
$U'(u) = 0$ führt auf $u = 2 + \sqrt{6}$ oder $u = 2 - \sqrt{6} < 0$
$U''(2 + \sqrt{6}) = -2\sqrt{6} < 0$, lokales Maximum für $u = 2 + \sqrt{6}$

Umfang und Flächeninhalt des Rechtecks werden für verschiedene Werte von u maximal.

15. $f_t''(x) = -12x^2 + 12x; \ f_t'''(x) = -24x + 12$

$f_t''(x) = 0$ führt auf $x = 0$ oder $x = 1$

$f_t'''(0) = 12 \neq 0; \ f_t'''(1) = -12 \neq 0$, also $W_1(0 \mid t), \ W_2(1 \mid 1 - t)$

Länge der Strecke $\overline{W_1W_2}$: $d(t) = \sqrt{1 + (t - 1 + t)^2} = \sqrt{4t^2 - 4t + 2}$

Wir benutzen die quadrierte Zielfunktion:
$D(t) = 4t^2 - 4t + 2; \ D'(t) = 8t - 4; \ D''(t) = 8$

$D'(t) = 0$ führt auf $t = \tfrac{1}{2}; \ D''\left(\tfrac{1}{2}\right) > 0$

Beim Schaubild der Funktion $f_{\tfrac{1}{2}}$ haben die Wendepunkte die kleinste Entfernung voneinander.

16. Innenfläche: $A = M_{\text{Zylinder}} + O_{\text{Halbkugel}} = 2\pi r(r + h)$

Nebenbedingung: $V = V_{\text{Zylinder}} + V_{\text{Halbkugel}} = \pi r^2 h + \tfrac{2}{3}\pi r^3$
$$= \pi r^2 \left(h + \tfrac{2}{3}r\right) = 80, \text{ also } h = \tfrac{80}{\pi r^2} - \tfrac{2}{3}r$$

Zielfunktion: $A(r) = 2\pi r \left(\tfrac{80}{\pi r^2} - \tfrac{2}{3}r + r\right)$

bzw. $A(r) = \tfrac{2}{3}\pi r^2 + \tfrac{160}{r}$

Bestimmen der Extrema von A: $A'(r) = \tfrac{4}{3}\pi r - \tfrac{160}{r^2}; \ A''(r) = \tfrac{4}{3}\pi + \tfrac{320}{r^3}$

Aus $A'(r) = 0$ folgt $r = \sqrt[3]{\tfrac{120}{\pi}}$.

$A''\left(\sqrt[3]{\tfrac{120}{\pi}}\right) > 0$, also lokales Minimum für $r = \sqrt[3]{\tfrac{120}{\pi}} \approx 3{,}37$.

Zugehörige Höhe des Zylinders:
$$h = \frac{80}{\pi\left(\sqrt[3]{\tfrac{120}{\pi}}\right)^2} - \tfrac{2}{3}\sqrt[3]{\tfrac{120}{\pi}} = \frac{80 \cdot \sqrt[3]{\tfrac{120}{\pi}}}{\pi \cdot \tfrac{120}{\pi}} - \tfrac{2}{3}\sqrt[3]{\tfrac{120}{\pi}} = \tfrac{2}{3}\sqrt[3]{\tfrac{120}{\pi}} - \tfrac{2}{3}\sqrt[3]{\tfrac{120}{\pi}} = 0$$

D. h.: Die kostengünstige Lösung wäre ein Silo, das die Form einer Halbkugel mit $r \approx 3{,}37$ m hat.

188

17. Nebenbedingung
    Fensterumfang $U = 2a + 2b + \pi \cdot a = 6$,
    also $b = 3 - \frac{2+\pi}{2}a$

    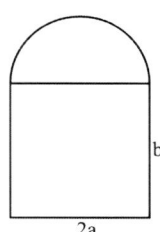

    Lichteinfall proportional zur Fenstergröße bei gleicher
    Glassorte, damit: $L = 0,9 \cdot A_{\text{Rechteck}} + 0,65 \cdot A_{\text{Halbkreis}}$
    $= 0,9 \cdot 2ab + 0,65 \cdot \frac{1}{2}\pi a^2$
    $L(a) = 0,9 \cdot 2a \cdot \left(3 - \frac{2+\pi}{2}a\right) + 0,65 \cdot \frac{1}{2}\pi a^2 \approx 5,4a - 4,30a^2$
    $L'(a) = 5,4 - 8,6a$
    $L'(a) = 0$ führt auf $a = \frac{5,4}{8,6} \approx 0,63$.
    Maximaler Lichteinfall für $a \approx 0,63$ m.
    Damit kann ein möglichst großer Lichteinfall erreicht werden, wenn das rechteckige Fenster die Maße 1,26 m und 1,39 m, der Halbkreis den Radius 0,63 m hat.

18. Erlös bei x Mengeneinheiten: $E(x) = 9x$, $x > 0$
    Gewinn bei x Mengeneinheiten: $G(x) = E(x) - K(x) = -\frac{1}{5}x^3 + \frac{12}{5}x^2 - 4x - 9$
    Das Unternehmen arbeitet mit Gewinn, falls $G(x) > 0$, d. h. für ungefähr $3,9 < x < 9,3$, also bei 4, 5, 6, 7, 8 oder 9 Mengeneinheiten.
    Maximaler Gewinn, falls $G'(x) = 0$ und $G''(x) < 0$, also für $x \approx 7,06$.
    $G(7) = 12$, $G(8) = 10,2$, also maximaler Gewinn bei 7 Mengeneinheiten.

19. Stückkosten $S(x) = \frac{K(x)}{x}$; $0 < x \leq 16$
    $S(x) = x^2 - 9x + 28 + \frac{25}{x}$
    $S'(x) = 2x - 9 - \frac{25}{x^2}$; $S''(x) = 2 + \frac{50}{x^3}$
    $S'(x) = 0$ führt auf $x = 5$; $S''(5) = \frac{12}{5} > 0$; $S(5) = 13$
    Untersuchung auf Randextrema:
    $S(16) \approx 141,56$
    $x \to 0$: $S(x) \to \infty$
    Bei einer Produktionsmenge von 5 Einheiten sind die Stückkosten minimal, sie betragen dann 13 Geldeinheiten pro Mengeneinheit.

188   **20. a)** Volumen der Konservendose: $V = \pi r^2 \cdot h = 850$, also $h = \frac{850}{\pi r^2}$

Materialverbrauch $O = 2\pi r(r+h)$

Zielfunktion $O(r) = 2\pi r\left(r + \frac{850}{\pi r^2}\right) = 2\pi r^2 + \frac{1700}{r}$, $r > 0$

Bestimmen der Extrema: $O'(r) = 4\pi r - \frac{1700}{r^2}$; $O''(r) = 4\pi + \frac{3400}{r^3}$

$O'(r)$ führt auf $r = \sqrt[3]{\frac{425}{\pi}} \approx 5{,}13$ $O''\left(\sqrt[3]{\frac{425}{\pi}}\right) = 12\pi > 0$

für $r \to 0$ bzw. $r \to \infty$: $O(r) \to \infty$
Die Dose mit einem minimalen Materialverbrauch hat den
Radius $r \approx 5{,}1$ cm und die Höhe $h \approx 10{,}3$ cm.
Man verbraucht in diesem Fall ca. 497 cm².

b) Mögliche Argumente: - Möglichkeit, die Dosen gut zu stapeln.
                              - Dose muss gut zu öffnen sein.
Kugel ist die Form mit der geringsten Oberfläche bei konstantem Volumen.

c) Zylinder mit Durchmesser d und Höhe h
Materialverbrauch mit Falz:

$M = 2\pi\left(\frac{d+1{,}8}{2}\right) \cdot \left(\frac{d+1{,}8}{2} + h + 1{,}4\right) = 2\pi \cdot \left(\frac{d}{2} + 0{,}9\right) \cdot \left(\frac{d}{2} + h + 2{,}3\right)$

d) Verwendung der Nebenbedingung $h = \frac{850}{\pi r^2}$

$O(r) = 2\pi(r + 0{,}9) \cdot \left(r + \frac{850}{\pi r^2} + 2{,}3\right) = 2\pi r^2 + \frac{32\pi}{5}r + \frac{1700}{r} + \frac{1530}{r^2} + \frac{207\pi}{50}$

Bestimmen der Extrema mithilfe des GTR
lokales Minimum für $r \approx 5{,}18$
Minimaler Materialverbrauch für
$r \approx 5{,}2$ cm und $h \approx 10{,}1$ cm.
Materialverbrauch in diesem Fall:
ca. 671 cm².

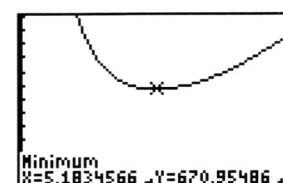

4. STOCHASTIK

4.1 Wiederholungen zur Stochastik

4.1.1 Grundbegriffe der Wahrscheinlichkeitsrechnung

198

3. Tetraeder $\frac{1}{4}$, Hexaeder $\frac{1}{6}$, Oktaeder $\frac{1}{8}$, Dodekaeder $\frac{1}{12}$, Ikosaeder $\frac{1}{20}$

4. Mit gleichartigen Kugeln kann man das zufällige Ziehen aus einer Gesamtheit „nachspielen" (simulieren). Durch die Färbung bzw. Nummerierung erhält man die benötigten Anzahlen für die geeignete Zusammensetzung der Urne.

5. P (Person ist unter 60, aber mindestens 21) $= \frac{44,9}{82,2} \approx 0,546$

6. (1) Diese Aussage ist falsch, als Mittelwertaussage jedoch richtig (Zusatz: im Mittel...)
   (2) falsch: Es gibt auch Wurfserien von 6 Würfen ohne 3.
   (3) falsch: Der Würfel hat kein Gedächtnis.
   (4) wahr
   (5) vergleiche (2)
   (6) wahr

4.1.2 Zufallsversuche mit einem GTR durchführen

200

2. Untersuchung wie in der Einführungsaufgabe unter Verwendung des Befehls randInt(1,8,100).

3. Man verwendet den Befehl randInt(1,6,n) und betrachtet die Ergebnisse 1; 2 oder 3 bzw. 4, 5 oder 6.

4.1.3 Rechenregeln für Wahrscheinlichkeiten

202

2. Gibt es n mögliche Ergebnisse des Laplace-Experiments, dann ist die Wahrscheinlichkeit für eines dieses Ergebnisse gleich 1/n. Gehören m (0 < m ≤ n) Ergebnisse zum Ereignis E, dann ist nach Information (1) von Seite 201 die Wahrscheinlichkeit des Ereignisses E gleich m/n.

203

3. a) $P(A) = \frac{8}{50}$, $\quad P(B) = \frac{6}{50}$, $\quad P(C) = \frac{7}{50}$
   $P(A \cup B) = \frac{12}{50}$, $\quad P(A \cap B) = \frac{2}{50}$

3. b) $P(A \cup C) = \frac{8}{50} + \frac{7}{50} - \frac{1}{50} = \frac{14}{50}$

$P(B \cup C) = \frac{6}{50} + \frac{7}{50} - \frac{0}{50} = \frac{13}{50}$

Unterschied: Es gibt keine natürlichen Zahlen in der Menge, die durch 7 **und** 8 teilbar sind, daher ist $P(B \cup C) = P(B) + P(C)$, während $P(A \cup C) = P(A) + P(C) - P(A \cap C)$ ist.

c) $P(D) = 1 - \frac{7}{50} = \frac{43}{50}$

$P(E) = 1 - P(A \cup B) = 1 - \frac{12}{50} = \frac{38}{50}$

$P(F) = 1 - P(A \cap B) = 1 - \frac{2}{50} = \frac{48}{50}$

4. $P(A) = 1 - \left[\frac{50}{100} + \frac{33}{100} - \frac{16}{100}\right] = \frac{33}{100}$

$P(B) = 1 - \left[\frac{25}{100} + \frac{16}{100} - \frac{8}{100}\right] = \frac{67}{100}$

$P(C) = 1 - \frac{16}{100} = \frac{84}{100}$

$P(D) = \frac{17}{100}$

5. Anteil der Haushalte mit mindestens einem der Geräte
 = 0,8 + 0,7 − 0,6 = 0,9,
also Anteil der Haushalte ohne der beiden Geräte: 10%.

6. a) Wenn 18% der Schülerinnen und Schüler sowohl Französisch als auch Spanisch gelernt haben, sind in dem Jahrgang 28%, die Französisch, aber nicht Spanisch, bzw. 6%, die Spanisch, aber nicht Französisch, sprechen. Zusammen sind dies 52% des Jahrgangs. Es wäre falsch, die Anteile für Französisch (46%) und Spanisch (24%) zu addieren, denn es gibt Schülerinnen und Schüler, die beide Fremdsprachen lernen; diese würden dann doppelt gezählt.
Daher kann man den gesuchten Anteil von 52% auch so erhalten, dass man die beiden Anteile für Französisch bzw. Spanisch addiert (46% + 24% = 70%) und dann den Anteil der Schülerinnen und Schüler, die beide Sprachen gelernt haben, hiervon abzieht: 70% − 18% = 52%.
Es gilt also: P(Französisch oder Spanisch) = 0,46 + 0,24 − 0,18 = 0,52
b) Eine Person, die weder Französisch noch Spanisch gelernt hat, erfüllt gerade nicht die Eigenschaften der Person, die in a) beschrieben wurde. Daher gilt:
P (weder Fra noch Spa) = P (nicht: Fra oder Spa) = 1 − 0,52 = 0,48

7. P (weder Bruder noch Schwester)
 = 1 − P (Bruder oder Schwester)
 = 1 − (P (Bruder) + P (Schwester) − P (Bruder und Schwester))
 = 1 − (0,31 + 0,30 − 0,08) = 0,47

4.1.4 Rechenregeln für mehrstufige Zufallsversuche

205

2. a) $\frac{1}{10}$ —④— $\frac{1}{10}$ —⑦— $\frac{1}{10}$ —⑤ $\frac{1}{1000}$ $\frac{1}{10}$ —⑧— $\frac{1}{10}$ —⑧— $\frac{1}{10}$ —⑧ $\frac{1}{1000}$

b) Urne mit den Kugeln 0, 1, 2, ..., 9;   Ziehen mit Zurücklegen

c) $\frac{3}{30}$ —④— $\frac{3}{29}$ —⑦— $\frac{3}{28}$ —⑤ $\frac{27}{24360}$ $\frac{3}{30}$ —⑧— $\frac{2}{29}$ —⑧— $\frac{1}{28}$ —⑧ $\frac{6}{24360}$

unterschiedliche Wahrscheinlichkeiten für verschiedene Glückszahlen – wegen des Ziehens **ohne** Zurücklegen für die Simulation ungeeignet

207

3. a) 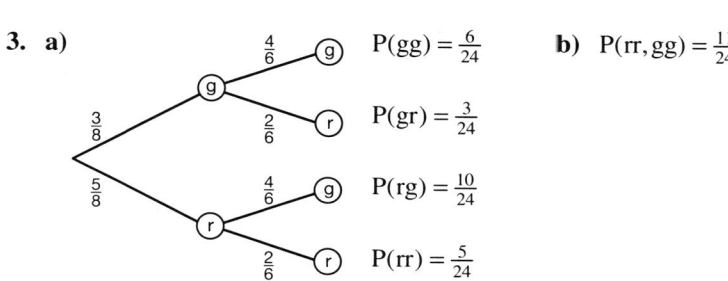   P(gg) = $\frac{6}{24}$ b) P(rr, gg) = $\frac{11}{24}$

   P(gr) = $\frac{3}{24}$

   P(rg) = $\frac{10}{24}$

   P(rr) = $\frac{5}{24}$

4. a) 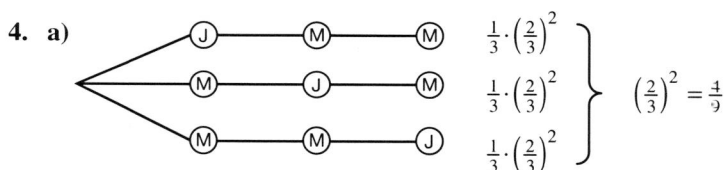 $\frac{1}{3} \cdot \left(\frac{2}{3}\right)^2$ $\left(\frac{2}{3}\right)^2 = \frac{4}{9}$

   $\frac{1}{3} \cdot \left(\frac{2}{3}\right)^2$

   $\frac{1}{3} \cdot \left(\frac{2}{3}\right)^2$

   b) Gegenereignis (3 Mädchen, 1 Mädchen + 2 Jungen, 3 Jungen)
   p = $\frac{5}{9}$

5. (1) A: Blutgruppe A
   N: Nicht Blutgruppe A
   U: unter 20 Jahre
   Z: 20 Jahre oder älter

   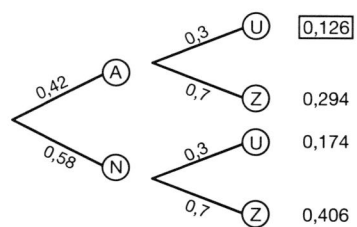

   0,126
   0,294
   0,174
   0,406

   Mit einer Wahrscheinlichkeit von 12,6% ist die ausgeloste Person unter 20 Jahre alt mit der Blutgruppe A.
   Es gibt keine Abhängigkeit zwischen Alter und Blutgruppenzugehörigkeit bei den Spendern.

   (2) Es ist zu vermuten, dass mehr als 12% in beiden Fächern eine gute Note haben, da es Sprachbegabungen gibt, die sich positiv in beiden Fächern auswirken (Abhängigkeit der Ergebnisse voneinander).

6. A: Blutgruppe A $\overline{A}$: nicht Blutgruppe A
B: Blutgruppe B $\overline{B}$: nicht Blutgruppe B
0: Blutgruppe 0 $\overline{0}$: nicht Blutgruppe 0
AB: Blutgruppe AB $\overline{AB}$: nicht Blutgruppe AB

(1)
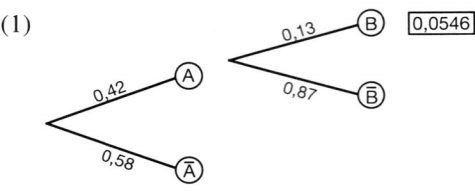

Mit einer Wahrscheinlichkeit von 5,46% hat die erste Person Blutgruppe A und die zweite Person Blutgruppe B.

(2)
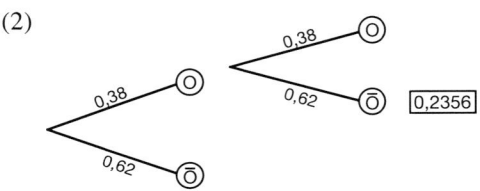

Mit einer Wahrscheinlichkeit von 23,56% hat die erste Person Blutgruppe 0 und die zweite Person eine andere.

(3)
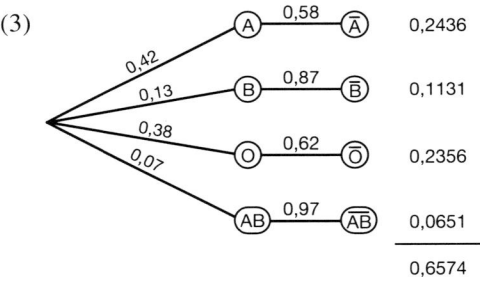

0,2436
0,1131
0,2356
0,0651
─────
0,6574

Mit einer Wahrscheinlichkeit von 65,74% haben beide Personen unterschiedliche Blutgruppen.

7. a)
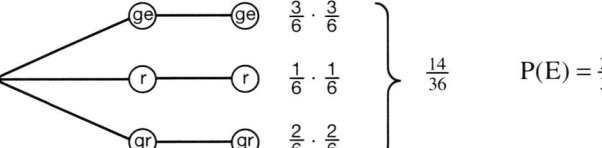

$\frac{3}{6} \cdot \frac{3}{6}$
$\frac{1}{6} \cdot \frac{1}{6}$
$\frac{2}{6} \cdot \frac{2}{6}$ $\Bigr\}$ $\frac{14}{36}$ $P(E) = \frac{22}{36}$

208

7. b) Gegenereignis: 3 verschiedene Farben

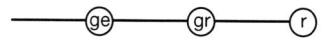
$\frac{3}{6} \cdot \frac{2}{6} \cdot \frac{1}{6} = \frac{1}{2} \cdot \frac{1}{3} \cdot \frac{1}{6} = \frac{1}{36}$

und 5 weitere mögliche Reihenfolgen

$P(\overline{E}) = \frac{6}{36} = \frac{1}{6}$ P (mindestens zwei gleiche Farben) $= \frac{5}{6}$

8. n bedeutet: Der Fehler wird nicht entdeckt.

0,3 — n — 0,5 — n — 0,7 — n   (n | n | n)   0,105

9.

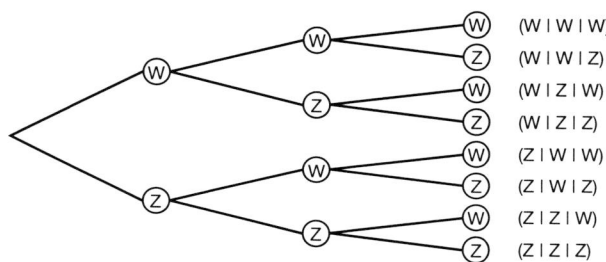

(1) (W | Z | Z) $\frac{1}{2} \cdot \frac{1}{2} \cdot \frac{1}{2} = \frac{1}{8}$

(2) Zum Ereignis gehören alle Pfade außer dem ersten ((W | W | W)). Die Wahrscheinlichkeit ist $\frac{7}{8}$.

(3) Es genügt, nur den 3. Wurf zu betrachten: $\frac{1}{2}$

(4) Zum Ereignis gehören alle Pfade außer dem Pfad „Dreimal Zahl": $\frac{7}{8}$

(5) (W | W | W), (W | W | Z), (W | Z | W), (Z | W | W): $\frac{4}{8}$

(6) Unmögliches Ergebnis: 0

(7) (W | W | W), (Z | Z | Z): $\frac{2}{8} = \frac{1}{4}$

(8) Zum Ereignis gehören alle Pfade außer dem Pfad „Dreimal Zahl": $\frac{7}{8}$

(9) Es genügt, nur den 1. Wurf zu betrachten: $\frac{1}{2}$

(10) Es genügt, nur den 2. Wurf zu betrachten: $\frac{1}{2}$

10. a) E = {(W | Z), (Z | W)}   Wahrscheinlichkeit $2 \cdot \frac{1}{4} = \frac{1}{2}$

208

10. b) Vereinfachtes Baumdiagramm:
Wahrscheinlichkeit: $3 \cdot \frac{1}{3} \cdot \frac{2}{3} \cdot \frac{2}{3} = \frac{4}{9}$

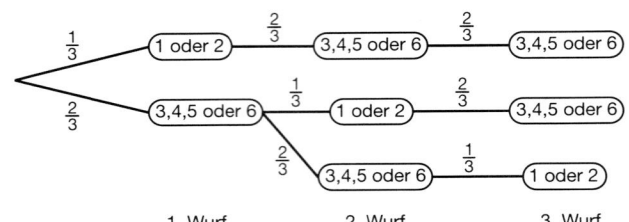

1. Wurf   2. Wurf   3. Wurf

c)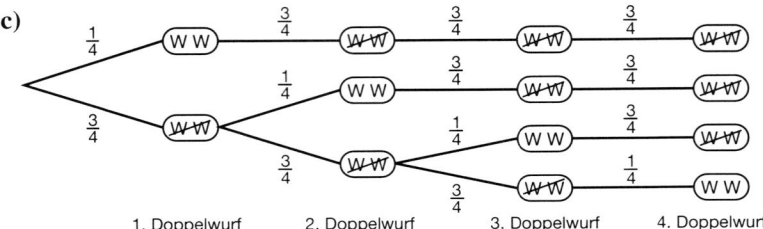

1. Doppelwurf   2. Doppelwurf   3. Doppelwurf   4. Doppelwurf

Wahrscheinlichkeit: $4 \cdot \frac{1}{4} \cdot \left(\frac{3}{4}\right)^3 = \frac{27}{64}$

11. P (mind. eine Sechs) = 1 − P (keine Sechs) = $1 - \left(\frac{5}{6}\right)^4 = 51{,}8\% > 50\%$

P (mind. ein Sechser-Pasch) = 1 − P (kein Sechser-Pasch) = $1 - \left(\frac{35}{36}\right)^{24}$
$= 49{,}1\% < 50\%$

4.1.5 Lottoproblem – Binomialkoeffizent

211

4. a) Beim Ankreuzen der Lottozahlen kommt es nicht auf die Reihenfolge an. Die in (1) berechnete Anzahl von 49 · 48 · 47 · 46 · 45 · 44 Möglichkeiten ist also um den Faktor 6 · 5 · 4 · 3 · 2 · 1 zu groß. Daher gibt es insgesamt $\frac{49 \cdot 48 \cdot 47 \cdot 46 \cdot 45 \cdot 44}{6 \cdot 5 \cdot 4 \cdot 3 \cdot 2 \cdot 1}$, d. h. 13 983 816 verschiedene Lottotipps. Da es darunter nur einen Tipp mit 6 Richtigen gibt, ist die Wahrscheinlichkeit hierfür gleich $\frac{1}{13\,983\,816}$.

b) (1) $\binom{35}{7} = 6\,724\,520$ (4) $\binom{36}{5} = 376\,992$

(2) $\binom{42}{6} = 5\,245\,786$ (5) $\binom{35}{5} = 324\,632$

(3) $\binom{37}{7} = 10\,295\,472$ (6) $\binom{41}{6} = 4\,496\,388$

211

4. c) „43 Richtige" bedeutet „6 Falsche". Man kann statt der Gewinnzahlen auch die Nicht-Gewinnzahlen betrachten.

5. $P(E) = \frac{1}{5!} = \frac{1}{120}$

(Es gibt 5! verschiedene Möglichkeiten, 5 Dinge anzuordnen.)

6. Es gibt $12 \cdot 11 \cdot 10 = 1\,320$ verschiedene Möglichkeiten für die 3 ersten Plätze: also $P(E) = \frac{1}{1\,320}$.

212

7. a) $P(E) = \frac{1}{\binom{32}{4}} = \frac{1}{35\,960}$ **b)** $P(E) = \frac{1}{\binom{32}{8}} = \frac{1}{10\,518\,300}$

8. a) (1) Unter allen $\binom{49}{6} = 13\,983\,816$ möglichen Tipps interessieren diejenigen, in denen 4 der 6 Gewinnzahlen angekreuzt sind; die übrigen 2 angekreuzten Zahlen gehören zu den 43 Nicht-Gewinnzahlen. Diese Auswahlen können wir uns wie bei einem Lottospiel „4 aus 6" bzw. „2 aus 43" vorstellen. Bei „4 aus 6" gibt es $\binom{6}{4} = \frac{6 \cdot 5 \cdot 4 \cdot 3}{4 \cdot 3 \cdot 2 \cdot 1} = 15$ Möglichkeiten, die mit $\binom{43}{2} = \frac{43 \cdot 43}{2 \cdot 2} = 903$ Möglichkeiten kombiniert werden können. Dies sind $\binom{6}{4} \cdot \binom{43}{2}$ von insgesamt $\binom{49}{6}$ Möglichkeiten.

Die Wahrscheinlichkeit für 4 Richtige im Zahlenlotto beträgt also

$$\frac{\binom{6}{4} \cdot \binom{43}{2}}{\binom{49}{6}} = \frac{15 \cdot 903}{13\,983\,816} = \frac{13\,545}{13\,983\,816} \approx 0{,}00097 \approx 0{,}1\%.$$

(2) Analog überlegen wir: Bei einem Tipp mit 3 Richtigen mit Zusatzzahl sind 3 der 6 Gewinnzahlen, die eine Zusatzzahl und 2 der 42 Nicht-Gewinnzahlen angekreuzt.

Die Wahrscheinlichkeit für 3 Richtige mit Zusatzzahl beträgt also:

$$\frac{\binom{6}{3}\binom{1}{1}\binom{42}{2}}{\binom{49}{6}} = \frac{17\,220}{13\,983\,816} \approx 0{,}00123 \approx 0{,}1\%$$

b) $\dfrac{\binom{6}{k}\binom{43}{6-k}}{\binom{49}{6}}$ ergibt für k = 0, ..., 6 die abgedruckten Wahrscheinlichkeiten

c) (1) $\dfrac{\binom{6}{4}\binom{1}{1}\binom{42}{1}}{\binom{49}{6}} = \dfrac{630}{13\,983\,816}$ (2) $\dfrac{\binom{6}{5}\binom{1}{1}\binom{42}{0}}{\binom{49}{6}} = \dfrac{6}{13\,983\,816}$

8. d) Die Wahrscheinlichkeit, dass keine Zahl übereinstimmt, ist genauso groß wie die Wahrscheinlichkeit für 0 Richtige: Man nehme die Zahlen von Ziehung A als Tipp, die von Ziehung B als Auslosung.

9. a) Es gibt 1 Möglichkeit aus jeder Klammer ein a auszuwählen.

   Es gibt $\binom{5}{1} = 5$ Möglichkeiten aus den Klammern ein b auszuwählen.

   Es gibt $\binom{5}{2} = 10$ Möglichkeiten aus zwei der fünf Klammern ein b auszuwählen.

   Es gibt $\binom{5}{3} = 10$ Möglichkeiten aus drei der fünf Klammern ein b auszuwählen.
   usw.

   b) Da $(a+b)^4 = 1a^4 + 4a^3b + 6a^2b^2 + 4ab^3 + 1b^4$, wird nach Ausmultiplizieren mit der Klammer (a + b)
   $$1a^5 + 4a^4b + 6a^3b^2 + 4a^2b^3 + 1ab^4$$
   $$+1a^4b + 4a^3b^2 + 6a^2b^3 + 4ab^4 + 1b^5$$
   zusammen $\quad 1a^5 + 5a^4b + 10a^3b^2 + 10a^2b^3 + 5ab^4 + 1b^5$
   Die Koeffizienten ergeben sich wie im PASCALschen Dreieck durch Summenbildung.

4.2 Bernoulli-Ketten und Binomialverteilung

4.2.1 Bernoulli-Ketten

2. a)

k	0	1	2	3	4	5
P (X = k)	$\frac{1}{32}$	$\frac{5}{32}$	$\frac{10}{32}$	$\frac{10}{32}$	$\frac{5}{32}$	$\frac{1}{32}$

b) (1) $P(X \leq 3) = \frac{26}{32}$ \qquad (3) $P(X < 3) = \frac{16}{32}$

(2) $P(X \geq 1) = \frac{31}{32}$ \qquad (4) $P(X > 1) = \frac{26}{32}$

3.

k	0	1	2	3	4
P (X = k)	0,063	0,250	0,375	0,250	0,063

217

4. p = 0,25

k	n = 4 P (X = k)	n = 5 P (X = k)	n = 6 P (X = k)
0	0,3164	0,2373	0,1780
1	0,4219	0,3955	0,3560
2	0,2109	0,2637	0,2966
3	0,4688	0,0879	0,1318
4	0,0039	0,0146	0,0330
5	-	0,0010	0,0044
6	-	-	0,0002

5. $P(X = 3) = \left(\frac{1}{10}\right)^3 = \frac{1}{1000}$

   $P(X = 2) = \binom{3}{2}\left(\frac{1}{10}\right)^2\left(\frac{9}{10}\right) = \frac{27}{1000}$

   $P(X = 1) = \binom{3}{1}\left(\frac{1}{10}\right)\left(\frac{9}{10}\right)^2 = \frac{243}{1000}$

   $P(X = 0) = \binom{3}{0}\left(\frac{9}{10}\right)^3 = \frac{729}{1000}$

6. $p = \frac{1}{5}$; X: Anzahl der richtigen Antworten

k	P (X = k)
0	0,32778
1	0,4096
2	0,2048
3	0,0512
4	0,0064
5	0,00032

7. $p = \frac{1}{12}$; X: Anzahl der Personen, die im Februar Geburtstag haben

k	P (X = k)
0	0,3520
1	0,3840
2	0,1920

$0,9280 = P(X \leq 2)$

$P(X \geq 3) = 1 - 0,9280 = 0,0720$

4.2.2 Bernoulli-Ketten mit einem GTR durchführen

219

1. a) Mithilfe des Befehls randBin(1,1/7) werden Nullen und Einsen erzeugt; sobald in einer Versuchsserie zwei Einsen aufgetreten sind, beendet man den Versuch.
   Zur Information:
   Die zugehörige Wahrscheinlichkeitsverteilung (Warten auf den zweiten Erfolg) sieht wie folgt aus (K bezeichnet die Anzahl der Runden):

k	Wahrscheinlichkeit
2	0,020
3	0,035
4	0,045
5	0,051
6	0,055
7	0,057
8	0,057
9	0,055
10	0,054
11	0,051
12	0,048
13	0,045
14	0,042

   61,5 %

   61,5 % der Serien sind nach spätestens 14 Runden beendet.

   b) randBin(4,1/7,500) in einer Liste speichern und mithilfe eines Histogramms darstellen.

2. binompdf (200, 0.75, 10) = 0
   binompdf (200, 0.75, 30) = $3 \cdot 10^{-71}$
   binompdf (200, 0.75, 50) = $1 \cdot 10^{-49}$
   binompdf (200, 0.75, 100) = $1 \cdot 10^{-14}$
   binompdf (200, 0.75, 150) = 0,0650

3. P (mindestens 2 Achten) = 1 − P (0 oder 1 Acht)
   $= 1 - \left[\left(\frac{7}{8}\right)^5 + \binom{5}{1} \cdot \frac{1}{8} \cdot \left(\frac{7}{8}\right)^4 \right] = 1 - 0{,}8793 = 0{,}1207$

   (= Erfolgswahrscheinlichkeit für die Simulation)
   Die Aufgabenstellung verlangt die Eingabe von randBin (10, 0.1207), randBin (30, 0.1207) usw.

219 4. binompdf (100, 0.03) liefert die Verteilung

k	P (X = k)
0	0,0476
1	0,1471
2	0,2252
3	0,2275
4	0,1706
5	0,1013
6	0,0496
7	0,0206
8	0,0074
9	0,0023
10	0,0007

Simulation mit randBin (100, 0.03, 50), dann in eine Liste speichern und dazu Histogramm zeichnen lassen.

4.2.3 Anwendung der Binomialverteilung

221
2. a) 0,057
   b) 0,055
   c) 0,099
   d) 0,080
   e) 0,998 − 0,650 = 0,348
   f) 0,479 − 0,018 = 0,461
   g) 0,902 − 0,336 = 0,566
   h) 0,995 − 0,451 = 0,544

3. (1) 0,864 − 0,136 = 0,728
   (2) 0,982 − 0,018 = 0,964
   (3) 0,816
   (4) 1 − 0,309 = 0,691

4. a) n = 100; p = 0,3
    (1) 1 − 0,549 = 0,451
    (2) 1 − 0,462 = 0,538
    (3) 0,296 − 0,114 = 0,182
  b) n = 100; p = 0,7
    (1) 0,078
    (2) $P(X \leq 70) = 0{,}462$
    (3) $P(X \leq 68) = 0{,}367$
    (4) $P(X > 71) = 1 - P(X \leq 71) = 1 - 0{,}623 = 0{,}377$

5. a) $P(44 \leq X \leq 56) = 0{,}903 - 0{,}097 = 0{,}806 \approx 80\%$
    $P(41 \leq X \leq 59) = 0{,}972 - 0{,}028 = 0{,}944 \approx 95\%$
  b) $P(14 \leq X \leq 20) = 0{,}848 - 0{,}200 = 0{,}648$
    $P(13 \leq X \leq 21) = 0{,}900 - 0{,}130 = 0{,}770 \approx 80\%$
    $P(12 \leq X \leq 22) = 0{,}937 - 0{,}078 = 0{,}859$
    $P(11 \leq X \leq 23) = 0{,}962 - 0{,}043 = 0{,}919 \approx 90\%$
    $P(10 \leq X \leq 24) = 0{,}978 - 0{,}021 = 0{,}957 \approx 95\%$

222

6. $n = 50$; $p = \frac{1}{5}$
   (1) $P(X > 20) = 1 - P(X \leq 20) = 0{,}000$
   (2) $P(10 \leq X \leq 20) = P(X \leq 20) - P(X \leq 9) = 0{,}556$
   (3) $P(X < 10) = P(X \leq 9) = 0{,}444$
   (4) $P(X = 15) = 0{,}030$

7. a) $P(X = 7) = 0{,}250$ d) $P(X \geq 7) = 0{,}055$
   b) $P(X = 14) = 0{,}182$ e) $P(X < 18) = 0{,}323$
   c) $P(3 \leq X \leq 8) = 0{,}756$ f) $P(X > 30) = 0{,}006$

8. (1) Höchstens 3-mal Augenzahl 2; $P(X \leq 3) = 0{,}567$ $\left(p = \frac{1}{6}\right)$

   (2) Mehr als 8-mal Augenzahl 5 oder 6; $P(X > 8) = 1 - P(X \leq 8) = 0{,}191$
   $\left(p = \frac{1}{3}\right)$

   (3) Mindestens 6-mal eine Augenzahl kleiner als 5;
   $P(X_1 \geq 6) = 0{,}9998$ $\left(p = \frac{2}{3}\right)$

   (4) Weniger als 10-mal eine Augenzahl größer 1;
   $P(X_1 \leq 9) = 0{,}0001$ $\left(p = \frac{5}{6}\right)$

   (5) Höchstens 4-mal oder mindestens 9-mal Augenzahl 2 oder 3;
   $P(X \leq 4) + P(X \geq 9) = P(X \leq 4) + 1 - P(X \leq 8) = 0{,}343$ $\left(p = \frac{1}{3}\right)$

   (6) Weniger als 11-mal oder mehr als 14-mal keine Sechs;
   $P(X \leq 10) + P(X \geq 15) = 0{,}8988$ $\left(p = \frac{5}{6}\right)$

9. (1) $P(X > 61) = 0{,}462$
   (2) $P(X \leq 60) = 1 - 0{,}543 = 0{,}457$

10. $n = 100$; $p = 0{,}8$:
    a) $P(X = 80) = 0{,}099$ b) $P(X \geq 80) = 0{,}559$ c) $P(X > 80) = 0{,}460$

11. $n = 100$; $p = 0{,}4$:
    a) $P(X = 45) = 0{,}869 - 0{,}821 = 0{,}048$
    b) $P(X > 35) = 1 - P(X \leq 35) = 1 - 0{,}179 = 0{,}821$
    c) $P(X \leq 48) = 0{,}958$
    d) $P(30 \leq X \leq 50) = P(X \leq 50) - P(X \leq 29) = 0{,}983 - 0{,}015 = 0{,}968$

12. $p = 0{,}4$; $n = 100$:
    X: Anzahl der (an einem beliebigen Arbeitstag) benötigten Parkplätze.
    a) $P(X \leq 50) = 0{,}983$ $[P(X \leq 55) = 0{,}999]$
    b) $P(X \leq k) \geq 0{,}9$
        $k = 46$, denn $P(X \leq 46) = 0{,}907$ und $P(X \leq 45) = 0{,}869 < 0{,}9$

4.3 Testen von Hypothesen

4.3.1 Das Entscheidungsverfahren – Möglichkeiten und Fehler

224

2. Entscheidungsregel: p = 0,8 wird verworfen, falls X < 16 [X < 14; X < 17]
   (1) Bestimmen der Wahrscheinlichkeit, falls p = 0,8 richtig ist:
   $P_{0,8}(X \leq 15) = 0,370$ ⎫
   $P_{0,8}(X \leq 13) = 0,087$ ⎬ Wahrscheinlichkeit für einen Fehler 1. Art
   $P_{0,8}(X \leq 16) = 0,589$ ⎭

   (2) Bestimmen der Wahrscheinlichkeit, falls p = 0,6 richtig ist:
   $P_{0,6}(X \geq 16) = 0,051$ ⎫
   $P_{0,6}(X \geq 14) = 0,250$ ⎬ Wahrscheinlichkeit für einen Fehler 2. Art
   $P_{0,6}(X \geq 17) = 0,016$ ⎭

3. n = 50
   (1) $P_{0,8}(X < 35) = P_{0,8}(X \leq 34) = 0,031$
   (2) $P_{0,6}(X \geq 35) = 1 - P_{0,6}(X \leq 34) = 0,095$

226

4. Wenn p = 0,6 die zu testende Hypothese ist, gilt:

	Versuchsergebnis im Annahmebereich X ≤ 14	Versuchsergebnis im Verwerfungsbereich X ≥ 15
Hypothese p = 0,6 wahr	Entscheidung richtig	Entscheidung falsch (Fehler 1. Art)
Hypothese p = 0,6 falsch	Entscheidung falsch (Fehler 2. Art)	Entscheidung richtig

5. Hypothese (= Wettervorhersage): Es wird regnen.

	Man nimmt Regenbekleidung mit	Man nimmt keine Regenbekleidung mit
Es regnet tatsächlich	Entscheidung richtig	Entscheidung falsch (Fehler 1. Art)
Es regnet nicht	Entscheidung falsch (Fehler 2. Art)	Entscheidung richtig

Falls man die Hypothese „Es wird nicht regnen" betrachtet, vertauschen sich die Felder der Tabelle.

226 **6.** Hypothese: Die Ware ist in Ordnung.

Fehler 1. Art	*Fehler 2. Art*
Bei der Kontrolle fallen relativ viele Mängelexemplare auf, obwohl die Qualitätsbedingungen insgesamt erfüllt sind. Die Ware wird nicht ausgeliefert bzw. nicht angenommen, obwohl sie in Ordnung ist. (Produzentenrisiko)	Bei der Kontrolle fällt nicht auf, dass die Qualitätsbedingungen für das Warenkontingent insgesamt nicht erfüllt sind. Die Ware wird ausgeliefert bzw. angenommen, obwohl sie nicht in Ordnung ist. (Konsumentenrisiko)

227 **7.** (1) Hypothese: Die Eisdecke trägt nicht.

Fehler 1. Art	*Fehler 2. Art*
Die Eisdecke trägt nicht; man sinkt also ein. Man geht auf das Eis, weil die Steine die Eisfläche nicht zerbrachen.	Die Eisdecke würde tragen; aber man geht nicht auf das Eis, weil die Steine die Eisdecke zerbrachen.

(2) Hypothese: Der Angeklagte hat den Diebstahl nicht begangen.

Der Angeklagte wird verurteilt, weil die Indizien gegen ihn sprechen; in Wirklichkeit ist er aber unschuldig.	Der Angeklagte wird nicht verurteilt, weil die Indizien nicht ausreichen; in Wirklichkeit ist er jedoch schuldig.

(3) Hypothese: Die Münze ist echt.

Die Münze wird für gezinkt gehalten, weil zufällig sehr oft Wappen fällt; tatsächlich ist sie aber in Ordnung.	Die Münze ist nicht in Ordnung; man merkt es jedoch bei den Probewürfen nicht.

(4) Hypothese: Die Glühbirnen sind von langer Lebensdauer

Die Glühbirnen werden für kurzlebig gehalten, weil das Ergebnis einer Stichprobe zufällig ungünstig ist; tatsächlich sind sie von langer Lebensdauer.	Die Glühbirnen sind von kurzer Lebensdauer; man merkt es jedoch bei einer Stichprobe nicht.

(5) Hypothese: Die rote Farbe ist dominant (p = 0,75).

Beim Kreuzungsversuch treten relativ wenig rote Blüten auf; deshalb wird rot irrtümlich nicht als dominante Farbe angegeben.	Die rote Farbe ist nicht dominant; im Kreuzungsversuch fällt dies jedoch nicht auf.

227

8. $n = 10$: $P_{0,25}(X > 5) = 0{,}020$; $P_{0,75}(X \leq 5) = 0{,}078$
   $n = 20$: $P_{0,25}(X > 10) = 0{,}004$; $P_{0,75}(X \leq 10) = 0{,}014$
   $n = 50$: $P_{0,25}(X > 25) = 0{,}000$; $P_{0,75}(X \leq 25) = 0{,}000$
   $n = 100$: $P_{0,25}(X > 50) = 0{,}000$; $P_{0,75}(X \leq 50) = 0{,}000$

9. $n = 10$: $P_{0,5}(X > 5) = 0{,}377$; $P_{0,6}(X \leq 5) = 0{,}367$
   $n = 20$: $P_{0,5}(X > 11) = 0{,}252$; $P_{0,6}(X \leq 11) = 0{,}404$
   $n = 50$: $P_{0,5}(X > 27) = 0{,}240$; $P_{0,6}(X \leq 27) = 0{,}234$
   $n = 100$: $P_{0,5}(X > 55) = 0{,}136$; $P_{0,6}(X > 55) = 0{,}136$

10.

Kritischer Wert k	$\alpha = P_{0,1}(X > k)$	$\beta = P_{\frac{1}{6}}(X \leq k)$
9,5	0,549	0,021
10,5	0,417	0,043
11,5	0,297	0,078
12,5	0,198	0,130
13,5	0,124	0,200
14,5	0,073	0,287
15,5	0,040	0,388
16,5	0,021	0,494
17,5	0,010	0,599

11. **a)** *Fehler 1. Art:* Es sind tatsächlich nur 4 Gewinnfelder auf dem Glücksrad, aber in der Stichprobe zufällig eine besonders große Zahl roter Felder. Daher wird p = 0,2 verworfen, obwohl der Betreiber des Spielautomaten ein Betrüger ist.
    Fehler 2. Art: Es sind tatsächlich 6 Gewinnfelder auf dem Glücksrad (d. h. der Betreiber des Spielautomaten ist ehrlich). Aber zufällig erscheint nur eine kleine Zahl von roten Feldern in der Stichprobe, sodass wir keinen Anlass haben, die Hypothese p = 0,2 zu verwerfen.
    b) $\alpha = P_{0,2}(X > 4) = 0{,}370$ **c)** $\alpha = P_{0,2}(X > 5) = 0{,}196$
    $\beta = P_{0,3}(X \leq 4) = 0{,}238$ $\beta = P_{0,3}(X \leq 5) = 0{,}416$

12.

Kritischer Wert k	$\alpha = P_{0,4}(X > k)$	$\beta = P_{0,6}(X \leq k)$
21,5	0,330	0,008
22,5	0,234	0,016
23,5	0,156	0,031
24,5	0,098	0,057
25,5	0,057	0,098
26,5	0,031	0,156
27,5	0,016	0,234
28,5	0,008	0,330
29,5	0,003	0,439

4.3.2 Entscheidungsregel bei vorgegebener Irrtumswahrscheinlichkeit

2. n = 50; p = 0,6
$P_{0,6}(X > 31) = 0,336$ $\qquad$ $P_{0,6}(X > 34) = 0,096$
$P_{0,6}(X > 32) = 0,237$ $\qquad$ $P_{0,6}(X > 35) = 0,054 > 0,05$
$P_{0,6}(X > 33) = 0,156$ $\qquad$ $P_{0,6}(X > 36) = 0,028 < 0,05$
Verwirf die Hypothese p = 0,6, falls mehr als 36 Heilungen erfolgen.

3. a) n = 100:
$P_{0,8}(X \leq 73) = 0,056 > 0,05$ $\qquad$ $P_{0,8}(X \leq 72) = 0,034 < 0,05$
Verwirf die Hypothese p = 0,8, falls weniger als 73 geheilt werden.

b) n = 100:
$P_{0,6}(X > 68) = 0,040 < 0,05$ $\qquad$ $P_{0,6}(X > 67) = 0,062 > 0,05$
Verwirf die Hypothese p = 0,6, falls mehr als 68 geheilt werden.

4. a) $P_{0,5}(X > 3) = 0,059 > 0,05$; $\qquad$ $P_{0,5}(X > 31) = 0,032 < 0,05$
Verwirf p = 0,5, falls mehr als 31 Erfolge auftreten.
oder:
$P_{0,6}(X \leq 24) = 0,057 > 0,05$; $\qquad$ $P_{0,6}(X \leq 23) = 0,031 < 0,05$
Verwirf p = 0,6, falls weniger als 24 Erfolge auftreten.

b) $P_{0,4}(X > 48) = 0,042$;
Verwirf p = 0,4, falls mehr als 48 Erfolge auftreten.
oder:
$P_{0,6}(X \leq 51) = 0,042$;
Verwirf p = 0,6, falls weniger als 52 Erfolge auftreten.

c) $P_{0,25}(X > 32) = 0,045$;
Verwirf p = 0,25, falls mehr als 32 Erfolge auftreten.
oder:
$P_{0,75}(X \leq 67) = 0,045$;
Verwirf p = 0,75, falls weniger als 68 Erfolge auftreten.

d) $P_{\frac{1}{6}}(X > 13) = 0,031$;
Verwirf $p = \frac{1}{6}$, falls mehr als 13 Erfolge auftreten.
oder:
$P_{\frac{1}{3}}(X \leq 10) = 0,028$;
Verwirf $p = \frac{1}{3}$, falls weniger als 11 Erfolge auftreten.

230

5. (1) $P_{0,9}(X \leq 84) = 0,040 < \alpha$

Entscheidungsregel: Verwirf die Hypothese p = 0,9, falls weniger als 85 Pflanzen keimen.
Wahrscheinlichkeit für Fehler 2. Art:
$P_{0,75}(X > 84) = 1 - P_{0,75}(X \leq 84) = 1 - 0,989 = 0,011 = 1,1\%$

(2) $P_{0,75}(X \geq 83) = 0,038 < \alpha$

Entscheidungsregel: Verwirf die Hypothese p = 0,75, falls mehr als 82 Pflanzen keimen.
Wahrscheinlichkeit für Fehler 2. Art:
$P_{0,9}(X \leq 82) = 0,010 = 1\%$

6. (1) $P_{\frac{1}{6}}(X \leq 11) = 0,078 < \alpha$

Entscheidungsregel: Verwirf die Hypothese $p = \frac{1}{6}$, falls weniger als 12-mal Augenzahl 6 fällt.
Wahrscheinlichkeit für Fehler 2. Art:
$P_{0,1}(X \geq 12) = 1 - P(X \leq 11) = 1 - 0,703 = 0,297 = 29,7\%$

(2) $P_{0,1}(X \geq 15) = 0,073 < \alpha$

Entscheidungsregel: Verwirf die Hypothese p = 0,1, falls mehr als 14-mal Augenzahl 6 fällt.
Wahrscheinlichkeit für Fehler 2. Art:
$P_{\frac{1}{6}}(X \leq 14) = 0,287 = 28,7\%$

7. (1) $P_{0,5}(X \leq 43) = 0,097 < \alpha$

Entscheidungsregel: Verwirf die Hypothese p = 0,5, falls in der Stichprobe weniger als 44 Personen den Schokoriegel kennen.
Wahrscheinlichkeit für Fehler 2. Art:
$P_{0,3}(X \geq 44) = 1 - P(X \leq 43) = 1 - 0,998 = 0,002 = 0,2\%$

(2) $P_{0,3}(X > 40) = 0,080 < \alpha$

Entscheidungsregel: Verwirf die Hypothese p = 0,3, falls in der Stichprobe mehr als 40 Personen den Schokoriegel kennen.
Wahrscheinlichkeit für Fehler 2. Art:
$P_{0,5}(X \leq 40) = 0,028 = 2,8\%$

**Blickpunkt
Zweiseitiger Hypothesentest**

232

1. $P_{\frac{1}{6}}(X < 11) = 0,043;$ $\quad P_{\frac{1}{6}}(X > 23) = 0,038$

   Verwirf $p = \frac{1}{6}$, falls Augenzahl 6 weniger als 11-mal oder mehr als 23 fällt.

2. $P_{0,5}(X < 42) = 0,044;$ $\quad P_{0,5}(X > 58) = 0,044$

   Verwirf die Hypothese, falls weniger als 42 oder mehr als 58 Versuche mit LL/RR ausgehen.

233

3. a) Wir bestimmen die Wahrscheinlichkeit für einen Fehler 2. Art:
   $\beta = P_{0,4}(42 \leq X \leq 58) = 0,377$. Selbst wenn die Wahrscheinlichkeit für Wappen sich klar von $p = 0,5$ unterscheidet, wird man bei einer Vielzahl von 100fachen Münzwürfen mit dieser unechten Münze dies nicht bemerken. In knapp 38% der Fälle würde die Münze für fair gehalten, obwohl sie es nicht ist.
   b) $\beta = P_{0,3}(42 \leq X \leq 58) = 0,007$

4. (Die Anzahl der Lose muss sehr groß sein, sodass der Verkauf von 50 Losen keinen Einfluss auf die Gewinnwahrscheinlichkeit hat.)
   $P_{0,25}(X < 8) = 0,045;$ $\quad P_{0,25}(X > 18) = 0,029$

   Verwirf $p = 0,25$, falls weniger als 8 oder mehr als 18 Gewinnlose dabei sind.

5. $P_{0,25}(X < 8) = 0,045;$ $\quad P_{0,25}(X > 18) = 0,029$

   Verwirf $p = 0,25$; falls weniger als 8 oder mehr als 18 weiße blühende Pflanzen auftreten.

6. $P_{0,6}(X < 52) = 0,042;$ $\quad P_{0,6}(X > 68) = 0,040$

   Verwirf die Hypothese $p = 0,6$ falls weniger als 52 oder mehr als 68 Haushalte in der Stichprobe mit Schallplattenspielern ausgestattet sind.